新时代中国建筑绿色设计

CHINESE ARCHITECTURE GREEN DESIGN IN THE NEW AGE

主编单位：

中国建筑股份有限公司

中国中建设计集团有限公司

中国建筑工业出版社

图书在版编目（CIP）数据

新时代中国建筑绿色设计 / 中国建筑股份有限公司，
中国中建设计集团有限公司主编. —北京：中国建筑
工业出版社，2019.5
ISBN 978-7-112-23533-9

Ⅰ. ①新… Ⅱ. ①中… ②中… Ⅲ. ①生态建
筑 - 建筑设计 - 中国 Ⅳ. ① TU201.5

中国版本图书馆 CIP 数据核字（2019）第 056685 号

本书以中国建筑绿色设计项目为切入点，从被动式超低能耗、工业化装配
式、智慧城市数字园区、大型综合管廊、无障碍通用设计等不同角度对各类型
的绿色设计项目进行了全面的阐述，内容包括公共建筑和居住建筑中涉及规划、
设计、产品和技术等的各种实际应用细节。

本书适合从事建筑开发与设计的技术人员和管理人员参考使用。

责任编辑：万　李　王华月
责任校对：赵　菲

新时代中国建筑绿色设计
主编单位：中国建筑股份有限公司　中国中建设计集团有限公司
*
中国建筑工业出版社出版、发行（北京海淀三里河路 9 号）
各地新华书店、建筑书店经销
霸州市顺浩图文科技发展有限公司制版
北京富诚彩色印刷有限公司印刷
*
开本：787×1092 毫米　1/12　印张：32　字数：343 千字
2019 年 9 月第一版　2019 年 9 月第一次印刷
定价：**480.00** 元
ISBN 978-7-112-23533-9
（33827）

前 言
PREFACES

　　面对能源与环境危机，走可持续发展的道路成为各国的共同追求。推进循环经济已成为我国的发展战略，绿色建筑作为建筑领域循环经济的具体体现，如何科学地将其实现，成为中国建筑人不容回避的课题。中建人将"绿色建筑"理念融入项目设计，从设计之初就秉持绿色生态、低碳环保理念，力求高起点、高质量、高规格。在这种理念的推动下，中建涌现出了大批优秀的绿色建筑项目，我们筛选出一批优秀项目并作了专业、详尽的解析，《新时代中国建筑绿色设计》就这样应运而生了。

　　《新时代中国建筑绿色设计》是一本从规划、设计、产品和技术等实际应用环节来解构中国建筑绿色设计的专业书籍。书中以中国建筑绿色设计项目为切入点，从被动式超低能耗、工业化装配式、智慧城市数字园区、大型综合管廊、无障碍通用设计等不同角度对中国建筑绿色设计项目进行了全面的阐述。本书列出了诸多项目设计细节，详细介绍了绿色建筑设计和节能技术的无缝隙结合，毫无保留地将绿色建筑设计全过程呈现给读者，希望有助于推进国内关注绿色建筑的设计师和开发者将绿色理论真正落实到建筑中去。

　　从初期的编制启动、收集资料、确定版面、组织设计、报告校对、内部审核、专家评审到最终定稿，《新时代中国建筑绿色设计》经过了紧张的 3 个月工作后终于可以呈现在读者面前，本书能够付梓，得到了一批专家学者和业内人士的大力协助，在此要特别感谢中国中建设计集团有限公司的薛峰博士为此书编辑出版所付出的努力！

　　本书由国家重点研发计划"北方地区大型综合体建筑绿色设计新方法与技术协同优化（2016YFC0700204）"课题资助。本书为"大型公共建筑绿色设计专业集成技术研究"、"北方地区大型综合体建筑绿色设计新方法与技术协同优化"课题研究成果。

　　囿于编者水平和时间，内容尚有不足，敬请谅解，并请专家和同行不吝赐教！

目 录
CONTENTS

公共建筑

居住建筑

公共建筑
PUBLIC BUILDINGS

雄安市民服务中心
Xiong'an Citizen Service Center

　　本项目位于雄安新区容城老城区，为贯彻落实党中央国务院建设雄安新区的决策部署，以"世界眼光、国际标准、中国特色、高点定位"的总体要求全面推进雄安新区建设。

　　本项目在新区建设前期为新区临时党委、筹委会及平台公司、先期入驻新区的企业提供临时办公、生活场所，同时担负规划建设成果展示、政务服务、会议、接待等功能。各功能空间确保机动灵活，周转房和企业办公用房考虑预留生长空间，具备功能转化的可能。

　　建筑设计以绿色建筑理念，按照相应的绿建导则进行设计。按照现代建筑产业化快速装配式与模块化建筑技术实施建设。

设计时间：2017 年 12 月
项目地点：容城
土地面积：19.4hm²
建筑面积：约 9.5 万 m²
容积率：0.5
建筑控高：15m
建筑密度：不大于 30%
设计团队：中国中建设计集团有限公司
　　　　　中国建筑科学研究院有限公司
　　　　　天津华汇工程建筑设计有限公司
　　　　　深圳市建筑设计研究总院有限公司
　　　　　中国建筑设计研究院有限公司
　　　　　清华大学建筑设计研究院有限公司
中建设计集团主要绿色建筑设计人员：
　　　黄文龙、陈宗瑞、满孝新、韩占强、
　　　薛峰、李婷、凌苏扬、吕峰

国际标准
人性化精细化示范园区
INTERNATIONAL STANDARD

高点定位
中国生态展示园区新门户
HIGH POINT POSITIONING

世界眼光
国际一流的绿色智慧新城
VISION OF GLOBAL

中国特色
生态技术启动"华北之肾"
SPECIALTY OF CHINA

1. 被动式超低能耗建筑

园区中的建筑采用了超低能耗建筑做法：降低建筑体形系数，控制建筑窗墙比例，完善建筑构造细节，设置高隔热隔声、密封性强的建筑外墙。使建筑在冬季充分利用太阳辐射热采暖，尽量减少通过围护结构及通风渗透而造成热损失，夏季尽量减少因太阳辐射及室内人员设备散热造成的热量。政务服务中心以不使用机械设备提供能源为前提，依靠建筑物的遮挡功能，达到室内环境舒适目的，成为雄安市民服务中心具有示范性的"被动式房屋"。

① 高保温性能外窗＋高保温性能围护结构＋无热桥设计

　　被动式超低能耗建筑的设计采用高保温性能外窗、高保温性能围护结构、高气密性、无热桥设计，同时配备高效率热回收装置以减少能量散失，达到室内环境舒适的目的，使建筑在冬季充分利用太阳辐射热取暖，尽量减少通过围护结构及通风渗透而造成热损失；夏季尽量减少因太阳辐射及室内人员设备散热造成的热量。

② 智能调节外遮阳

　　结合当地采光资源分析，南向和西向太阳辐射得热量为 $188kwh/m^2 \sim 207kwh/m^2$；采用可调节外遮阳。配合室内智能调节系统：①智能照明系统，采用分布式控制系统，同其他楼宇系统结合，降低照明能耗。②办公室：定时上班模式。③会议室、展览馆：安装人体感应，做到无人关灯、有人开灯。④会议室、多功能厅：多场景控制。⑤公共通道、大厅、电梯：定时＋人体感应。

③院落布局采光中庭

　　南侧建筑设置庭院式布局、采光中庭；企业临时办公采用十字布局，有利于自然采光。内墙表面可见光反射比 0.5～0.8，改善采光均匀度；选取办公楼 3F 进行采光分析，平均采光系数 3.03%≥2.0%；

　　优化措施：合理设计室内布局，如：办公区域布置在靠近外窗部位，物品柜及走道设内侧。

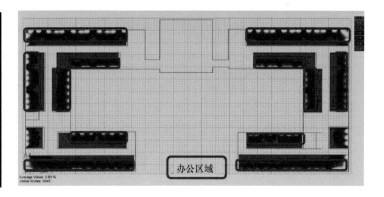

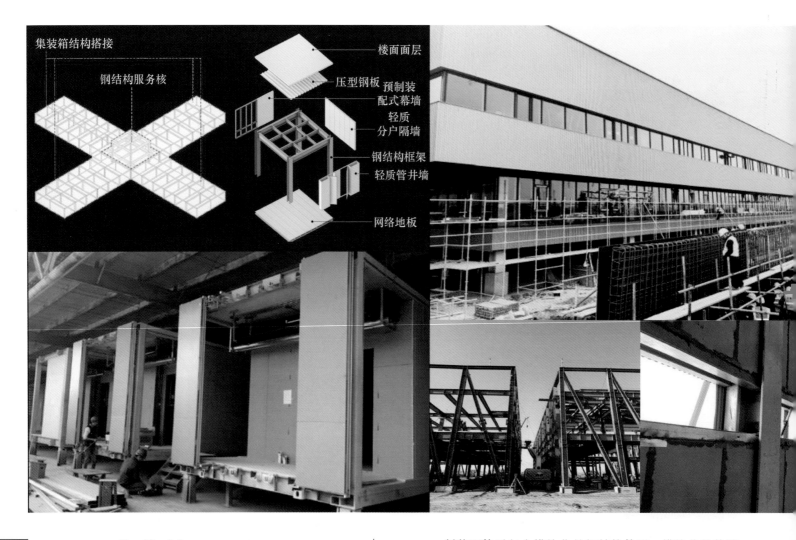

集装箱结构搭接

钢结构服务核

楼面面层

压型钢板

预制装配式幕墙

轻质分户隔墙

钢结构框架

轻质管井墙

网络地板

2. 工业化的装配体系

预制装配体系包含模块化的钢结构体系、模块化的外墙饰面保温一体化系统、模块化的室内装修系统和模块化的设备系统。集结构、保温、隔声、水电、暖通、节能、智能、内部高质量装修于一体，将建筑分成若干空间模块，装修工序转移至工厂环境下完成，运至工地搭建。建筑主体选取 4000×6000×3600 为集装箱标准单元，外围护墙体材料采用 ALC 板 + 保温 + 成品金属板，内隔墙以硅酸钙板为基础，表面覆膜，实现 100% 的装配化。

3. 智慧城市数字孪生园区

依托雄安云，建设首个打破数字壁垒的块数据平台。通过万物互联，打造交互映射、融合共生的数字孪生园区。建立 1+2+N 的个人数据账号体系及园区诚信系统，通过雄安通 APP 串联智能化生活场景，探索智能城市运营新模式。数字化信息化的建设运营管理模式：以市民服务中心项目为起点，基于大数据、人工智能、物联网、区块链等技术平台，同时创新融合 GIS、BIM 及 CIM 于一体的新型城市建设运营管理模式，初步建立贯穿规划、设计、建造、运营全生命周期 BIM 管理于一体的园区级（BIM+SOP+ 大数据）、城市级（CIM）智慧建设运营管理模式。

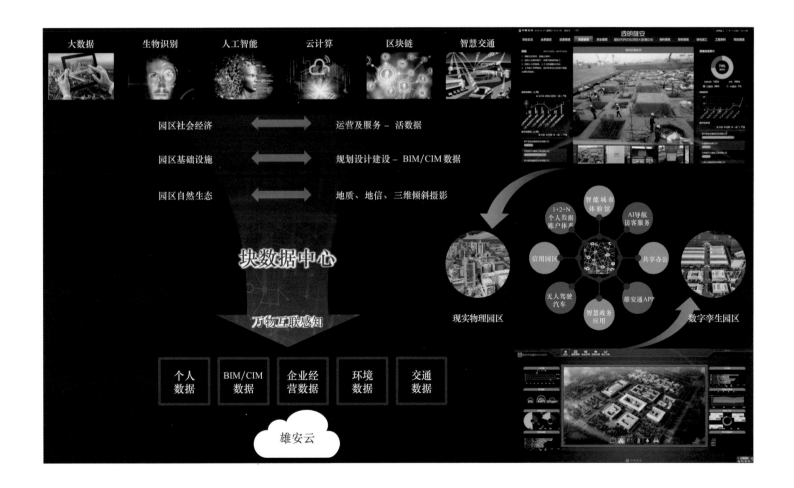

4. 大型综合地下管廊

雄 安新区市民服务中心项目采用大型综合地下管廊作为基础设施，管廊总长 3.3km，管廊建成后，将供热、供电、通信等收进管廊中。地下管廊较传统城市管廊有以下优势：减少城市地下市政管线所占据的地下空间资源，减少维护营运成本；有效杜绝"拉链马路"现象，因维护检修而造成后期反复开挖路面；检查地下市政管线容易，可及早预防管线的破损，改善管线安全问题，降低公共危害；在各种气候下维修工作仍有可能进行且能较好地抵抗自然灾害，如台风、地震等。

畅行城市·广义无障碍设计

雄安市民服务中心的无障碍环境建设具有五项国内"首次"：

- 首次实施了〖全坡地化设计〗
- 首次实施了〖盲道路线专项规划〗
- 首次实施了〖多主体协同系统化三维感知设计方法〗
- 首次实施了〖建筑师全过程陪伴式设计和督导管理机制〗
- 首次实施了〖全龄友好无障碍性能提升〗

中国残疾人联合会副主席吕世明先生在走上路边坡道上后评价："市民服务中心园区道路平坡化设计是全中国最高标准！"。

"市民服务中心的无障碍设计改变了20年来城市盲道铺设理念，全国设计师都要过来学习！"。

5. 对标国际一流的无障碍设计

雄安新区市民服务中心无障碍系统化设计导则

中国中建设计集团有限公司
2018年2月

敦煌大剧院
Dunhuang Grand Theatre

　　本工程基地位于敦煌主城区东南方向，距离老城区直线距离三公里，基地北侧为314省道，西南侧为在建的敦煌文化论坛国际会议中心。

　　本项目为大型乙等剧场，观众厅可容纳人数1210人，以出演歌舞剧为主，兼顾戏曲、话剧、会议等其他功能。建筑地下二层（局部三层），功能为舞台台仓和设备机房，地上局部4层，建筑高度23.9m。为营造仿汉唐风格建筑形象，建筑在结构屋面上设置了双层钢结构坡屋面。

　　建筑设计采用了多项绿色建筑技术措施，结合当地的气候资源特征以及对相关剧院项目的绿色技术可行性方案研究，着眼剧院绿色节能、节水、节材和室内空气品质等关键技术，并着眼剧院整体观看和视听效果，努力打造为西部地区创新型绿色剧院示范项目。

设计时间：2016年11月～2017年7月
项目地点：甘肃省敦煌市
建筑面积：3.89万 m²（含能源中心）
容积率：0.16
建筑高度：23.9m
建筑密度：7.67%
设计单位：中国建筑上海设计研究院有限公司
主要设计人员：王庭阳、王旭

世界眼光

丝绸之路沿线国家和城市演出市场开发的产业平台

VISION OF GLOBAL

国际标准

丝绸之路沿线的最大的国际文化交流中心

INTERN ATIONAL
STANDARD

中国特色

丝绸之路文化和敦煌文化的品牌推广中心

SPECIALTY OF CHINA

高点定位

国家级文化产业示范园区

HIGH POINT
POSITIONING

1. 绿色技术亮点及选型原则

敦煌大剧院根据当地的气候资源特征以及对相关剧院项目的调研，采用多种绿色建筑技术措施，着眼剧院整体观看和视听效果。

大剧院的绿色设计结合特殊的需求和基地周围实际情况，汲取全国各大剧院建筑优点，以环保、低碳、经济增量小、使用周期长的技术措施优先的原则，因地制宜地创建具有敦煌特色的大剧院。项目合理采用相关绿色生态节能技术，达到绿色建筑二星级指标要求。项目根据当地的气候资源特征以及项目的功能性，采用了大量的绿色适宜性技术，如钢结构体系、高效用能设备、健康监控系统、节水器具、BIM 模型、节水灌溉、声环境设计、CFD气流组织设计、再循环材料应用等大量成熟绿色技术，社会经济效益突出。

技术经济指标表　　　　　表 2

指标分类		数值	单位	备注
总用地面积		125330.05	m²	
总建筑面积		38931.48	m²	
其中	地上建筑面积	25591.55	m²	
	地下建筑面积	13339.93	m²	
基底面积		9609.5	m²	
座位数		1210	座	
其中	池座	884	座	
	楼座	326	座	
容积率		0.16		
绿地率		31.06	%	
建筑密度		7.67	%	
停车位		477	个	含 6 个无障碍车位
其中	地上 VIP 停车位	15	个	含 3 个大（中）巴车位
	地上普通车位	462	个	

① 能源再生驱动系统电梯

　　敦煌大剧院在不同楼梯口设置7台电梯（不具备群控条件），其中包括3台客梯，2台消防电梯，2台自动扶梯。

　　所有电梯均采用通力 EcoDisc® 碟式马达驱动的通力 MonoSpace® 无机房电梯。电梯的节能主要表现在两个方面，采用能源再生驱动系统和对电梯采取群控，考虑到本项目电梯分布相对分散，该项目采用能源再生驱动系统电梯，实现节能效果。

② 结构优化设计

　　对基地结构体系、基础和结构构件进行分析，得出项目最佳的结构形式、基础形式和结构构件，并采用灵活隔断的技术措施对建筑物内部空间进行充分利用，特别是舞台和观众席位的灵活变化，即适应了剧场的功能要求，又有效地节约了建材资源。

　　该项目灵活隔断多采用轻质隔断，灵活隔断比例为67.1%。

③ 土建装修一体化

　　室内装修与土建统一设计施工，事先统一进行建筑构件上的孔洞预留和装修面层固定件的预埋。项目采用土建装修一体化设计，所有空间都采用精装修，避免了二次装修出现的材料浪费现象。

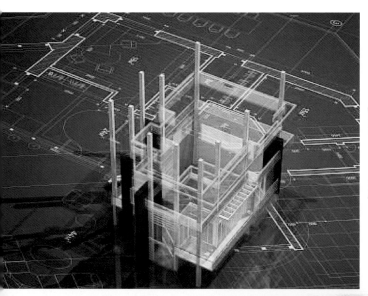

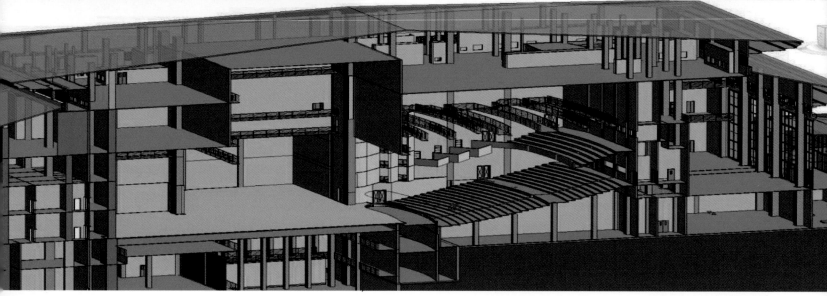

2. BIM 优化设计

本项目在规划施工图阶段进行了 BIM 设计，通过 BIM 模型，对项目进行了碰撞试验，避免了后期可能出现的安装问题等，大大提升项目生产效率、提高建筑质量、缩短工期、降低建造成本。

3. 专项声学优化设计

大剧院对声学有特别的要求，简单的隔声优化已经不能满足设计需求。根据设计规范要求以及项目本身的独特特点，专项声学优化设计提出各种结构形式（如浮筑楼板）和设备安装方面的优化设施。观众厅及舞台内墙采用 300 厚混凝土砌块（密度不低于 800kg/m³），双面 20mm 粉刷；设备和剧场空间，进行空调系统的声学计算（考虑气流噪声的影响），配备相应的消声设施。水泵安装在惯性台座上，采用型钢混凝土混合结构隔振惯性台座，降低隔振体系的重心。

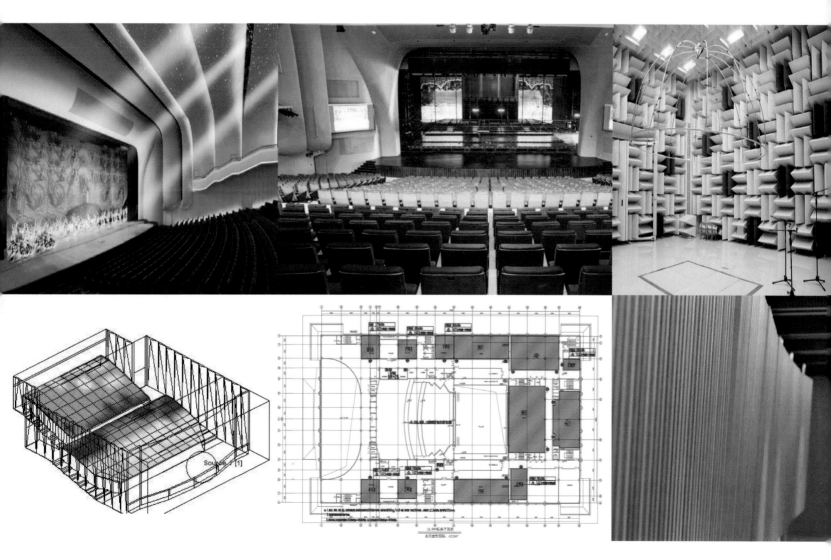

4. 空调系统技术

敦煌处于寒冷地区，空调系统既保证夏季和冬季剧院内的温度和湿度处于舒适的状态，也保证演出人员和观影人员的舒适度。考虑剧场内人员相对集中的情况，设计过程中以节能、舒适为出发点，结合项目实际情况选用冷热源系统。项目以冷水机组和燃气锅炉为主，VRV多联机系统为辅，末端采用座椅送风、全空气系统、风机盘管加新风系统和多联机系统。

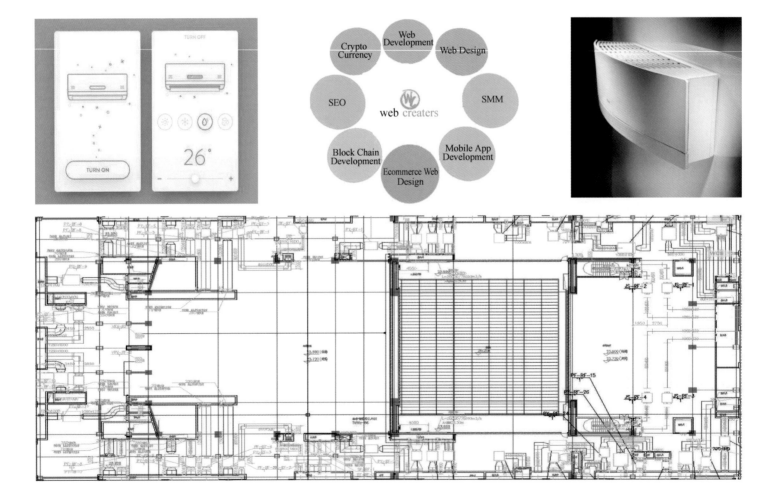

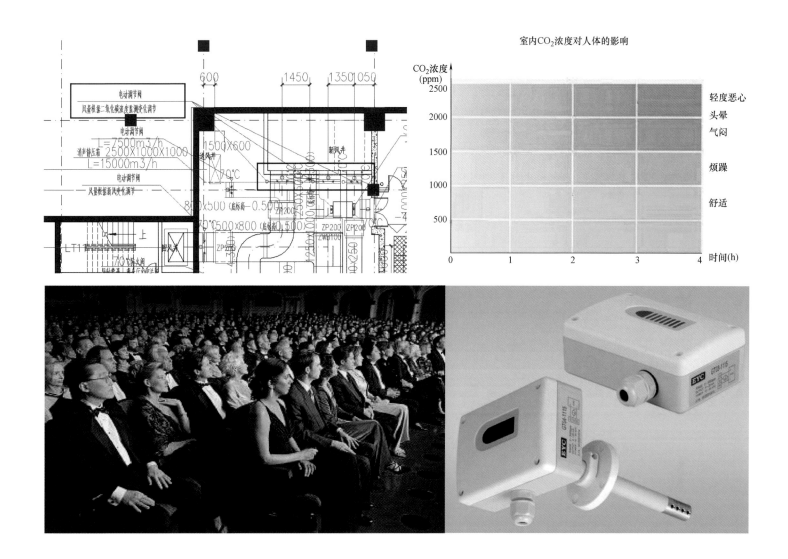

室内CO₂浓度对人体的影响

5. CO₂浓度 监控技术

因 剧场内人员密集，剧场内二氧化碳浓度极易过高，影响到室内空气品质，从而影响到剧院演出效果和观众的观赏性，所以室内设置二氧化碳浓度监控系统，通过对室内二氧化碳浓度变化的监控和新风系统联动，有效地控制室内二氧化碳浓度，保证室内空气质量。

中建财富国际中心
CSCEC Fortune International Center

中建财富国际中心作为中国建筑集团总部，位于北京城中轴线上，与奥林匹克公园共同勾勒出北京中轴线以北的天际线。地块东临安定路，西北部为奥体南区中心绿地，南隔北土城东路为元大都遗址公园。

中建财富国际中心由一栋国际甲级写字楼及一座商业裙房构成，集顶级商务资源于一体。

作为中国建筑集团办公总部，中建财富国际中心打造多元化城市综合体，实现高端商务业态的融合，形成朝阳区北部的亚奥商务板块：该板块将集体育、文化、会议展览、旅游休闲、科技、商务于一体，成为推动北京经济增长及产业升级的高端产业功能区。

建筑外形硬朗挺拔，体现建筑庄重的形式，符合中国建筑集团总部央企形象。石材外墙分格下密上疏，随高度提升愈加通透，便于欣赏室外景观。

设计时间：2011 年 5 月 1 日～2015 年 9 月 15 日
竣工时间 2016 年 9 月 15 日
项目地点：北京市
用地面积：19087.40m²
建筑面积：147017.90m²
地上建筑面积：95437m²
建筑高度：173.00m
建筑层数：37 层（地下 4 层）
容积率：5.0
设计单位：中国中建设计集团有限公司
建筑类别：超高层民用公共建筑
主要设计人员：黄文龙、赵中宇、刘胜杰、
金睿彧、张鑫、张世宪、侯鹏、孙路军、魏鹏飞、
黄山、李悦、宋亭亭、韩占强、任琳、刘云晖

总平面图

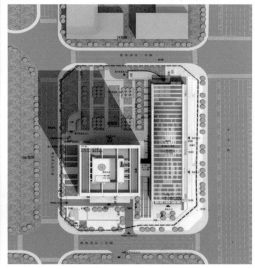

LEED-CS金级认证证书

项目曾获奖励：

时间	奖项名称	等级	授奖部门
2014 年 2 月	北京钢结构金奖	省部级	北京市建设工程物资协会建筑钢结构分会
2014 年 8 月	北京结构长城杯金奖	省部级	北京市优质工程评审委员会
2015 年 11 月	中建总公司科技示范工程	省部级	中建总公司
2016 年 12 月	北京市新技术业应用科技示范工程	省部级	北京市住房和城乡建设委员会
2017 年 8 月	绿色示范工程	省部级	住房城乡建设部
2016 年 10 月	美国 LEED 金级认证	省部级	美国绿色建筑协会
2017 年 10 月	北京市建筑长城杯金奖	省部级	北京市优质工程评审委员会
2018 年 12 月	中国建筑科技进步奖二等奖	省部级	中国建筑股份有限公司

塔楼南北面 32F ～ 37F 位置设双层呼吸幕墙，外层幕墙采用中空超白双银 LOW-E 玻璃，内层幕墙采用单层超白玻璃，两层幕墙通过双层索网体系固定连接，幕墙之间的空腔形成通风换气层。

夏季时，打开换气层的进排风口，在阳光的照射下换气层空气温度升高上浮，形成自下而上的空气流，由于烟囱效应带走通道内的热量，降低内层玻璃表面的温度，减少制冷费用。同时，排风口处设有抽风管，在烟囱效应不强时可起辅助作用。

冬季时，关闭通风层两端的进排风口，换气层中的空气在阳光的照射下温度升高，形成一个温室，有效地提高了内层玻璃的温度，减少建筑物的采暖费用。

另外，通过对进排风口的控制以及对内层幕墙结构的设计，达到由通风层向室内输送新鲜空气的目的，从而优化建筑通风质量。

通过设置双层呼吸幕墙，降低运营效率，提升使用者的舒适度。

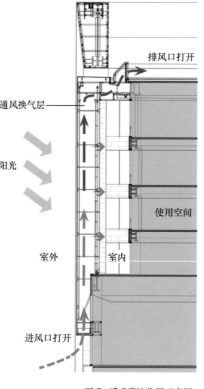
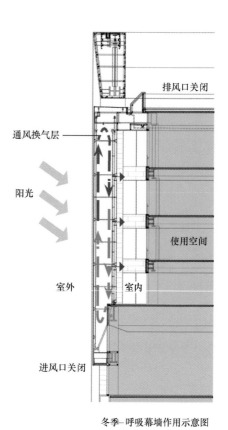

夏季-呼吸幕墙作用示意图　　　　冬季-呼吸幕墙作用示意图

双层呼吸幕墙室外效果图

双层呼吸幕墙室内实景图

双层呼吸幕墙细部实景图

变风量系统

办公区空调分内外区，距外围护结构2m进深为外区，其余为内区。内区为单风道变风量（VAV）系统，外区为四管制风机盘管。新、排风在设备层设置热回收装置，采用乙二醇溶液式热回收方式。冬季内区冷负荷由室外新风负担。采用可变新风比方式，全空气系统可达最大总新风比为70%。

办公空间实景图

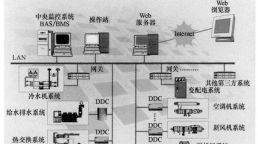
VAV系统组成

BAS建筑设备监控系统

通过BAS建筑设备监控系统对风机、水泵、空调等设备进行监控，合理选配空调冷、热源机组台数与容量。

智能照明控制

项目选用高效节能光源和灯具，并设置智能照明控制系统，可实现时间控制、照度感应控制和场景控制。

会议室实景图

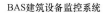
BAS建筑设备监控系统

室内空气质量监控系统

主要功能房间中人员密度较高且随时间变化大的区域，设置室内空气质量监控系统，对室内的二氧化碳浓度进行数据采集、分析并与新风系统联动。

设置场所：会议室，多功能厅等

集中热水系统+太阳能热水系统

本工程地下一层食堂及顶层办公区设置有集中热水系统。其中顶层办公区热水系统采用太阳能热水系统，电辅助加热，有效节约能源。

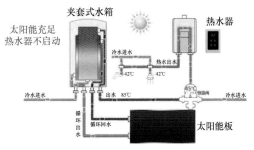
集中热水系统+太阳能热水系统

茶水间实景图

结构设计

本工程采用型钢混凝土柱—钢梁—钢筋混凝土核心筒结构。

本工程结构总高度为 172.5m，为超 B 级高度超高层结构。通过了全国超限高层建筑工程抗震设防专项审查。

本工程结构方案较为规则，受力合理，钢材、钢筋、混凝土用量均较为合理，达到安全适用、经济合理的要求。

钢筋混凝土核心筒

钢梁

型钢混凝土柱

抗震性能化设计

本工程结构设计采用抗震性能化设计，小震作用下的地震动参数按规范与地安评报告的较大值采用，中、大震作用下的地震动参数按规范采用。底部加强部位的墙肢、外框柱的偏压、偏拉承载力满足中震不屈服，抗剪承载力满足中震弹性，受剪截面控制条件满足大震不屈服。结构计算采用两种 ETABS 及 PKPM 两种不同力学模型的软件进行对比分析，小震下选取了两组天然波及一组人工波进行了弹性时程分析补充计算。用 PERFORM-3D 程序进行罕遇地震下弹塑性时程分析。

转换层

本工程 34 层为转换层，属于高位转换，设置了 8 根 1.6m 高的钢梁作为转换大梁。该转换梁考虑了水平及竖向地震作用，其承载力满足大震不屈服的要求。支承转换梁的柱子承载力满足中震弹性的要求。

主楼楼板设计

核心筒内的楼板采用普通钢筋混凝土楼板，核心筒外的楼板采用钢筋桁架楼板，这种楼板与钢梁共同组成组合楼板，省去模板，大量工作在工厂完成，施工速度快，且结构受力合理。本工程在很多楼层处开大洞口，楼板设计中均采取加水平支撑的加强措施。

基础设计

基础采用桩筏基础，桩基为 31m 长、直径 1.2m 的钻孔灌注桩，桩基主要布置在核心筒下及外围框架柱下，筏板百度为 2.6m。基础设计中考虑了桩土的共同作用，以节约造价。

共享空间

　　塔楼办公区设置了多处挑空共享休憩空间，通过共享空间楼梯的上下，可实现内部的灵活沟通，减少对电梯的依赖，节约能源。

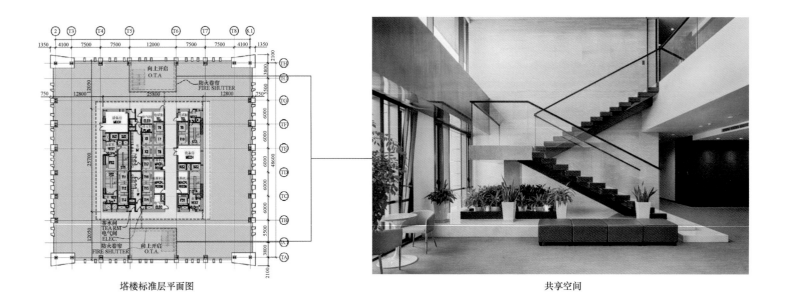

塔楼标准层平面图　　　　　　　　　　　　　　　　共享空间

主楼大堂

　　首层门厅大堂空间布置共享服务功能，节约资源，也形成了较好的人流疏散和入口展示空间。

裙房自然采光

裙房通高设计，层高 15 ~ 18m，顶部设有天窗，将室外光线引入大厅，很好地实现了室内外光线互动。

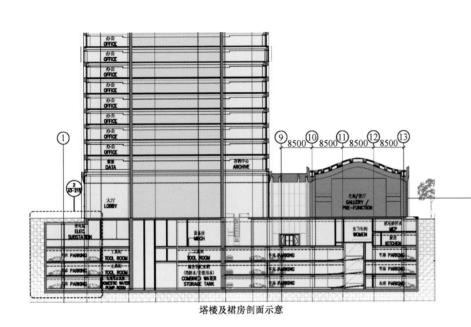

塔楼及裙房剖面示意

裙房大厅

地下餐厅自然采光

地下一层的餐厅通过顶部天窗的设计，较好地利用了自然采光，节约了能源，改善了地下室的就餐环境和舒适性。

中国建筑股份有限公司技术中心试验楼改扩建工程
Reconstruction and Expansion Project of Test Building of China State Construction Engineering Corporation Technology Center

项目位于北京市顺义区林河工业开发区林河大街15号中国建筑股份有限公司技术中心园区。

技术中心试验楼，属于高层戊类厂房，主要功能为试验室，楼长165m，宽56.6m，建筑高度35m，地上七层，地下一层，采用框架剪力墙结构体系。东办公楼、西配楼为改扩建建筑，主要功能为试验室，设置少量办公用房。

以建设绿色建筑示范工程为目标，按照"绿色建筑评价标识"三星级标准进行设计建设，本项目展示中国建筑技术中心自主研发的技术与成果，为打造国际水平的绿色建筑提供强大的技术研发平台。

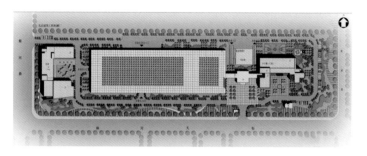

总平面图

设计时间：2011年6月～2013年1月
项目地点：北京市
建筑面积：5.26万 m²
容 积 率：1.25
建筑高度：35m
设计单位：中国中建设计集团有限公司
主要设计人员：薛峰、赵中宇、邢民、满孝新、徐宗武、崔小刚、岳晓星、任琳、侯鹏、蒋永明、马瑞江、李悦、郝晓磊、张世宪、宋晓蓉、赵璨

实验中心实景照片

实验中心实景照片

实验中心实景照片

实验中心实景照片

办公楼大厅实景照片

实验中心实景照片

设计亮点

1.外墙拼装式复合保温挂板技术

本项目在办公楼部分外墙采用复合保温挂板技术，降低传热系数，减少能耗。

外墙传热系数为 0.301

计算数据表如下：

外墙主体部分构造类型：

复合混凝土外挂板（100mm）+ 空气层（200mm）+ 水泥砂浆（20mm）+SN 连锁保温砌块（290mm）+ 水泥砂浆（20mm）墙体

总热阻为：$R_总=R_i+R_e+R_6+R_1+R_2+R_7+R_2$

=0.11+0.04+0.669+0.18+0.023+2.273+0.023=3.318（$m^2 \cdot K$）/W；

外墙传热系数为：$K_o=1/R_总=0.301W/（m^2 \cdot K）$

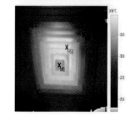

图片数据：	日期：	2016/1/29
	测量时间：	16：36：20
	文件：	IR000481.BMT

	辐射率：	0.95
	反射温度[℃]：	23.0

图片标记：

测量对象	温度[℃]	辐射率	反射温度[℃]	备注
测量点 M1	29.2	0.95	23.0	—
测量点 M2	27.7	0.95	23.0	—
测量点 M3	24.7	0.95	23.0	—
冷点 CS1	20.7	0.95	23.0	—
热点 HS1	30.6	0.95	23.0	—

现场检测数据			
房间	温度[℃]	湿度[%]	风速[m/s]
门厅 0.5m	10.0	15.0	0.1
门厅 1.0m	11.2	16.0	0.1
门厅 1.5m	12.5	13.5	0.1
门厅 2.0m	13.5	14.0	0.1
玻璃连廊 0.5m	13.5	12.0	0.1
玻璃连廊 1.0m	13.9	12.0	0.1
玻璃连廊 1.5m	14.4	12.5	0.1
玻璃连廊 2.0m	14.0	12.0	0.1
财务室 0.5m	21.0	9.0	0.1
财务室 1.0m	21.3	9.2	0.1
财务室 1.5m	21.5	9.3	0.1
财务室 2.0m	22.4	12.5	0.1
办公室 0.5m	22.4	10.2	0.1
办公室 1.0m	22.9	10.0	0.1
办公室 1.5m	23.5	10.1	0.1
办公室 2.0m	23.6	10.3	0.1

2. 结构反力墙技术

本项目试验楼内采用结构反力墙实验系统，该系统设计定位为世界最高反力墙系统，由 L 形两片反力墙及反力底板台座组成，反力墙总高为 25.5m，分 8 层；底部 7 层每层 3m 高，8 层高为 4.5m。两片反力墙之间完全脱开，防止做实验时由于反力墙之间的相互作用而引起实验误差。长肢向长度 50m，高度分为三阶，分别为 25.5m、21m 和 15m，短肢向长度 16.7m，高度均为 25.5m。每片反力墙由两片横向墙肢及肋墙构成，反力墙总厚度为 6.5m，每片横向墙肢厚度为 1.5m；肋墙间距 3.0m，厚度为 0.5m；除肋墙对应位置外，每片横墙在肋墙之间设置加载用锚孔，锚孔网格布置，间距为 500mm，锚孔孔径 80mm；反力底板厚度为 800mm，底部每间隔 3m 设置一道肋墙，肋墙厚度 500mm，基础底板为 100mm 厚的筏板，反力底板、肋墙及基础筏板形成箱体，以保证具有足够的刚度作为反力墙的支座，除底部肋墙对应位置外，反力底板在肋墙之间设置加载用锚孔，锚孔网格布置，间距为 500mm，反力底板锚孔与反力墙锚孔定位对齐，锚孔孔径 100mm。

反力墙实验系统三维图　　　　　　反力底板施工现场　　　　　　反力墙施工现场

3. 地源热泵系统耦合技术应用及优化

本工程冷热源采用地源热泵系统，冷热源系统除了满足办公室、常规实验室、部分特殊实验室、数据机房的供冷供热要求外，还需要保证土壤的冷热平衡。地源热泵系统能够通过耦合技术实现冬季提取全年供冷房间释放出的热量供给要求采暖的房间，并通过各种耦合技术组合，实现系统的节能运行。通过地源热泵专用软件 GeoStar 软件对地源热泵系统进行深化设计计算和经济分析，得到合理的钻井间距和 U 型管方式；同时对系统进行了冷热平衡分析，保证了设计方案的合理性。

地源热泵系统示意图　　　　　　地源热泵机房照片　　　　　　地源热泵机房照片

4. 屋面绿化技术

本项目在试验楼四层屋面，连廊屋面，配楼及办公楼屋面采用屋面种植技术，屋面绿化实现了建筑的空间绿化，不但大大提高了绿化面积，而且可起到调节环境温度、改善空气质量、降低夏季室内制冷能耗以及美化环境等作用。

同时通过CFD模拟，采用植被技术之后，在夏季使墙或屋顶温度下降2℃左右。绿化屋面与非绿化屋顶相比，在计算能耗时相当于夏季室内外传热温差降低了2℃，采用种植屋面，对降低热岛效应，有效减少能耗作用显著。

屋顶绿化照片

5. 植物幕墙技术

本项目试验大楼的植物幕墙工程，总面积140m²，共7块绿墙，每块高10m，宽2m。相比传统的生态幕墙如与呼吸式玻璃幕墙相比，双面植物幕墙系统总造价大约3000元/m²，与普通的双层呼吸式玻璃幕墙3500元/m²左右，造价节约约20%。另外，墙面立体绿化对建筑物的热岛效应有很好的改善作用，大大地减少了夏季空调系统的负荷，同时绿色植物与单调的建筑物面层形成鲜明对比，可以起到良好的装饰效果。

植物幕墙照片

6. 光导管采光技术

本项目在结构实验室顶部及地下车库设光导管技术，白天主要利用自然采光达到照明的目的，降低照明能耗。

地下室顶板采光

实验室顶部采光

7. 新风热回收技术

热回收机组置于建筑屋面。项目根据需要选用卧式转轮热回收交换器，排风热回收可有效地实现空调系统的节能，同时具有实用性强，运行维护简单的优点。通过核算，采用全热回收装置可节省电量为 $1.36 \times 10^6 kW \cdot h$，进一步实现节约能源的设计目标。

8. 光伏发电技术

本项目共安装 15 块 $145W_p$ 单晶硅双玻组件，安装 55 块 $70W_p$ 多晶硅双玻组件，安装 380 块 $240W_p$ 多晶硅标准组件，项目光伏发电变配电室低压侧并网，就近并网。光伏系统直流峰值发电功率 $97225W_p$。项目光伏发电占建筑总用电量的 2.45%。

新风热回收机组

安装光伏系统

9. 全生命期的 BIM 技术

中国建筑股份有限公司技术中心试验楼改扩建项目是"中国建筑"第一个从规划、设计、施工到运维管理全生命期的 BIM 技术应用示范工程。

本项目充分发挥中建"四位一体"的优势，由业主、设计、施工、运维方共同组建 BIM 团队，制定统一 BIM 标准，对上下游数据进行需求分析，分专业建立 BIM 模型，协同管理、精准执行，实现 BIM 模型数据的无缝连接。在整个项目生命期里，最大限度地避免重复工作、有效降低质量安全风险、精确控制建设成本。

数字化建造设计

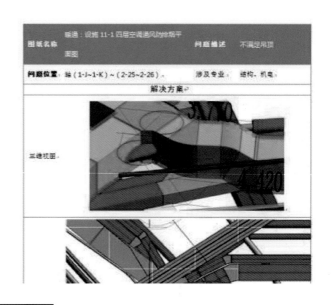

由于试验大楼内部空旷、竖向不规则，在抗震设计时，对结构防屈曲支撑系统进行模拟分析，优化抗震性能，有效控制侧移，满足结构的抗震性能要求。

同时针对反力墙和反力板施工工艺复杂、施工精度要求高的特点，使用 BIM 模型将其从支撑体系、模板安装精度控制、加载孔制作精度控制、加载孔安装流程等方面进行重点分析，使用机器人放样精准定位加载孔位置。

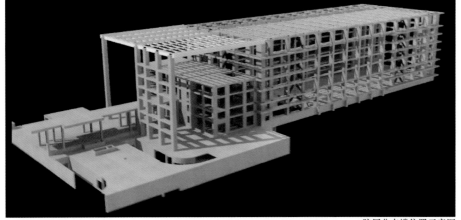

防屈曲支撑位置示意图

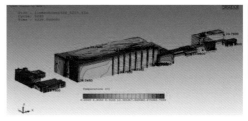
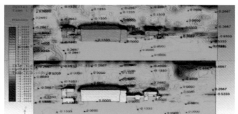
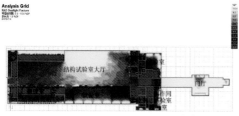

建筑性能化分析　　　　　　　　　　风环境分析　　　　　　　　　　室内日照分析

利用 BIM 模型对场地周边环境、建筑体量进行模拟分析：

在项目主入口通过风环境的模拟分析、优化设计，避免了风向对建筑使用的影响；实验大厅屋面采光进行了三种方案的对比分析，优化了建筑节能设计；利用 BIM 模型对实验大厅各设备工作时发出的噪声进行声环境模拟，优化噪声对办公区的影响；对场地内景观、照明、绿化进行虚拟现实演示，直观反映场地内道路、绿化情况；对场地内各系统市政管线进行精准定位，解决了总图管网综合问题。并以 BIM 为依托，利用 scSTREAM 软件进行模拟分析，判断是否符合《绿色建筑评价标准》（GB/T 50378—2014）的要求。对室内的风环境进行模拟，通过模拟结果调整室内房间的合理布局、开窗位置以及大小最终达到自然通风的效果最大化，以满足节能的需求以及室内环境的舒适度。

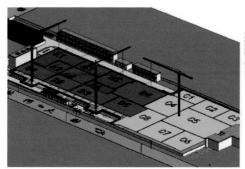

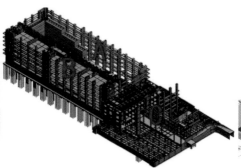
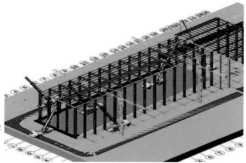

施工平面布置模拟　　　　　　　　　　施工组织方案模拟　　　　　　　　　　钢结构施工组织

应用 4D 模拟，掌握施工进度，优化施工组织安排。秉承绿色施工"四节一环保"理念，运用 BIM 模型取代施工实体样板，降低成本投入；同时，对关键节点和复杂工序进行施工模拟和可视化交底，实现一次成优。

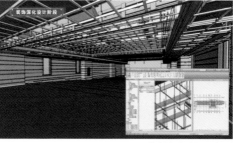
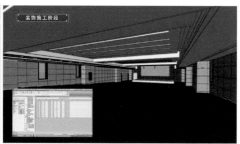

装修图纸　　　　　　　　　　物料安装分析示意图　　　　　　　　　　物料安装分析示意图

在深化设计阶段，细化装饰 BIM 模型，完成与暖通空调、电气、给水排水等专业模型综合，消除各专业之间的碰撞，同时生成装饰施工图。在装饰施工阶段，进一步丰富 BIM 模型信息，指导工人操作，进行可视化交底，同时自动导出装饰物料表指导物资采购，有效控制成本。

在运维管理阶段，重点实现设备管理、应急管理、建筑节能监控，有效增加整体运营效率，为绿色建筑运行评估提供数据。通过建立设备运维知识库以及运维计划，实现设备检修、故障报修以及应急处理。

运维管理   空间运营管理示意图

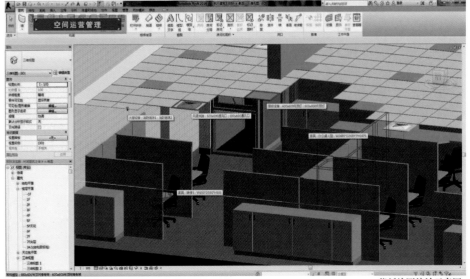

能耗检测统计示意图

通过本项目 BIM 示范工程，我们探索出一条 BIM 技术在"规划—设计—施工—运维"全生命期中的实施途径，确定了 BIM 资源编码体系，充分利用相关软件对项目进行全方位的分析与优化，解决了设计和施工过程中 BIM 模型的衔接问题，初步建立了企业级 BIM 技术实施标准。实现了 BIM 技术助力项目进度控制，成本控制，质量控制，安全控制，减少资源浪费的既定目标。

综合效益及获奖情况

　　中国建筑股份有限公司技术中心试验楼改扩建工程应用了多项绿色节能技术，使得本项目在满足舒适性及工艺性试验要求外，运行更加绿色环保节能，形成国内最大国际一流的、并占据行业最高端的试验平台。本项目设备及各系统安装完成后，调试顺利，检测测试合格；竣工验收使用一年来，各项设备及系统运行正常。地源热泵机房 2015 年全年运行能耗 1156439kW·h，每平方米能耗指标仅仅 23.12kW·h/a，远低于国类同类建筑，节能效果显著。截至目前，本项目目前已经获得：

　　"三星级绿色建筑设计标识"；

　　"美国 LEED-NC 金奖认证"；

　　"2017 年第二届全国建筑环境与设备专业青年设计师大奖赛铜奖"；

　　"2017 年全国优秀工程勘察设计行业奖优秀建筑环境与能源应用一等奖"；

　　"2016 年中国建筑优秀勘察设计（建筑工程）二等奖"；

　　"2015 年度全国绿色建筑创新奖二等奖"；

　　"2014 年全国人居经典建筑、科技双金奖"；

　　"2014 年结构长城杯金质奖工程"；

　　"2013 年中国建筑业建筑信息模型（BIM）邀请赛最佳协同及数据互用奖二等奖"。

北京新机场南航运控指挥中心
Beijing New Airport Shipping Control Command Center

作为"中国第一国门"的北京首都国际机场，是中国最重要、规模最大的大型国际航空港。南航运控指挥中心的建设将是彰显中国航空企业国际形象的重要机遇。本项目为南航北京新机场基地项目基地运行及保障用房工程，是包含六个地块的综合大型总部基地工程设计项目，用地紧邻北京新机场，未来将作为南航核心枢纽来进行保障，项目由六栋建筑共同组成，功能包括运控中心、机组出勤楼、综合业务用房、后勤保障中心和机组过夜用房。

本项目为三星级绿色建筑，主要采用建筑被动式节能设计，控制高性能围护结构达到低能耗建筑的要求，在提升建筑绿色性能的同时有效控制建造成本，实现建筑的节能、舒适、资源优化等要求。

设计时间：2017 年～ 2018 年
项目地点：河北省廊坊市
建筑面积：485404.26m²
容 积 率：2.64
建筑高度：40m
建筑密度：45.07%
设计单位：中国中建设计集团有限公司
主要绿色建筑设计人员：赵中宇、薛峰、阎福斌、唐一文、凌苏扬、陈宁、沈冠杰、杨瑞、薛晓荣、刘颐、曹红、王铭帅、陈杰、魏鹏飞、满孝新、郝晓磊、黄毅、韩占强、李娜

绿色设计特点
Green design features

超低能耗
Ultra low energy consumption

对标国际一流

主要利用围护结构（窗墙）高气密性，并通过控制建筑体型系数，采用新风热回收、可再生能源的利用等手段，达到与国际领先水平对标的超低能耗要求。

健康舒适
Health and comfort

保证宜居环境

利用数字模拟等手段进行自然通风优化设计、自然采光优化设计、室内隔声优化设计等多项优化，保证室内声、光、热湿环境的舒适度，并高效利用水资源的前提下保证洁净的水环境。

智慧系统
Smart system

引领科技创新

项目采用智慧管理平台进行统筹管理，研发出了绿色协同设计平台，使绿色设计与运维管理相链接，并应用 3C 云控系统结合建筑空间设计，共同形成了国际领先的航空指挥基地智慧系统。

装配建造
Assembly construction

提升建筑性能

设计中采用空间弹性模块和可拆装隔墙、集成式卫生间，实现标准化、装配化、产品化、通用化、集成化的设计目标。

1. 超低能耗围护结构

围护结构热工性能指标优于现行标准，达到 75% 节能率，以被动式手段实现超低能耗，所有指标均高于三星级绿色建筑标准设计。低能耗高性能的围护结构主要采用整整体式（单元式）干挂石材幕墙与竖条形玻璃幕墙相结合的形式，外墙外保温系统的组成材料：水泥砂浆（20.0mm）+ 岩棉板（100.0mm）+ 加气混凝土砌块 (B05 级)（200.0mm），以及所需的系统配件，阳角护角线条等，最大限度避免热桥。作为保温隔热的薄弱环节，外窗及幕墙系统采用 1.71 传热系数的三玻双腔 Low-E 断桥铝合金窗，极大程度上减小了建筑热损失。

- 外墙传热系数 0.32W/（m² • K）
- 在国家标准基础上提高了 36%。

建筑外围护墙体采用水泥砂浆（20.0mm）+ 岩棉板（100.0mm）+ 加气混凝土砌块（B05 级）（200.0mm）+ 水泥砂浆（20.0mm）的复合形式，外墙热阻 R_0=3.13（m² • K/W），传热系数 K_p=0.32W/（m² • K），外墙传热系数 K_p=0.32W/（m² • K），在国家标准《公共建筑节能设计标准》（GB 50189—2015）基础上提高了 36%。

- 外窗传热系数 1.71W/m² • K
- 在国家标准基础上提高了 15%。
- 三玻双腔超白钢化玻璃

外窗采用 TP6+12Ar+TP6+12Ar+TP6 双银 Low-E 暖边双中空超白钢化玻璃，外窗传热系数 1.71W/m² • K，玻璃太阳得热系数 0.52，气密性为 7 级，可见光透射比 0.40，在国家标准《公共建筑节能设计标准》（GB 50189—2015）基础上提高了 15%。

2. 绿色协同设计平台

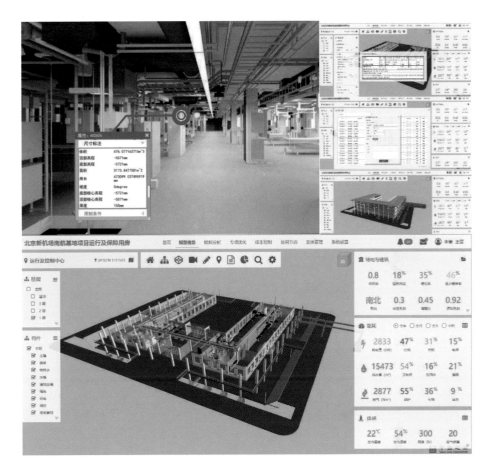

项目前期建立了针对建筑全寿命期的环境品质、建筑性能、建造成本、可持续运营等多主体协同的绿色策划和专项咨询分析流程和动态交互接口。建立绿色建筑设计全过程中多主体全专业协同设计的关键绿色技术管控节点、动态交互主要内容和节点以及环境数字模拟和集成技术等交互接口，制定全工程设计时段全专业协同设计的流程。结合对我国工程总承包管理机制的探索，建立绿色建造深化设计全过程多主体全专业协同的优化设计、节点深化、建材比选和设备选定的协同工作方法、管控节点和工作流程。并据此开发了PIM-SOP绿色协同设计平台。

- 可视化协同设计平台

  PIM的设计性能化协同设计工作流程管控分为五个阶段：概念设计、方案设计、初步设计、施工图设计、实施深化设计。设计总承包单位可针对绿色建筑策划所应确定的项目目标值、实施策略和经济可行性进行分析。在方案设计、初步设计阶段则主要针对绿色建筑的性能化设计进行相应数字化分析和目标值验证，确保其设计的经济性与适宜性，并确定各专项设计的设计参数和性能目标值。施工图设计和深化设计阶段主要是针对节点和专项设计开展设计工作。

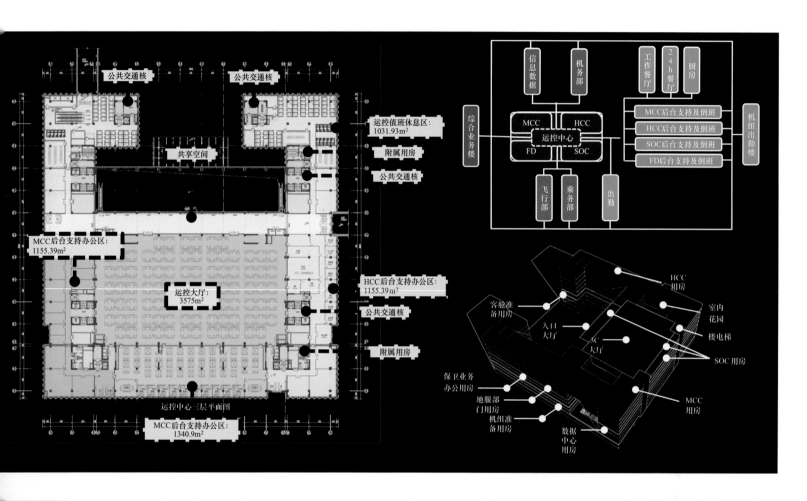

公共交通核　　　公共交通核

运控值班休息区：
1031.93m²

共享空间

附属用房

公共交通核

MCC后台支持办公区：
1155.39m²

HCC后台支持办公区：
1155.39m²

运控大厅：
3575m²

公共交通核

附属用房

运控中心二层平面图

MCC后台支持办公区：
1340.9m²

信息数据　机务部　　工作餐厅　24h餐厅　厨房

综合业务楼　　　　　　　　MCC后台支持及倒班
　　　　　MCC　　HCC　　HCC后台支持及倒班　　机组出勤楼
　　　　　　运控中心　　　SOC后台支持及倒班
　　　　　FD　　SOC　　　FD后台支持及倒班

飞行部　乘务部　出勤

HCC
用房

客舱准备用房　　　　　　　　　室内花园
入口大厅　　　3C大厅　　　楼电梯
保卫业务办公用房　　　　　　　SOC用房
地服部门用房
机组准备用房　　　　　　　　　MCC用房
　　　　数据中心用房

3. 3C 机组运行控制空间体系

北 京新机场南航运控指挥中心是亚洲最大的机组运行和控制中心，其机组运行和控制等功能对建筑空间有特殊且严格的要求，并且其核心的 3C 空间及其附属空间之间具有复杂且紧密的联系。设计过程中建立了其专属的 3C 运控空间体系。3C 即 MCC（Motor Control Center 动力控制中心）、HCC（Hub Control Center 枢纽控制中心）、SOC（System Operation Center 系统运行中心），是该项目的核心功能。

4. 装配设计
卫浴模块

本项目中设置有机组过夜用房和机组出勤用房，可同时满足 150 架次的航班的服务要求，机组人员过夜用房数量达到 3318 间，设计中考虑采用统一的建设标准，其房间单元尺寸为 3000mm×7600mm，房间面积为 22.56m²，内部功能包含睡眠、学习、盥洗和储藏四大功能。针对机组过夜用房面积紧凑、舒适度要求较高以及数量众多的特点，设计中采用集成式卫生间，实现标准化、装配化、产品化、通用化、集成化的设计目标。

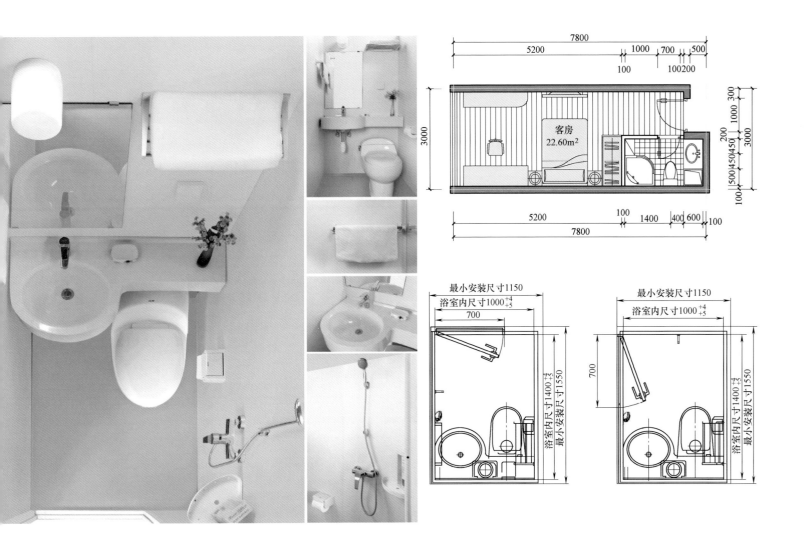

5. 内装可变性预留设计

通过管道综合支架的合理设计和应用，满足场所功能弹性可变要求。项目摒弃了传统的架空地板用于铺设管线的做法，转而应用体量小而易于管理的管线槽，实现大型机房、管道井、地下室及走廊等狭窄建筑中密集管线的支架有序、合理、美观排布，使空间得最大化得到有效利用，并为后续建筑空间的可变性提供了预留。管道综合支架排布形式合理、美观，节省空间：管道综合支架的形式一般为"管道横向成排、纵向成排"，不同种类的管道与电气桥架的分层布置共同制作管道综合支架。

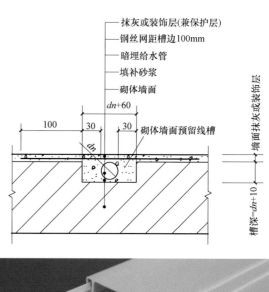

抹灰或装饰层(兼保护层)
钢丝网距槽边100mm
暗埋给水管
填补砂浆
砌体墙面
$dn+60$
100　30　30　砌体墙面预留线槽
槽深=$dn+10$
墙面抹灰或装饰层

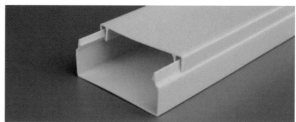

6. 宜居环境
室内控制

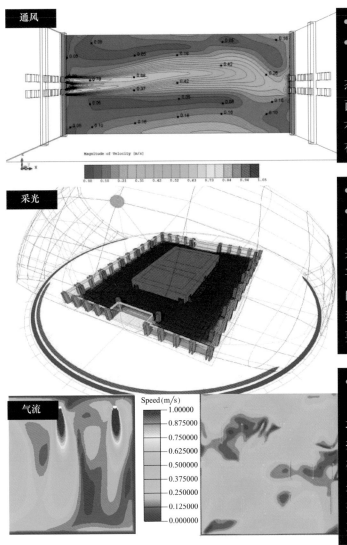

通风

采光

气流

Speed(m/s)
- 1.00000
- 0.875000
- 0.750000
- 0.625000
- 0.500000
- 0.375000
- 0.250000
- 0.125000
- 0.000000

- CFD 流体力学模拟优化自然通风
- 高大空间（运控中心等）自然通风专项模拟

　　在设计阶段，借助 CFD 流体力学模拟软件对室内自然通风状态下的热环境进行模拟预测，通过优化建筑外窗可开启方案和平面设计方案，改善功能房间的热舒适性。根据优化所得设计，现有开窗布局方案使得大部分室内功能房间自然通风换气次数保持在 300s 以下，自然通风效果良好。

- ECO-TECT 模拟优化自然采光
- 采取可调节遮阳措施，降低夏季太阳辐射得热

　　通过 ECO-TECT 自然采光模拟改善建筑室内天然采光效果。采取可调节遮阳措施，降低夏季太阳辐射得热。优化建筑空间、平面布局和构造设计，改善自然采光效果，保证建筑主要功能房间具有良好的户外视野。公共建筑中的多功能厅、接待大厅、大型会议室和其他重要房间进行专项采光优化设计，满足相应空间要求。

- 高大空间气流组织模拟优化

　　一号运控中心运控大厅设置于三层，吊顶下净高为 9.65m，其北侧为交通廊与参观廊，其东、西、南三侧为后台支持用房。运控大厅与周边其他房间之间的墙体采用 200 厚 B05 级加气混凝土砌块进行分隔；运控大厅的屋面采用铝镁锰板金属屋面，大厅内采用全空气空调系统，其最大新风比可达 70%，全空气系统风机变频，并采用自控系统，既提高了使用舒适性，又防止因超温和不合理运行造成的浪费。

郑州新郑国际机场 T2 航站楼及地面综合交通换乘中心 (GTC)
Zhengzhou Xinzheng International Airport Terminal 2 and Ground Transportation Center (GTC)

　　作为我国八大区域枢纽机场之一的郑州机场不仅是整个中原地区的空中门户，也是全国唯一一个国家级航空港经济综合实验区的核心组成部分，T2 航站楼平面呈"X"形，由主楼和四个指廊组成，其中主楼地上四层，地下两层。T2 航站楼建筑主楼部分最小面宽 306m，最小处进深 192m，航站楼南北长约为 1128m，总建筑面积约为 48.6 万 m^2。

　　GTC 包含地铁、城铁、长途巴士、穿梭巴士、出租车、私家车等多种交通换乘方式，空陆无缝换乘中心，交通流线复杂。GTC 地上两层，地下四层，总建筑面积 27.4 万 m^2（不含城际铁路地下站和地铁车站建筑面积）。

空侧夜景鸟瞰图

设计时间：2011 年 ～ 2012 年

项目地点：河南省郑州市新郑机场

建筑面积：76 万 m² （其中 T2 航站楼：48.6 万 m²，GTC：27.4 万 m²）

设计单位：中国建筑东北设计研究院有限公司深圳设计院

主要设计人员：

  项目总负责：任炳文

  建筑及规划设计主要成员：刘战、杨海荣、邵明东、郝鹏、燕翼、支宇、梁钧明、
龙晓涛、李曙光、李邦桥、胡呐梅、刘洪平、李存国、张洪涛

  结构设计主要成员：隋庆海、王艳军、赵雪峥、陈锦涛、罗志峰

  机电设计主要成员：朱宝峰、王晓光、何延治、曲杰、姜军、李绍军、董明东

1. 一体化
无界面设计

外立面设计巧妙地利用莫比乌斯环原理，把建筑的使用功能需求与立面造型设计完美结合起来。

结构单元具有模数化和标准化的特点，大部分构件均可预先加工现场安装，大大提高效率。

构件单元化是一种高效的建造方式，可实现建筑工业化。

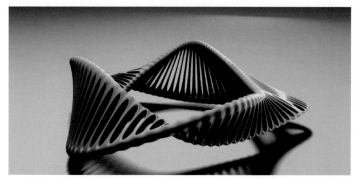

2.节能措施

（1）GTC屋面采用绿化屋面；

（2）T2、GTC地下空间均设有采光通风井，将自然光引入地下空间，在大幅降低照明、通风等能耗的同时，提升人员舒适度；

（3）建筑材料考虑大量使用金属、玻璃、石膏制品等可再循环材料；

（4）采用屋面雨水回用作水景补水水源；

（5）绿化灌溉采取喷灌、微灌等节水高效灌溉方式，按用途设置用水计量水表，智能控制水量；

（6）航站楼热水系统采用太阳能热水系统；

（7）采用热回收型变频多联空调，可将需制冷房间的热量转移至需供热的房间，节省能耗；

（8）系统性地进行室内绿化景观的设计，赏心悦目的绿植既改变了北方干燥的小气候，为旅客创造绿色宜人的室内环境，更使舟车劳顿的旅客得到视觉上的宁静和精神上的放松。

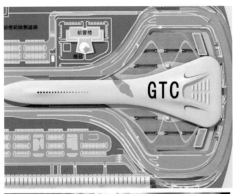

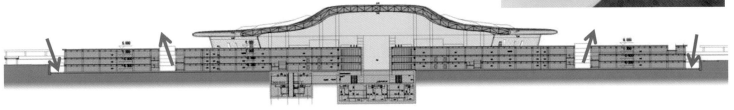

3. 生态化设计
大量采用新材料新技术

新材料的应用

（1）国内机场首次大面积使用 GRG 材料作为内墙饰面；

（2）商业中心采用整体地面；

（3）候机区幕墙玻璃采用双银 Low—E 中空彩釉玻璃。

新 技术的应用

（1）采用能源监测系统，对空调、照明、电梯、给水排水等设备的用电能耗以及建筑物耗水量和耗气量进行分区、分项实时监测；

（2）采用建筑设备管理系统对建筑物内通风系统及给排水系统等用电设备进行自动化管理，以达到节能目的；

（3）采用分层空调设计，离港层为高大空间，空调系统采用分层空调，利用商业、值机柜台等建筑构造设置空调送风口，将空调区域控制在人员活动区的高度范围内，人员活动区以上的温度可不在控制范围内，从而减少空调耗能；

（4）选用高效照明光源、高效灯具及其节能附件；室外照明及公共区域照明优先采用 LED 光源；

（5）公共区域照明采用智能照明控制系统控制，通过预先设定的程序或感光元件实现自动开启或关闭照明灯具，并分区、分时控制，从而减少建筑物照明系统的用电量；

（6）空气质量和微小气候远程自动监测——T2 航站楼在全国机场率先实现航站楼内公共场所空气质量和微小气候远程自动在线实时监测全覆盖，探测楼内公共场所空气质量和微小气候是否达标，能将结果及时反馈给航站楼新风系统进行调节，有效改善并维持航站楼空气质量和微小气候，向进出港旅客和工作人员提供合格、舒适的环境；

（7）选用高效照明光源、高效灯具及其节能附件。室外照明及公共区域照明大量采用 LED 光源，本工程是目前国内大型机场内高大空间首次全部采用 LED 灯具的照明案例，建成后照明效果十分满意；同时使用过程中与其他同类照明场所相比较，可节省电能 30% ～ 50%。

4. 风光热
模拟分析

在设计中，采用 Autodesk Ecotect Aualysis 程序对大空间采光模拟、和室内自然通风模拟等技术手段和方法对天窗设置和开窗位置进行优化设计，使得大厅室内自然光照射均匀；根据风压分布选择不同的开窗方式和比例，保证室内自然通风的效果。

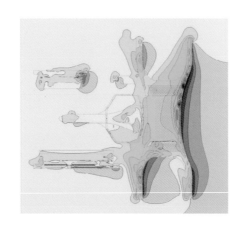

2.7m/s 东南风

北立面

南立面

2.7m/s 东南风

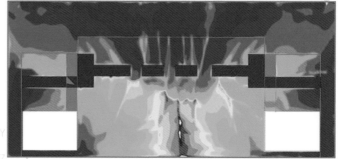

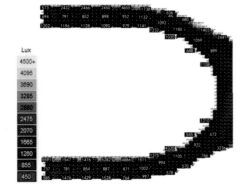

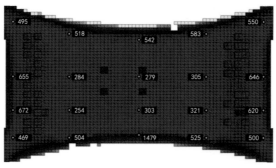

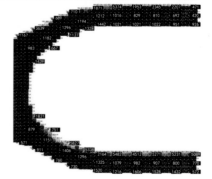

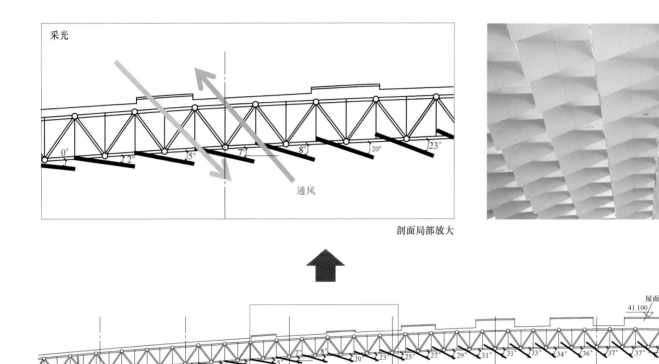

采光

通风

剖面局部放大

翻转板实景图

屋面天窗
41.100

3.0厚铝板翻转

室内

3.0厚铝板水平单元

　　大厅采用翻转板吊顶，最大限度地避免了眩光，使阳光变得柔和温馨，营造出一种自然、惬意的室内环境，同时也巧妙地解决了采光、通风、排烟等诸多技术问题。

成都天府国际机场航站区工程设计
Chengdu Tianfu International Airport Terminal Area Design

项目位于成都市东南方向，高新东区芦葭镇。基地位于龙泉山脉东侧，距离成都市中心天府广场51.5km，距离双流机场约51km。

成都天府国际机场是"十三五"规划建设的我国最大民用运输枢纽机场项目，定位为中国第四个国家级航空枢纽，丝绸之路经济带最大的航空港。天府机场采用贯穿式陆侧、单元式航站楼格局。远期形成南北两个航站区，共计六条跑道及四座航站楼，满足9000万/年旅客吞吐量。近期建设北航站区共三条跑道、两座航站楼，满足2025年旅客吞吐量4000万人次。机场外部交通引入"一条高速路、三条快速路、一条货运通道"的道路交通以及地铁13/18号线、成自客专、成资遂客专高速铁路。成都新机场航站楼坐落于平行跑道东一、西一跑道之间，跑道间距2400m；南北方向坐落于中垂滑和北垂滑之间，间距2030m。

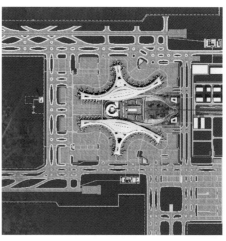

总平面图

设计时间：2015年1月～2018年8月
项目地点：成都市高新东区芦葭镇
建筑面积：60.9万 m²（航站楼）+6.59万 m²（交通中心）
建筑高度：45m
设计单位：中国建筑西南设计研究院有限公司
主要设计人员：邱小勇、刘艺、陈艺、刘世海、张宗腾、张学兵、钟光浒、谭奔、邓鹏、彭地、黄超、陈成发、龙亮、刘宜丰、夏循、周劲炜、谢明典、陈小峰、付利兵、马永兴、熊泽祝、银瑞鸿、程珂、周海林、王少伟、李波、刘光胜、杜欣、周利、冯雅、刘东升、邱雁玲、钟辉智、杜毅威、李先进、梁维坤、廖洪根、潘根、戎向阳、杨玲、康宁、路越、吕玉龙、杨柳、傅文裕、贾楚、周剑波、陈实、何青铭、孙国华、刘辉、朱源、赵浚良、刘畅

航站楼鸟瞰图　　　　　　　　　　　　　航站楼鸟瞰图

航站楼夜景鸟瞰图

交通中心剖透视图　　　　　　　　　　航站楼鸟瞰图　　　　　　　　　　交通中心鸟瞰图

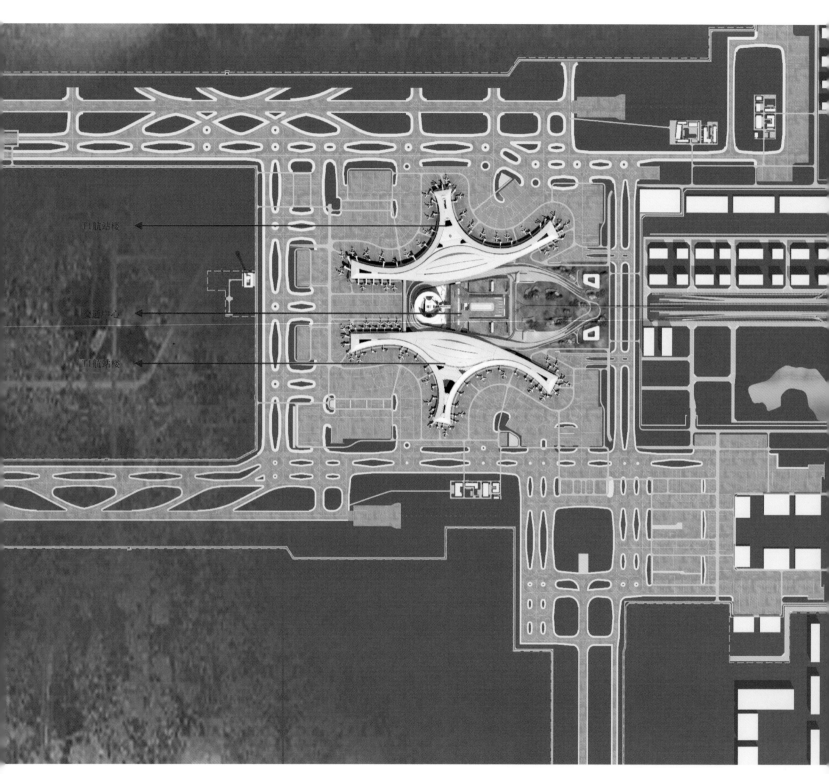

T1航站楼

交通中心

T1航站楼

总平面图

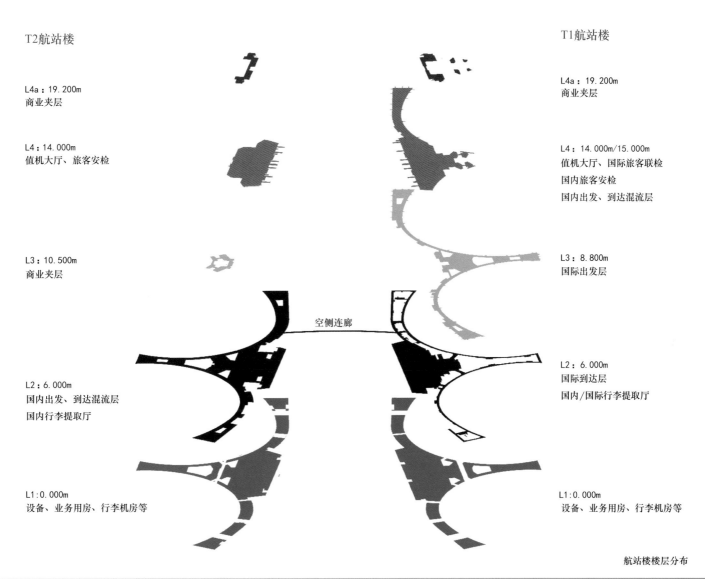

T2航站楼

L4a：19.200m
商业夹层

L4：14.000m
值机大厅、旅客安检

L3：10.500m
商业夹层

空侧连廊

L2：6.000m
国内出发、到达混流层
国内行李提取厅

L1：0.000m
设备、业务用房、行李机房等

T1航站楼

L4a：19.200m
商业夹层

L4：14.000m/15.000m
值机大厅、国际旅客联检
国内旅客安检
国内出发、到达混流层

L3：8.800m
国际出发层

L2：6.000m
国际到达层
国内/国际行李提取厅

L1：0.000m
设备、业务用房、行李机房等

航站楼楼层分布

航站楼正立面效果图

创新型被动建筑体系

围护结构热工设计

- 提升围护结构热工性能，将外窗的遮阳系数和传热系数、外墙和屋面等的传热系数按《公共建筑节能设计标准》（GB 50189—2015）的要求提升20%。

外部风环境模拟分析

- 利用自然通风模拟优化布局，保证冬季风速小于5m/s，夏季迎风面和背风面的风压差大于0.5Pa；航站楼设置中庭，进行不同风速条件下的模拟分析，均能实现有利的自然通风排热效果。

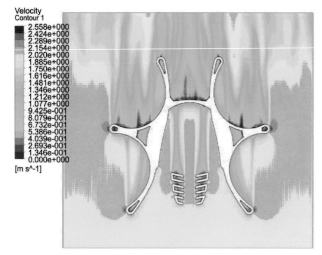

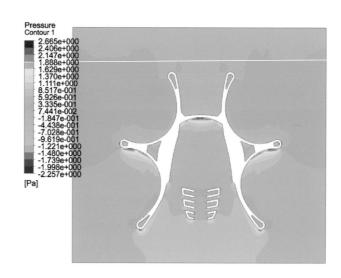

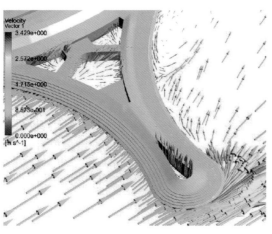

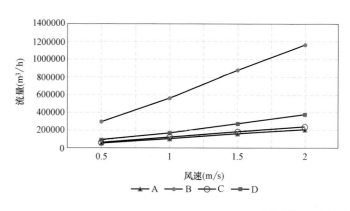

绿色建筑设计分析图

采光模拟分析

- 进行自然采光模拟分析，由于航站楼顶层采用玻璃幕墙侧面采光与天窗顶部采光相结合的采光方式，室内总体采光效果较好，78.1% 以上的室内空间采光系数达到 2%，建筑室内照度分布均匀，自然采光提升明显。

- 航站楼大挑檐为固定外遮阳，幕墙选用三银 Low-E 玻璃，夏季综合遮阳系数小于 0.2，大幅减少夏季太阳得热。

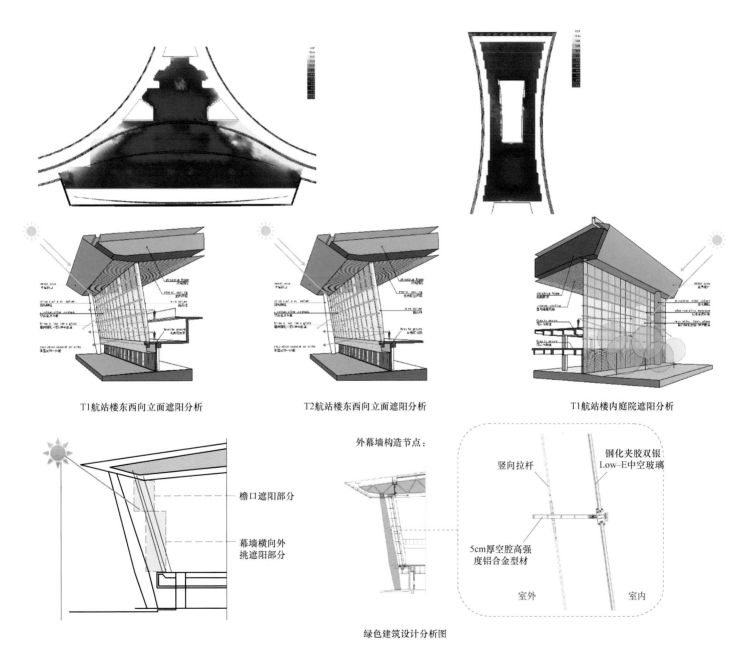

T1航站楼东西向立面遮阳分析　　　　T2航站楼东西向立面遮阳分析　　　　T1航站楼内庭院遮阳分析

檐口遮阳部分

幕墙横向外挑遮阳部分

外幕墙构造节点：

竖向拉杆

钢化夹胶双银 Low-E中空玻璃

5cm厚空腔高强度铝合金型材

室外　　室内

绿色建筑设计分析图

声环境模拟分析

- 优化建筑布局，最大限度地避免飞机噪声影响。提高围护结构的隔声性能，采用中空夹胶玻璃幕墙，根据计算，其空气声隔声量为44dB。

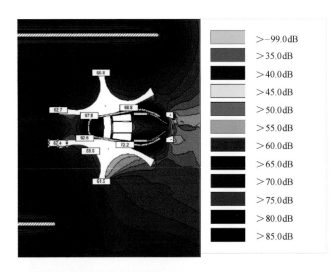

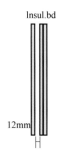

Rw	44dB
C	−1dB
C_{tr}	−6dB
D_{nTw}	46dB

系统描述

+ 1×12.0mm Glass (η:2430 kg/m³, E:52GPa, η:0.02)

+ 1×20.3mm Laminated Glass (generic PVB−2.3mm) (p:2430 kg/m³, E:40GPa η:0.08)

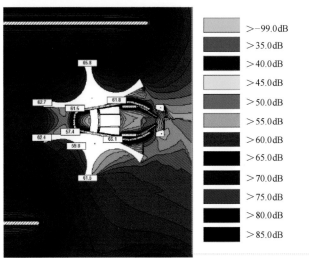

质量空气系统共振频率=127Hz

频率	R(dB)	R(dB)
50	29	
63	29	29
80	29	
100	28	
125	25	26
160	26	
200	32	
250	36	35
315	39	
400	42	
500	44	43
630	45	
800	45	
1000	45	44
1250	43	
1600	46	
2000	50	49
2500	54	
3150	58	
4000	62	61
5000	66	

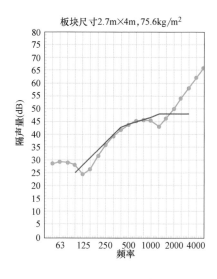

声环境模拟分析

水资源利用

- 结合景观设计，充分利用场地空间设置下凹式绿地、雨水花园等绿色雨水基础设施，合理衔接和引导屋面雨水、道路雨水进入地面生态设施，并采取相应的径流污染控制措施；通过收集屋面雨水，供绿化灌溉和周边道路冲洗使用。

工艺处理流程：

航站区非传统水源利用流程：

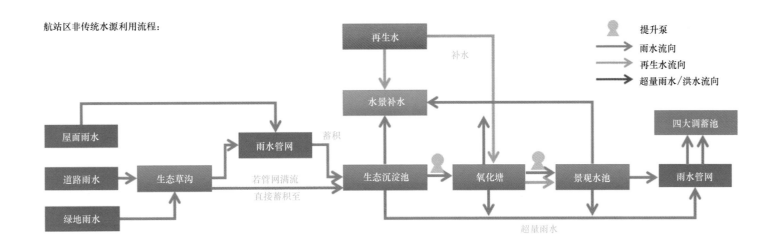

青岛胶东国际机场航站楼项目
Qingdao Jiaodong International Airport, Terminal 1

青岛新机场位于青岛市胶州市中心东北 11km 处，大沽河西岸地区，北侧紧邻胶济客运专线，南侧紧邻胶济铁路，距离青岛市中心约 40km。

根据民航局"十二五"规划，青岛新机场定位为"面向日韩具有门户功能的区域性枢纽机场，环渤海地区国际航空货运枢纽"。本期设计目标年为 2025 年，建设一号航站楼，满足年旅客吞吐量 3500 万人次，远期 2045 年旅客吞吐量将达到 5500 万人次。

新机场航站楼概念设计按照"规划导引、安全第一、功能齐备、便捷舒适、环保节能、协调美观、质优价公"的原则，将建设成为在综合交通、文化机场、智慧机场、特色商贸、绿色机场五个方面独具特色的引领行业标准的机场典范。航站楼以富有张力的连续曲面将极具向心力的五个指廊与大厅融为一体，实现大集中与单元式的合理平衡，造型融合仿生学设计理念，一期工程犹如岸边的一颗海星。

近期修建一组近距跑道，东一跑道 3600m，跑道等级 4F，西一跑道 3600m，跑道等级 4E，跑道间距 2184m，远期规划在外侧平行修建东二和西二跑道。

航站楼建筑面积 47.8 万 m²，其中：地上建筑面积：42.5 万 m²，地下建筑面积：5.3 万 m²，建筑高度：42.15m。共 6 层，其中，地上 4 层，地下 2 层。

航站楼近机位 74 个（2F20E52C），其中包括 11 个组合机位，9 个国内国际转换机位，大小机型、国内和国际机位可以灵活调配，高效运行。

航站楼以"绿色三星"为目标，通过侧高窗解决采光排烟，结合青岛本地气候特点，过渡季节自然通风，有效的降低能耗。航站楼主要旅客区域采用辐射为主的温湿度独立控制系统，该系统将室内热湿处理过程中的排热和排湿过程分开，避免了常规空调系统中热湿耦合处理所带来的损失，克服了常规空调系统中难以同时满足温、湿度需求的不足，避免了室内温湿度过高或过低的现象，提升旅客舒适性。航站楼区能源供给采用区域冷热电三联供等创新技术，实现低成本运营，致力于成为绿色、高效、创新、节能的典范。

新机场航站楼整体性强、布局合理、适应远期的灵活发展。一是采用集中尽端式的航站楼构型，步行距离短，旅客舒适度高；二是航站楼国际指廊居中，航班中转高效，旅客流程便捷；三是航站区集中，便于管理，运行成本较低；四是航站楼采用陆侧扩展模式，空陆两侧远期发展灵活，不需要捷运系统接驳，节省投资；五是 GTC（综合交通中心）布局居中，多种交通配套高度集中，形成互通的综合交通；六是航站楼注重商业空间与旅客流程及建筑空间的一体化设计，引入共享功能单元，以人为本，以青岛文化为基础，传递城市名片。

总平面图

设计时间：2013 年 6 月～ 2016 年 12 月
项目地点：青岛市
建筑面积：48 万 m²
建筑高度：42m
设计单位：中国建筑西南设计研究院有限公司 & 上海民航新时代机场设计研究院有限公司
主要设计人员：钱方、邱小勇、陈荣锋、潘磊、冯雅、刘东升、钟光浒、冯远、陈志强、张慧东、侯余波、侯剑、银瑞鸿、冯雅、刘东升、高庆龙、南艳丽、窦枚、刘希臣、邱雁玲

指廊半鸟瞰图

鸟瞰图

进场路效果

室外水景效果

室外景观效果

值机大厅

行李提取大厅

被动式的节能设计

- 被动式的节能设计策略主要体现在提升围护结构保温性能、建筑布局优化设计、开窗优化设计、可控遮阳设计等节能措施。

- 提升围护结构热工性能，将外窗的遮阳系数和传热系数、外墙和屋面等的传热系数按《公共建筑节能设计标准》（GB 50189—2015）的要求提升 10%。

- 建筑体形朝向优化设计：根据机场的整体布局，合理调整航站楼的五指夹角，使其获得更有利的室外风环境。经过 CFD 模拟分析，优化布局后航站区冬季风速小于 5m/s，风速放大系数大于 2，建筑风压差 25Pa；过渡季、夏季航站区大部分可开启外窗室内外表面的风压差大于 0.5Pa。

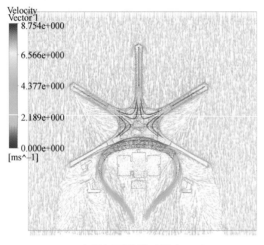

水平切面流线（风向：S）

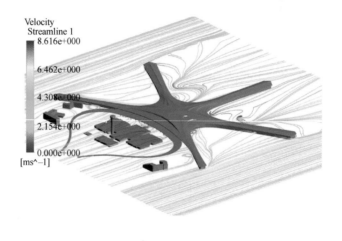

水平速度矢量（风向：N）

- 开窗优化设计：利用 CFD 对航站楼开窗经过优化设计，将天窗开启比例提升到 35.6%，幕墙开启比例提升到 10.7%，保证航站楼内大部分主要功能的室内换气次数达到两次以上。

- 通过采光模拟分析，对航站楼的顶部采光和侧窗采光方式进行优化设计，保证主要功能房间中超过 75% 面积范围的采光系数满足现行国家标准的要求。

- 可控遮阳设计：航站楼南向大厅位置设置有水平挑檐，作为固定外遮阳，并在航站楼玻璃幕墙内侧设置高反射率可调节遮阳卷帘，两者结合作为可调外遮阳措施。外窗和幕墙透明部分中，有可控遮阳调节措施的面积比例达到 50%，大大降低太阳辐射得热。

能源综合利用方案

- 采用高效的冷热源机组，机组能效均优于国家标准《公共建筑节设计标准》（GB 50189—2015）的规定以及现行有关国家标准能效节能评价值的要求。过渡季节，利用自然通风、加大新风量等方式降低空调能耗；采用 Dest 软件对空调系统能耗进行模拟，相对参照建筑降低幅度达到 15%。采用复合供能系统，供冷时，白天运行时优先利用冷热电三联供系统，不足以提供所需冷量时，以水蓄冷补充，冷热电三联供系统的年平均能源综合利用率为 80.7%。

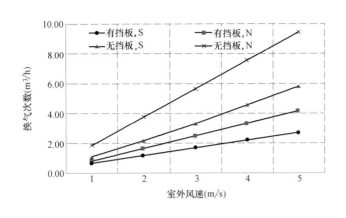

不同工况下的室内换气次数

四层室内采光系数分布图

海绵机场设计

- 航站区的海绵雨水系统设施管理体系，是通过生态草沟、沉淀蓄水池、氧化塘及景观水体等系统设施与传统雨水排放管沟的有机结合，从而实现源头控制、中途传输到末端调蓄和利用的雨水资源管理目标，进而达到以海绵雨水系统为核心的可持续水资源管理系统设计。其中，绿化灌溉、道路冲洗采用雨水的量占其总用水量的比例达到80%。

碳排放

- 对结构进行优化设计，选用高强和高耐久性建筑材料，并合理选用可再利用和可再循环材料，体现节材效果。对航站楼全生命周期（LCA）碳排放进行计算分析，采取措施降低单位面积碳排放强度。

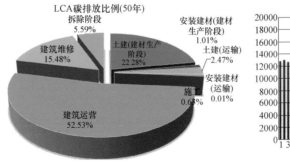

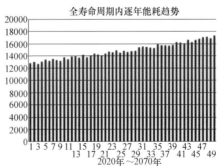

　　建筑运行阶段碳排放包括建筑运营和建筑维修的碳排放量，从计算结果可知，航站楼的运行阶段碳排放占全生命周期碳排放总量的比重最大，为52.23%，其次是建材生产阶段，所占的比例将近22.28%，建筑施工阶段的碳排放量较低，所占的比例仅有0.63%。建材生产阶段的碳排放量要远远大于建材运输阶段碳排放量，生产阶段的碳排放量约为运输阶段碳排放量的10倍。

暖通

- 采用三联供、水蓄冷、市政热网供热的复合供冷供热系统，结合以上优点，实现能源梯级利用，提高一次能源的利用效率，进一步减少建筑能耗。
- 通过优化设计，采用适宜的通风方式——大量采用机械送风、上部侧窗自然排风的混合通风方式。利用热压和正压的作用，在上部自然排风，既减少上部空间热堆积对人员活动区域空调负荷的影响，降低了空调处理能耗，又减少了机械排风系统的使用，节约了运行能耗。而且能通过改变上部排风窗的开启数量，满足不同季节的使用需求，能在室外温度适宜的条件下充分利用室外空气作为"免费冷源"，缩短冷水机组的开启时间，减少空调能耗。

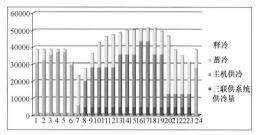

供冷工况分布图（100%冷负荷）

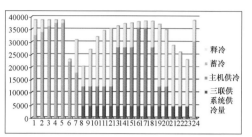

供冷工况分布图（75%冷负荷）

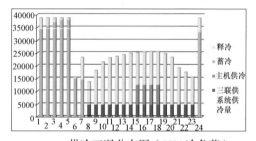

供冷工况分布图（50%冷负荷）

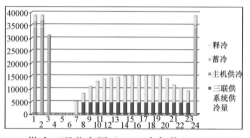

供冷工况分布图（30%冷负荷）

空气净化

- 为保证航站楼内的空气质量，对航站楼内所有空调设备均设净化装置。针对不同功能房间，合理选择不同的净化措施：
  （1）常规处理措施
  针对溶液调湿型机组，在设备进风口处过滤效率不低于 G4 级（EN779）的初效板式过滤器，作为对室外空气的一级处理。
  （2）高效创新处理措施
  1）溶液调湿型机组用于主要功能空间，具备杀菌净化作用；
  2）组合式空调机组在空调季节是全回风工况使用，过渡季节全新风运行，采用两级板式过滤的方式净化空气。一级过滤器的过滤效率不低于 G3 级（EN779），二级不低于 F5。

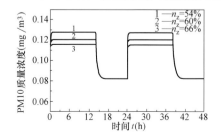

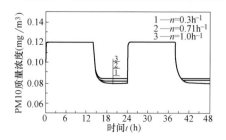

给水排水

- 低区采用场区自来水直接供水，高区采用罐式叠压供水设备加压供水，充分利用了场区自来水压力，节省能耗。
- 给水主管采用薄壁不锈钢管，压接式和焊接式连接；阀门选用密闭性能好、耐腐蚀、耐久性能好的软密封铜质和球墨铸铁阀门，有效避免管网渗漏。
- 采用分级计量，满足航站楼能耗监测规范要求。分两级，第一级设置在航站楼的两根引入管上，为总计量。第二级为分计量，按照用途和付费单元或管理单元设置计量等，确保所有用水均经过计量。厨房、卫生间、绿化、空调系统、景观等用水分别设置用水计量装置。
- 设置支管减压阀等减压限流的节水措施，用水点前供水压力不大于 0.2MPa。
- 淋浴器采用带恒温控制与温度显示功能的恒温淋浴器，并设置 IC 卡计量收费装置。
- 所有洁具均采用高效节水型洁具，符合《节水型生活用水器具》（CJ/T 164—2014）及《节水型产品技术条件与管理通则》（GB/T 18870—2011）的要求。洁具用水效率等级达到一级。大小便器均采用感应冲洗，洗手盆龙头为感应龙头。给水处理设备选用自用水量较少的设备。
- 绿化、道路洒水、观赏性景观水体补水、冷却塔补水采用回用雨水。
- 室外绿化结合地块大小，选择采用微喷灌等高效节水自动灌溉系统。设置了土壤湿度感应器、雨天关闭装置等根据气候变化控制系统开启及关闭的节水控制措施。
- 循环冷却水采用开式系统，设置冷却集水池，容纳水泵停机、下雨时增加的水量，平衡各塔之间水位。设置了旁滤系统和投药措施，确保循环水水质。

弱电

- 针对航站楼大量的机电设备的运行及维护，建设建筑设备管理系统（BMS），应用智能化技术，在建筑生命期内，对机电设施及建筑物环境实施综合管理和运行优化，实现绿色建筑的建设目标。
- 系统是基于建筑设备综合管理的信息集成平台，实现各类机电设备运行监控信息互为关联和共享，以实施对建筑机电设备系统整体化综合管理；确保各类系统设备安全稳定的运行；同时对建筑耗能的信息化进行管理，并实施降耗升效的能效监管，实现对建筑设备系统运行优化管理及提升建筑节能功效。

结构

- 青岛机场抗震设防烈度 7 度，设计基本地震加速度 0.05g，属设计地震分组第三组。机场采用折板网架结构，结合屋面造型在天窗带采用了空腹桁架结构，具有良好的建筑美感和通透性，展现了建筑与结构统一的美感。航站楼下规划 350km/h 高铁不停站通过，为国内航站楼首例。

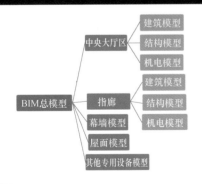
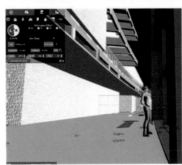

BIM

- 在设计阶段应用 BIM 技术，提升设计质量。并运用 BIM 强大的专业协调平台，集成各个专业的详细资料信息，向施工阶段进行传递，提高总承包进度计划的管理能力，尽可能的优化施工方案，节约工期。提高现场施工方案的合理性与科学性，提升工作效率和施工质量，减少工程变更。

中建钢构总部大厦和钢结构博物馆
Headquarters Building & Steel Museum,China Construction Steel Structure Corp., LTD

基地位于深圳市新开辟的后海商务中心区，是未来的国际金融中心和总部办公集群地，本项目由总部办公大楼和钢结构博物馆两部分构成，是中建钢构有限公司落户深圳的办公总部，承载了钢结构制作安装技术潮流的展示意愿。

设计通过外露钢结构部件等语言元素，意义在强化业主的企业特性，丰富企业文化特质；通过现代工程建造技术的应用，展现时代特征与钢结构技术先进性；多种尺度的中庭空间组合室内空间，并展现内部体块构成。

本项目按"因地制宜、低投高效"为原则，充分采用绿色建筑技术，包括雨水回用、市政中水利用、高效照明设备、太阳能光伏技术、建筑模拟分析技术等一系列绿色技术，打造健康舒适的办公及展示环境。

本项目设计阶段取得了深圳市公共建筑金级、国家公共建筑三星级、美国 LEED 金级三项认证，并取得了运营阶段三星级认证。

鸟瞰

远眺

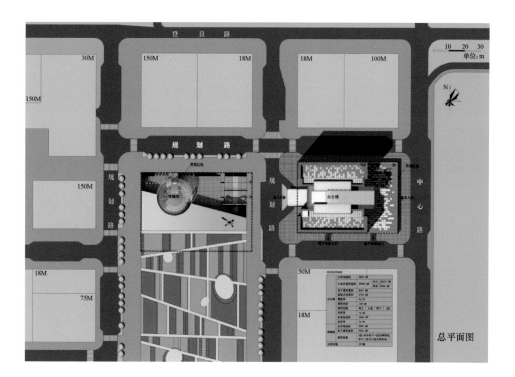

总平面图

设计时间：2012 年 12 月～ 2014 年 8 月
项目地点：深圳市
建筑面积：71355.6m²
容积率：13.7
建筑高度：165m
建筑密度：0.95
设计单位：中国建筑东北设计研究院有限公司深圳设计院
绿建咨询：深圳市建筑科学研究院
主要设计人员：任炳文、刘战、张强、梁均铭、付保林、朱宝峰、王晓光、何延志、陈益明（绿建）、于彦凯（BIM）

外观

博物馆中庭

结构部件即是外观语言，也是室内装饰主要元素，设计理念切合展示意愿，被极致地从外到内贯彻始终。

大厦主入口

空中大堂

1. 空间多样性 与人性化

标准层呈工字型布局，700m² 作为基本办公单位，分布在标准层的两侧，中间附以中庭和公共会议室；传统的核心筒被割裂为四个小盒子，里面为交通和设备空间。

基本办公单位可分可合，方便部门分配，中庭高低不同，创造邻里单位的共享效果，上下两个大堂，可以有效分置总部与租赁空间。

地下二层的公共展示通廊，是大厦与博物馆的沟通渠道，也昭示了大厦自身的展示功能。

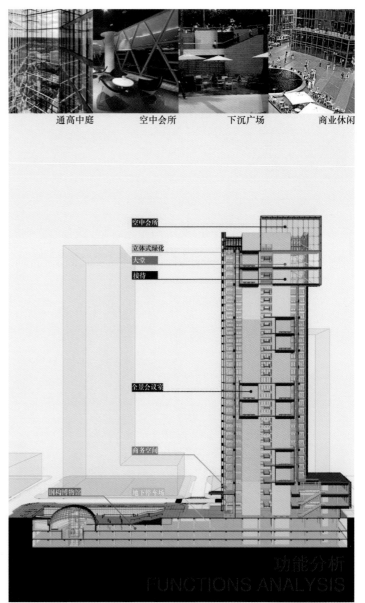

通高中庭　　　空中会所　　　下沉广场　　　商业休闲

灵活划分出售与出租空间
FLEXIBLE SPACE DIVISION

办公楼标准层的设计将主要的核心筒集中布置在建筑的中部，办公空间设置在外围，使办公空间相对比较集中，可根据实际需要划分为大型办公空间、中型办公空间、小型办公空间，大大提高了空间划分的灵活性。为使用、出租、出售创造了便利条件。建筑中部的共享空间未来可扩展为使用空间，为远期的发展提供了可能。

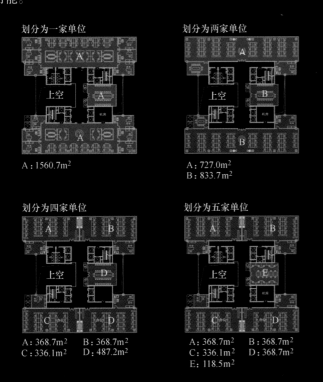

划分为一家单位

A：1560.7m²

划分为两家单位

A：727.0m²
B：833.7m²

划分为四家单位

A：368.7m²　B：368.7m²
C：336.1m²　D：487.2m²

划分为五家单位

A：368.7m²　B：368.7m²
C：336.1m²　D：368.7m²
E：118.5m²

空中会所
立体式绿化
大堂
接待

全景会议室

商务空间

钢构博物馆　　地下停车场

功能分析
FUNCTIONS ANALYSIS

屋顶花园(自用)

主楼穿梭电梯

空中花园(对公众开放)

空中花园(对公众开放)

公众入口

裙房电梯

架空层绿色平台(对公众开放)

休闲、展览空间

公众入口
(通过下沉广场通道进入)

1. 空间性质

架空层绿色平台通过裙楼电梯24小时对公众开放，此空间为13.5米高。主楼11层及18层两层南北两侧分别设置空中花园，并且对外公众开放。公众可通过下沉广场通道，乘坐穿梭梯到达。绿色平台、空中花园、屋顶花园三者形成有机的立体绿色空间。

2. 功能

1）作为对外开放绿色休闲空间，可供周边人流逗留，停歇。是对城市景观及绿色空间的一种适当补充。

2）作为展览活动场地，定期轮流举办对外活动展览。绿如双年展、书展、艺术品展、城市规划展等。并且与前广场的博物馆能有机结合，形成立体的展览流线。

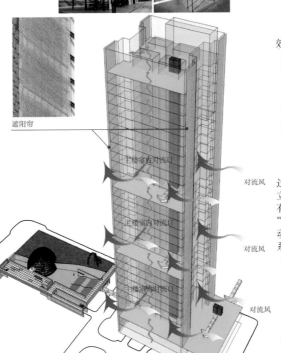

遮阳帘

主楼室内对流口

主楼室内对流口

主楼室内对流口

对流风

对流风

对流风

3. 节能设计

1）大面积的绿化，缓解城市热岛效应及改善小区域气候。

2）东西两侧立面设有遮阳帘，通过日照方位角及日照强度设计遮阳帘的立面密度，优化遮阳的降低辐射效率。有遮阳帘处敞开玻璃，空气对流形成"穿堂风"，促进室内外及主楼的空气流动，大大降低新风系统及过渡季节空调系统的能耗。

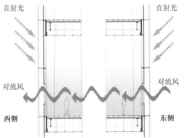

直射光　　　　　　　直射光

对流风　　　　　　　对流风

西侧　　　　　　　东侧

2.绿建体系

高效节能围护结构

钢化 Low-E 中空玻璃、挤塑聚苯板、加气混凝土砌块、屋顶绿化，围护结构能耗权衡判断节能 50.10%。

建筑节能、环境控制和调节集成技术

只能照明控制系统、高效机组、能源管理系统、空气质量监控系统等，综合节能率 60.20%。

屋顶绿化系统

屋顶绿化面积占可绿化面积 57.01%。

光导管系统

首层周边设置 10 个光导管，改善地下车库的自然采光效果，8.8% 的空间采光系数大于 0.5%。

雨水回收与市政中水

用于冲厕、地下室及路面清洗、室外绿化浇洒，非传统水源利用率达 40.55%。

可再生能源系统

晶硅光伏组件与玻璃幕墙光伏一体化，发电量占项目年耗电量的 2.38%。

高强钢筋和循环材料

高强钢筋占钢筋总用量的比例为 81.06%，可再循环材料使用重量占 18.68%。

室内热湿环境

【项目情况】
- 室内自然通风

项目通过室内自然通风的 CFD 模拟分析，设置合理的开窗位置和数量，裙房和塔楼标准层室内主要功能房间空气流速均保持在 1.5m/s 以下；空气龄满足小于 1800s，即换气次数满足大于 2 次 /h。满足《绿色建筑评价标准》（GB 50378）的相关要求。

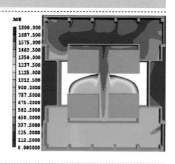

屋顶绿化

【项目情况】
- 屋顶绿化

本项目主要在裙房屋顶及塔楼屋顶设置绿化，为办公人群提供生活休闲的活动场所。

屋顶可绿化面积：1810.3m²；
屋顶绿化面积：1032m²；
屋顶绿化面积占屋顶可绿化面积比例：57.01%。

非传统水源利用

【项目情况】
- 市政中水接入

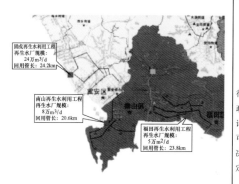

深圳市水务局准予行政许可决定书

深水许准予（2013）1872 号

来文单位	中建钢构置业（深圳）有限公司		
来文编号	20131110	收文日期	2013-11-12
申请事项	中建钢构大厦项目用水节水评估报告审批		

行政许可决定

中建钢构置业（深圳）有限公司：

我局于 2013 年 11 月 12 日受理你单位提出的中建钢构大厦项目用水节水评估报告。经审查，该申请符合法定条件，根据《中华人民共和国行政许可法》第三十四条第二款、《深圳市节约用水条例》第二十四条、《深圳市建设项目用水节水管理办法》第十一条、第十三条和第十四条，决定如下：

一、该项目位于深圳市南山后海中心区，为总建筑面积 5.5 万 m² 的总部办公大楼。主要用水为办公、商业、绿化浇洒及车库冲洗等，项目年设计用水量 8.6 万 m³。

二、目前我局已编制完成《南山及前海片区再生水供水管网详细规划》且即将实施，该项目位于规划范围内，建议该项目预留市政再生水接口，考虑不久后使用市政再生水用于该项目公共卫生间冲厕、中央空调冷却塔补水、绿化浇洒及车库冲洗等杂用，以节省常规水资源。

三、建议该项目优化系统设计，如减压限统、采用新

污染控制

【项目情况】

- 项目采用铝合金玻璃幕墙，建筑物 10m 高度以下的玻璃幕墙，采用反射率小于 0.16 的玻璃，其余部分的玻璃幕墙采用反射率小于 0.30 的玻璃，满足《玻璃幕墙光学性能》(GB/T 18091—2015) 的要求；
- 室外景观照明灯具采用带截光装置的灯具，无直射光射向夜空的光线；
- 本项目东向设置遮阳帘、西向幕墙设置可调电动外遮阳，能进一步减少玻璃幕墙的光污染。

主要绿色建筑技术体系

雨水回用｜可调外遮阳｜光导管｜室外遮阳｜市政中水利用｜中建钢构大厦｜高效照明设备｜太阳能光电｜室内环境监测｜高强钢、可再循环材料

通风与空调

【项目情况】

- 排风热回收：本项目采用排风热回收空调机组，对新风进行预冷。经统计，排风热回收机组全年节电量 288437kW·h，折合为费用为 288437 元 / 年，排风热回收机组总增量成本为 769000 元，投入产出比为 2.67，静态回收期约为 3 年。热回收全热和显热回收效率≥ 60%。

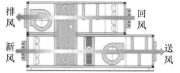

排风　回风　新风　送风

场地物理环境控制

【项目情况】

- 场地风环境

　　夏季，东南偏南风，平均风速 2.3m/s。本项目场地风速均在 0.69 ～ 4.6m/s 之间，风速放大系数位最大为 1.39，小于 2；

　　冬季，北风，平均风速 2.7m/s。场地风速均在 0.81 ～ 5m/s 之间，风速放大系数最大为 1.41，小于 2。

　　满足绿建要求。

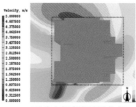

夏季人行高度风速分布

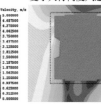

冬季人行高度风速分布

景观绿化

【项目情况】

- 本土植物和复层绿化

　　本项目实行超紧凑开发，建筑覆盖率达到 94% 以上，主要设置屋顶乔、灌木的复层绿化选用深圳当地物种，包括如小叶紫薇、九里香、野牡丹、白花油麻藤、棕竹、栀子花、金银花、含笑花、红背桂、肾蕨、凤尾蕨、文殊兰、沿阶草、花酢浆草等。

小叶紫薇

九里香

野牡丹　　　　白花油麻藤

可再生能源利用

【项目情况】

　　本项目采用太阳能光伏发电系统，在屋顶及南立面顶层玻璃围挡处铺设太阳能光伏板，太阳能装机容量为 148.38kW，经计算，太阳能光伏发电系统年发电量为 13.54 万 kW·h，占建筑年总用电量的 2.38%。

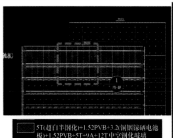
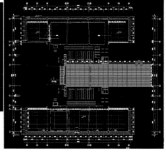

5T(超白半钢化)+1.52PVB+3.2(铜铟镓硒电池板)+1.52PVB+5T+9A+12T中空钢化玻璃

3. 全钢 结构

中建钢构总部大厦结构体系为全钢结构，包括支撑框架核心筒、矩形梁柱、压型钢板楼层板等。除地下四层由于人防的特殊需求，设计为混凝土结构外，其余所有结构及结构构件均为钢结构。

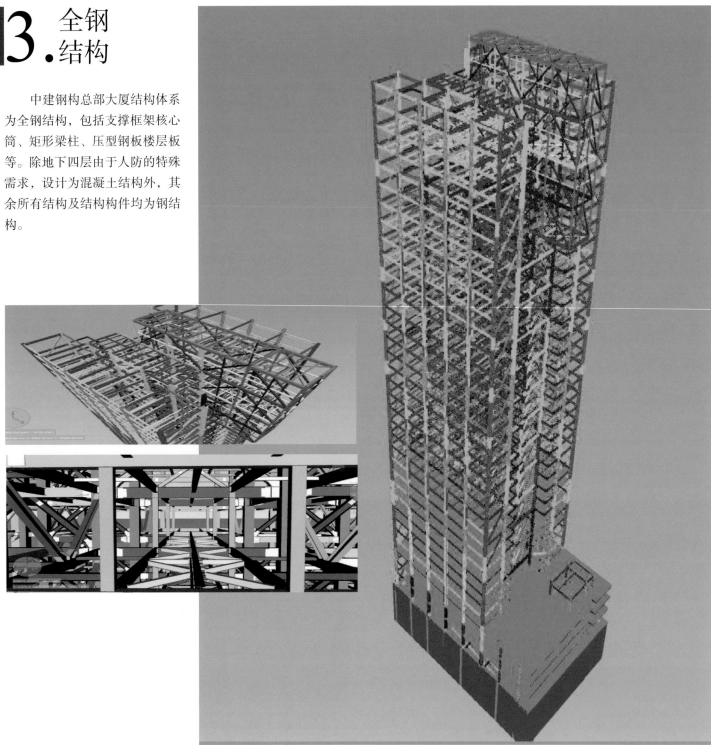

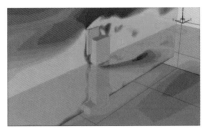

应用自主研发的非稳态数值风洞技术对（钢构大厦）进行数值风洞模拟，直接得到可用于结构设计的位移、加速度响应等信息。该模拟考虑了建筑与风场间的流固耦合效应，更符合实际物理过程。

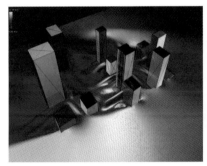

通过风环境模拟，对建筑受影面有一个初步的预计，并采取一定的措施，减少不利的影响，并给出一定的建议。

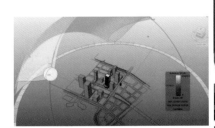

通过日照分析，确定建筑物的空间方位和外观、建立建筑物与周围建筑的关系，确定合理的建筑形体。

4.全程BIM

BIM模型

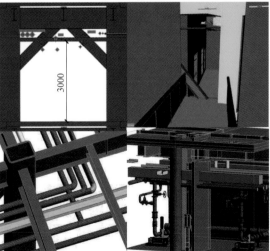

3000

前期方案分析　　　　　　　　　　中期设计优化

NC文件

后期配合施工

都江堰大熊猫救护与疾病防控中心
Dujiangyan Panda Ambulance and Disease Prevention and Control Center

都江堰大熊猫救护与疾病防控中心是汶川5·12地震后由香港特区政府投资援建的项目，是世界首个熊猫医院，兼具大熊猫的疾病救治、疗养、疾病研究和科普教育等功能。项目设计贯彻"全寿命周期"内资源消耗最小的绿色建筑理念，已获得绿色建筑三星设计及运营标识。

设计结合熊猫医疗工艺及生态环保要求，总体布局顺应地形以川西"林盘"（小体量的簇群）特征聚落化布局，保护了基地内的原有生态系统及其湿地。单体建筑适应地形的视线对位摆布，因与环境之间相互融入互为景观。建筑形态取自地域性民居意象，加以绿色创新性的建构，让视觉语境呈现出能指与所指的合理张力。项目中采用了多种适宜的绿色环保措施和技术：利用场地内旧民宅弃砖加再生砖作隔声墙，坡屋顶的挑檐导风和被动式保温通风吊顶，道路及硬质铺装透水材料的运用解决雨水回渗，钢结构的工业化施工与墙体复合保温（不用保温化工材料），运用隔震减震基础保障重要建筑，雨水调蓄并收集作中水利用，结合自然采光调整窗洞形式减少照明用电负荷，采用地源热泵系统解决大部分空调负荷，设热回收装置减少能量损失，原有农田整理与景观的结合等。

设计以单体建筑"隐"、"融"的策略获得整体环境品质的提升，摆明设计者对人、建筑、环境之间关系的态度，轻触式地还原了场所存在的意义。

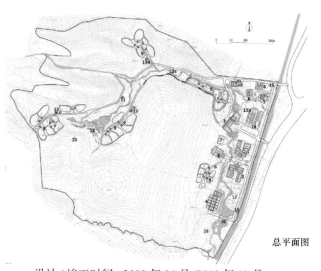

总平面图

设计/竣工时间：2009年06月/2013年12月
项目地点：四川省都江堰青城山石桥村
建筑面积：12398.83m²
建筑高度/层数：1F～3F
设计单位：中国建筑西南设计研究院有限公司
主要设计人员：钱方、戎向阳、高庆龙、吴小宾、李波、杨玲、李先进、茅锋、刘磊、袁野，戎向阳、高庆龙、闵晓丹

获得荣誉：
绿色建筑三星级设计和运营标识
住房城乡建设部绿色建筑创新一等奖
中国勘察设计协会绿色建筑设计一等奖
中建总公司绿色建筑设计一等奖
四川省第二届李冰奖绿色建筑设计大赛一等奖
城科会绿建委2018"中国好绿建"称号

鸟瞰图

总体规划构思

- 林盘星罗棋布在川西坝子中，是川西平原独有的民居聚落形态，也是人工建筑环境与自然环境相融的典范。设计结合熊猫医疗工艺及生态环保要求，总体布局顺应地形，以川西"林盘"（小体量的簇群）特征聚落化布局。
- 单体建筑与环境之间互为景观，保护基地内生态湿地，建筑形态取材地域性原生态民居意象，力求融入环境。设计结合熊猫医疗工艺及生态环保要求，建筑设计以"隐"、"融"的策略获得整体环境品质的提升，营造无压力的朴素审美过程。

园区鸟瞰

单体透视

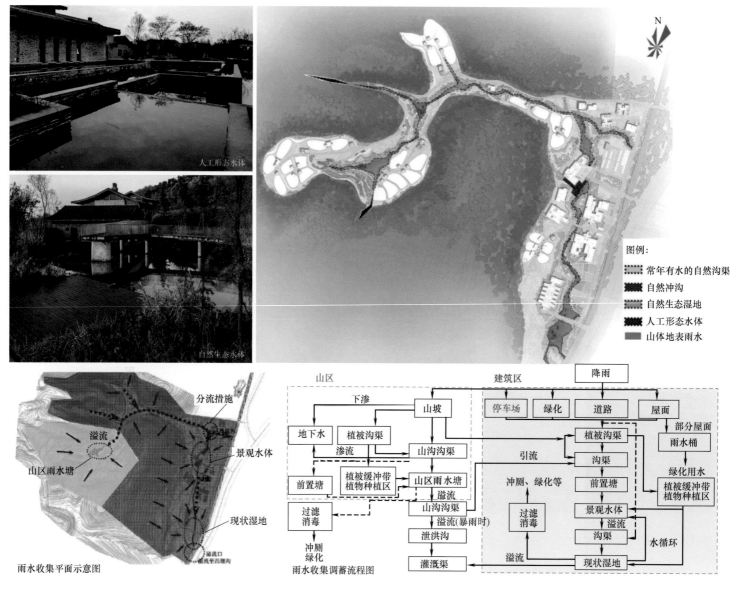

人工形态水体

自然生态水体

图例：

⸬⸬ 常年有水的自然沟渠

▓ 自然冲沟

▨ 自然生态湿地

▨ 人工形态水体

■ 山体地表雨水

雨水收集平面示意图

分流措施

溢流

山区雨水塘

景观水体

现状湿地

雨水收集调蓄流程图

水资源利用整体规划

- 结合原有地形水系及使用功能等因素统一规划，采用"分级调蓄收集"方式，山区雨水就近由沟渠、溪流等汇入山区雨水塘；雨水塘溢流沿沟渠向下，正常水量汇集至南侧景观湿地（原有保留）水体，地入渗和排入东侧沟渠，多余水量直接溢入东侧排洪沟渠。共设三级调蓄，总有效调蓄容积可达约 3000m³。

- 收集处理后的雨水作为非传统水源，用于绿化浇洒、冲厕、道路广场及熊猫圈舍地面冲洗等，非传统水源利用率可达到 40%。

原始民居道路及水系图底

规划图底

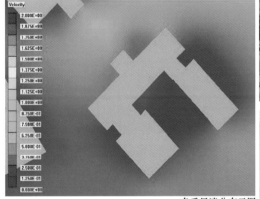

冬季风速分布云图

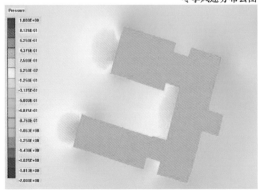

夏季风速分布云图

监护兽舍隔声玻璃

弃砖建渣砖降噪围墙

大熊猫生活区场地噪声模拟

节地

- 主要建筑物和道路依照功能要求，利用原有宅基地和道路进行因地制宜的布局，最大程度地保持原有地形地貌、植被、湿地和水系，减轻水土流失。本项目绿化设计实现了绿地率达到80%以上，除车行道以外，人行道、停车场等全部采用透水铺装，室外透水地面面积比例达到82.5%。

声环境

- 临106省道采用砖砌矮墙和绿化带两重隔声降噪措施，区域声环境可控制在昼间50dB、夜间40dB以下，满足大熊猫对声环境的要求。

风环境

- 应用模拟软件优化场地风环境、热环境。夏季建筑迎背风面压差约为1Pa，室外人行高度处风速分布于0.3~4m/s范围内，整体通风效果较好，有利于散热。冬季人行高度处风速均＜5m/s，室外无过大风速。

自然采光

- 密切结合建筑的开窗方式、院落布置进行采光效果分析和合理配置，自然采光达标面积比例达到89.4%。设计在满足室内采光和降低空调能耗方面寻求最佳结合点。
- 采用节能灯具：T5荧光灯、紧凑型荧光灯、LED灯；室内灯具效率大于70%，室外景观照明灯具效率大于50%
- 除有特殊要求的场所外，其余气体放电灯采用符合国家标准的节能电感镇流器。

天井

南向幕墙窗

院落

节能灯具使用

- 兽医院采用隔震减震基础形式,通过设置橡胶隔震支座等部件组成具有整体复原功能的隔震层,延长整个结构体系的自振周期,减少地震对建筑及其内部医疗设备的不利影响。

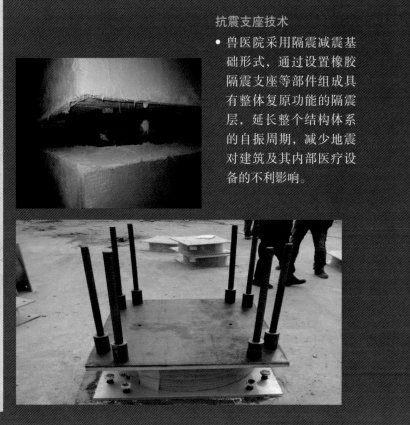

地热供给单位

动力中心

地热收集单位

地源热泵

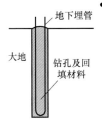

埋管

钻孔及回填材料

地下埋管

大地

钻孔及回填材料

- 充分利用场地丰富的地下水资源,选择供热成本低的地源热泵技术,将土壤作为热泵机组的低温热源和排热场所,利用热泵原理通过少量的高位电能输入实现低位热能向高位热能转移。此技术承担冷负荷比例达到76.00%,承担热负荷比例达到71.53%。

热回收

- 运用热回收技术,在人员密度大的房间吊顶内设置装置,对排风进行热回收,并利用回收能量对新风进行预冷或预热处理,达到节能目标。

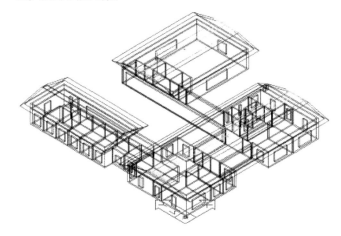

测试孔编号	1	2
钻孔深度(m)	50	80
埋管形式	双U	双U
埋管内径(mm)	26	
钻孔回填材料	细沙	

测试孔编号	1	2
钻孔直径(m)	150	
埋管材质	PE管	
埋管外径(mm)	32	
主要地层结构	卵石层	

平面规划布局技术创新

- 利用现状机耕道路进行路网布置；
- 所有建筑均在原有农户宅基地上进行选址，最大限度保留原有植被；
- 保留场地内完整水系，以及水系末端的湿地系统，以场地为整体进行雨水收集处理及水系规划。

围护结构设计创新

- 阁楼设置为通风阁楼，屋面的保温下移至阁楼地板位置，一方面可增强阁楼热压通风，同时减少空调空间与阁楼之间的热量传递；阁楼与下部房间设置可开启装置，过渡季节，空调关闭，房间与阁楼之间实现热压通风；
- 所有建筑外窗均可全部开启，开启方式采用防雨防盗的上悬窗，开启率为 77%；实现过渡季节外窗全天候开启，开启时间超过 6 个月；充分利用自然通风，实现低能耗运行；
- 外墙采用自保温空斗墙，实现保温系统与建筑同寿命，解决了钢结构暴露和热桥问题，对提高建筑防火性能以及耐久性也有帮助；
- 外窗采用 Low-E 中空玻璃，同时通过挑檐和窗口内凹布置，实现自遮阳，夏季当量遮阳系数近 0.20，充分减小空调负荷。

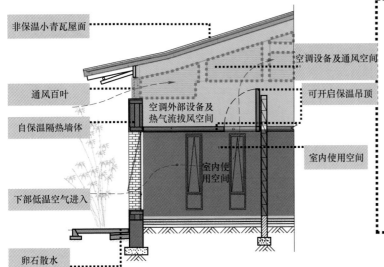

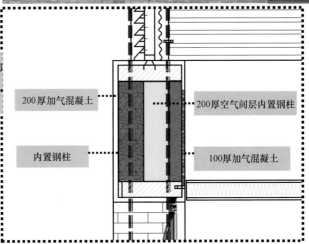

结构

- 本工程抗震设防烈度为8度（0.2g），设计地震分组为第二组，建筑场地类别为Ⅱ类，设计特征周期为0.40s，结构阻尼比：钢结构，0.035。结构形式为钢框架结构。不考虑竖向地震作用。
- 本工程为提高建筑结构抗震性能，在结构设计方面采用了钢结构和隔震技术。
- 采用了基础隔震设计，降低一个设防烈度，达到上部结构在罕遇地震情况处于弹性，极大地提高了其抗震性能，满足其在紧急情况下的医院功能不中断需求。
- 采用钢结构体系，利用钢材为可再循环材料减小对资源消耗和环境影响，并采取工厂预制、现场拼装等措施，减少对现场植被的毁坏和土壤的污染。
- 砌体外墙采取双层中空填充墙体，并优化构造柱、过梁和圈梁以及与主体结构连接等做法，既满足墙体连接要求和增加抗震能力，也满足保温隔热要求。

电气

- 本工程照明设计充分利用自然光，室内照明以直接照明为主，采用T5三基色荧光灯或紧凑型节能荧光灯光源，选用高效、节能灯具。对照明、办公设备、冷热水、空调、送排风机、水泵、电梯等分项装设电能计量表实现独立分项计量并采用远程传输手段将所有电量数据及时采集传至能耗监测系统主机，实现能耗的在线监测和动态分析，从而达到实施能耗计量与节能管理的目的；采用智能灯光控制系统、建筑设备监控系统(BAS)等系统对给排水系统、冷热源系统、空调系统、送排风系统、变配电系统、照明系统等进行有效地监视，以便实施节能控制，从而实现公共设备的最优化管理并降低故障率；设置变配电智能化系统实现遥测、遥信。

给水排水

- 给水系统：采用分区给水方式，东区由市政给水管道直接供水。西部熊猫圈舍区设转输水池和高位水池，以重力流的方式供水，节约能源。
- 热水系统：采用分散式空气源热泵提供热水，节电节能。
- 雨水调蓄排放系统：利用现有冲沟水体和湿地等作为雨水调蓄池，地块共设三级调蓄措施。
- 雨水回收利用系统：收集雨水处理后作为非传统水源，用于卫生间冲厕、绿化浇洒、熊猫圈舍地面冲洗等用途，有效地节约了水资源，其非传统水源利用率可达到40%。雨水利用系统处理后的水质符合相应的水质标准。供水管道和取用等设施均设明显的"雨水"标识，防止误接、误用、误饮。
- 绿化浇洒：绿化采用喷灌方式，高效节水。
- 分建筑及其不同的用水点设置用水计量水表计量。

暖通

- 本工程以适宜性作为空调方式的选用原则，根据各栋楼的空调负荷特点、输配距离、人员行为模式特点，有针对性地采用了"集中"与"分散"两种方式。集中空调利用浅层地能，采用地埋管地源热泵系统。需要独立调控的房间采用风机盘管加新风系统，便于各房间独立开启空调设备和调节室内热湿环境参数。餐厅、大会议室采用全空气系统，并结合房间人员密度大、空调新风需求量大的特点，设置空气—空气能量回收装置对排风进行热回收。兽医院手术区采用温度湿度独立控制系统。

咸阳博物院
Xianyang Museum

正立面透视图

项目概况

项目名称：咸阳博物院

建设地点：秦汉新城东部，南临兰池三路，北临兰池四路

设计单位：中国建筑西北设计研究院有限公司

设计/竣工时间：2013年5月/2018年12月

使用功能：1～5区为陈列区和公共服务区；6区为藏品库区、藏品保护技术区、业务与科研区和展品制作维修区。7区为行政管理区、设备用房区和武警宿舍

用地面积：305973m²

建筑面积：39809m²

建筑高度/层数：1&5区（19.51m,2F）、3区（28.5m,4F）、2&4区（20.6m,3F）、6区（20.6/-10.2m,3/-2F）、7区（20.6/-5.55m,3/-1F）

设计团队：张锦秋、徐嵘、朱春红、万宁、贾俊明、张军、殷元生、杜乐、马维民、何云乐、杨勇、韦春萍

绿色认证等级：设计阶段二星级

基地概况

　　咸阳博物院用地位于秦汉新城东部。用地南侧是兰池三路，北侧是兰池四路。拟建场地较为平整，属渭河一级阶地。场地内地层分布连续稳定，未见明显错断迹象，场地开阔平坦，未发现不良地质作用与地质灾害，场地稳定，适宜开发。

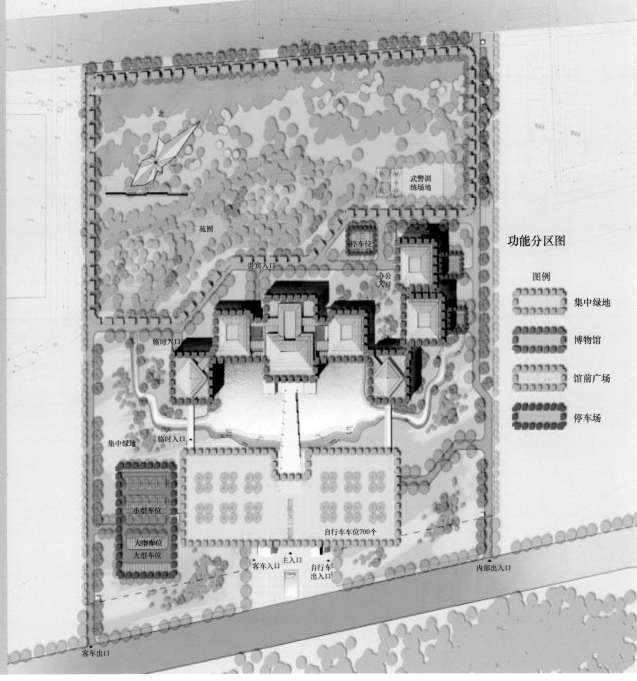

苑囿

武警训练场地

停车位

贵宾入口

办公入口

临时入口

集中绿地

临时入口

小型车位

大型车位
大型车位

自行车车位700个

客车入口　主入口　自行车出入口

客车出口

内部出入口

功能分区图

图例

集中绿地

博物馆

馆前广场

停车场

鸟瞰图

设计策略

咸阳博物院以北斗七星的总体布局象征秦朝宫殿"象天法地"的浪漫主义规划思想。以秦代宫殿建筑为意向，采用现代的设计手法，从语汇上体现传统建筑的现代化表达。秦朝宫殿的独创性就在于模拟天象设计宫苑，将银河系中的主要星座与渭河横桥附近的主要宫苑——对应，形成"渭水贯都，以象天汉，横桥南渡，以法牵牛"的布局。咸阳博物院的设计就浓缩了上述"象天法地"之意匠，平面为北斗七星的建筑组合方式，各单体之间以"复道"（架空廊道）相连，共设秦文化馆、汉唐壁画馆、汉兵马俑馆、珍品馆和临展馆五个陈列厅，而采用建筑群体可避免集中式的单体建筑过大过高的体量对咸阳宫遗址带来的不利影响。所谓"七星格局"，既有中轴对称的恢宏大气，又兼具不对称布局的自由气息。咸阳博物院建筑平面以北斗七星中的摇光、开阳、玉衡、天权、天玑五星组成对称布局，以玉衡为中点确定的轴线设定在秦咸阳宫一号宫殿遗址的中轴延长线上。

各专业设计说明

建筑：本项目为大型社会历史类博物馆。由 1 ～ 7 区共七个建筑单体组成，其中 1 ～ 5 区为陈列区和公共服务区；6 区为藏品库区、藏品保护技术区、业务与科研区和展品制作维修区。7 区为行政管理区、设备用房区和武警宿舍。

结构：一区至五区为博物馆展陈功能，在一层下部设置了架空层，架空层与基础之间设置橡胶隔震支座，以隔离地震作用对主体结构的破坏。此外，主体结构一层外围护墙采用预制钢筋混凝土挂板。本项目对地基基础进行节材优化，通过不同方案对比，结合结构及土层特点，最终决定对 1~5 区采取强夯法处理，对于 6 区存在两层地下室，基础埋深较大，采用天然地基，7 区采用 3:7 灰土垫层进行处理。

给水排水：生活给水水源为项目南侧蓝池三路引入一路 DN200 的市政自来水管，经水表计量后在场地内形成环状管网，项目低区供水、地下室生活水箱补水、室外消火栓供水、冷却塔补水均由该环管接入。非传统水源选用自建雨水及自建中水设施，用于场地内景观水体补水、绿化灌溉、道路浇洒。

电气：工程所有走廊、门厅、陈列 / 展览厅、休息厅等大空间区域均采用智能照明控制系统，在照明箱中分散安装控制模块，用于控制灯光等，控制模块采用标准导轨安装方式。按照分区域、分时段的方式控制灯具点亮。各机房、卫生间、办公室等区域采用就地控制方式。公共场所照明均采用高效 T5 光源或其他节能型光源，采用电子整流器，功率因数大于 0.9，灯具类型主要为 1×28W T5 荧光灯、2×28W T5 荧光灯、1×12WLED 灯、1×40W 节能灯等。

暖通：本项目文物库房采用机房专用空调供冷、供热，其他房间空调的冷热源均由动力机房提供 7/12℃空调冷冻水和 50/44℃空调温水。机房设在博物馆七区地下一层机房内。机组采用干热岩泵机组制备和螺杆式冷水机组，根据建筑物冷热负荷值，动力机房内设置两台螺杆式水 - 水热泵机组和一台螺杆式冷水机组。汉兵马俑馆、秦文化馆、壁画馆、珍品馆、三区大厅均采用全空气全热交换空调系统，报告厅、咖啡茶座、会见厅采用空调机组；送风方式为：顶送顶回，部分区域结合装修采用地板散热器进行送风。二区、四区走廊休息区空调采用地板式风机盘管供冷供热。其他办公、实验室等空调房间均采用风机盘管加新风系统。

绿色建筑设计说明
节能措施
外窗、玻璃幕墙的可开启部分能使建筑获得良好的自然通风和采光效果

项目布局合理，根据通风计算结果，外窗可开启面积比例大于 30%，通过对本项目主要功能空间进行自然通风模拟，根据设计图纸建立标准层三维模型，通风开口根据对应的门窗立面划分详图中门窗可开启部分设置，可知大部分主要功能房间龄保持在 500s 以下，部分主要功能房间室内空气龄也小于 1200s，即过渡季节，通过开启外窗的方式，室内主要功能房间换气次数不小于 2 次 /h，通风效果良好，有利于组织"穿堂风"。

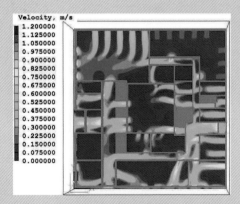

7区一层风速云图

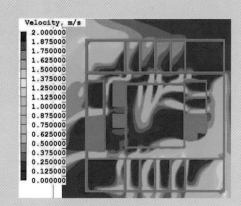

7区二层风速云图

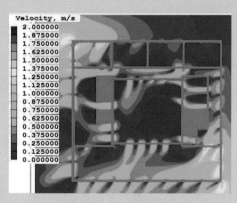

7区三层风速云图

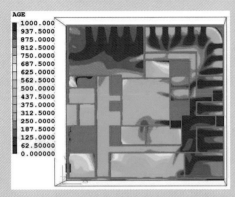

7区一层空气龄分布图

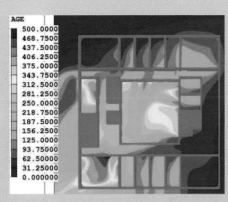

7区二层空气龄分布图

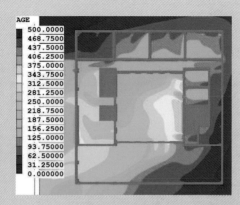

7区三层空气龄分布图

选择本项目的2区二层、2区三层、3区三层、3区四层、5区二层、6区一层、6区二层、7区一层、7区三层及所有地下空间分别作为模拟层，计算时根据设计图纸建立模型，忽略室内设施的影响，依据图纸及节能计算书设置围护结构壁面的反射系数、玻璃的可见光透射比等参数。本项目主要功能房间采光系数满足现行国家标准《建筑采光设计标准》（GB 50033—2013）要求的面积比例为71.41%，采光效果良好。

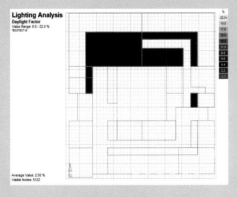

7区一层采光系数分布图1

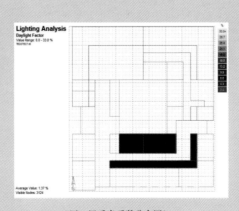

7区一层采光系数分布图2

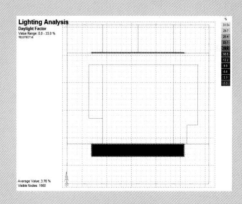

7区三层采光系数分布图

合理选择建筑主入口朝向

本项目所在地冬季主导风向为东北偏东，冬季室外最多风向平均风速为 2.5m/s。项目主入口设计（2、4、6 区未设有主入口）为南向（1、3、5 区）及西向（7 区），可有效避免由于冬季冷风渗透而增加的热负荷。1、3、5、7 区主入口处均设有门斗作为防风措施。

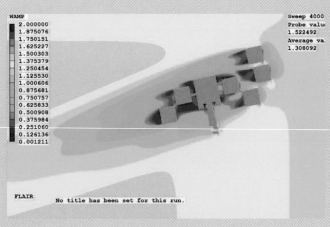 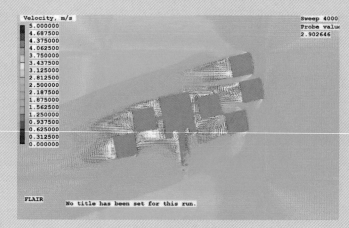

人行区1.5m高风速放大系数云图　　　　　　　　　　　　　　　　人行区1.5m高风速矢量图

围护结构系统解决方案

本项目屋面采用 70 厚硬泡聚氨酯板 /95 厚高憎水玻璃棉，外墙采用 60 厚高憎水玻璃棉，挑空楼板采用 85 厚高憎水玻璃棉，采暖与非采暖隔墙采用 200 厚蒸汽加压混凝土砌块，采暖与非采暖楼板采用 80 厚高憎水玻璃棉，外窗采用断桥铝合金 Low-E 中空玻璃窗，空气层厚度 12mm。围护结构热工性能指标比国家或行业建筑节能设计标准的规定提高 10% 以上。

设备系统及能效分析

暖通：冷机能效指标均高于公建节能标准参照值的要求。

电气：公共场所照明均采用高效 T5 光源或其他节能型光源。

给水排水：卫生器具的用水效率等级达到三级。

可再生能源应用

本项目空调系统的冷热源由干热岩综合供能系统提供，在地下深处钻孔并安装地热换热器。可再生能源全年平均替代率为 100%。

设计创新点

自建雨水、中水收集处理，用于绿化灌溉、道路浇洒、景观水体补水。

绿化浇洒采用微喷灌。

项目选用的组合式空调机组，均配初中效过滤及活性炭过滤层，对空气进行除尘和吸附有害物质，对进入主要功能房间的新风进行有效的处理，满足室内卫生需求。

项目主要功能场所均设置 CO_2 探测器，探测器以总线方式接入空气质量控制器，空气质量控制器实时接收各探测器检测的信号，并依据温湿度、CO_2 浓度的变化，自动控制通风设备，使空气质量达到绿色环境的要求。

设置建筑能源管理系统，并具有实时存储、统计和分析等功能。

通过 BIM 模型对管线及内部空间进行优化。

西藏博物馆改扩建项目
The Renovated Extension of Tibet Museum

西藏博物馆位于拉萨民族南路与罗布林卡路交汇处，距布达拉宫仅 2km，历史文化氛围浓郁。

作为西藏有史以来第一座现代文化馆舍，西藏博物馆老馆已成为拉萨著名的标志性建筑之一。开馆运行 15 年以来，老馆接待能力已不能满足日益增长的社会需求。

博物馆改扩建设计自 2013 年初启动，历经用地更换与多轮方案推敲，最终的设计充分尊重拉萨历史风貌核心区的规划要求，采用了延续老馆建筑语言、藏式风格浓郁的金顶方案。

设计时间：2013 年 3 月～ 2017 年 10 月
项目地点：西藏自治区拉萨市
建筑面积：58647m²
容 积 率：0.8
建筑高度：23.95m
建筑密度：33.5%
设计单位：中国建筑西南设计研究院有限公司
主要设计人员：刘艺、佘念、郑欣、廖理安、赵广坡、顾燕燕、韩庆昌、刘卫、嘉珅、张晓刚、熊小军、徐猛、钟辉智、窦枚、董彪、蔡红林

总平面图

地域特色的现代建筑

总平面布局：

- 老馆位于用地西侧，入口开设于民族南路，新馆向东扩建，主入口设于北侧，与拉萨图书馆隔街相望。受限于地下高水位对文物空间的限制，新馆建筑布局延续老馆中轴对称的特点，以金顶为中心，形成南北主轴线与东西次轴线的格局。
- 用地邻近著名的藏式园林——罗布林卡，环境设计汲取其造园手法，尽可能保留原有场地的古树，以树林和步道串联，仿如罗布林卡的延伸。
- 新馆形体取意藏传佛教坛城的意向，在高度上逐层退收，以金顶作为整个建筑的制高点。与著名的布达拉宫和大昭寺金顶遥相呼应。

新老馆衔接：

- 经过仔细评估，拆除了设施陈旧的文物库房及部分展厅约 7000m²。完整地保留了老馆标志性的西立面。
- 新老馆之间以通高 10m 的阳光大厅相连。大厅的梯形天窗引入自然光线，又通过遮阳格栅避免了阳光直射。宽敞明亮的公共空间串联起各种观众设施，观众参观从新馆入口大厅开始，以老馆阳光大厅结束，形成完整的参观流线。在闭馆期间，阳光大厅和老馆还可以实现单独对外开放，更好地体现城市文化客厅的作用。

新馆功能：

- 新馆的核心是 1200m² 的金顶大厅。一层周边布置观众服务、基本陈列、临时展厅、贵宾室等功能。
- 二层为专题展厅，沿环廊布置。两侧小金顶下方的专题展厅，引入北向自然光线，体现拉萨作为日光之城的特色。标准展厅层高 8m，采用 16m 的大跨度混凝土梁柱结构，以提供布展的灵活性。
- 建筑三层为非遗展示、阅览室与咖啡厅，设有观景平台，观众可以远眺布达拉宫和罗布林卡。
- 文物库房及文保技术用房位于新馆东、南两侧，地上三层，地下一层。货运出入口便捷、隐蔽、独立，避免与观众流线产生干扰。文保区便于工作人员独立出入。亦可便捷联系库房区及陈列区。

剖面图

材料细部：

- 设计积极运用新材料与技术来诠释藏式建筑的传统。跨度 32m 的中央金顶采用悬支钢结构，杆件轻巧受力合理。新馆主入口上方设计金属挂片组成的帘幕，可随风摆动，演绎藏式布幔随风飘动的效果。建筑外墙采用开式干挂石材幕墙，人工凿毛的 5cm 的白色花岗岩错缝拼接，模拟了传统石墙的粗犷效果。

太阳能利用：

- 拉萨拥有丰富的太阳能资源，建筑屋顶设置约 3500m² 的槽式太阳能集热器，可满足整个博物馆冬季采暖的需求，成为可再生能源的示范项目。
- 冬季中庭大厅地面铺设热辐射地暖，上部玻璃天窗充分引入太阳热能，提升中庭室内温度，夏季中庭通过电动天窗，利用热压差形成拔风效应，促进馆内空气流动，形成会"呼吸"的大厅，可不设制冷空调。通过结合高原独特气候的适宜性设计，达到国家绿色三星标准。

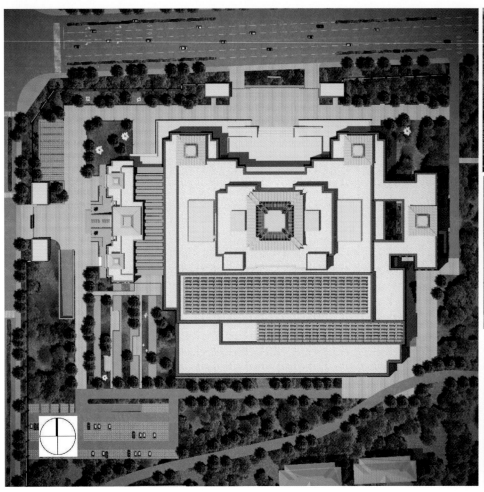

各专业简要设计说明

结构设计：

- 本项目位于拉萨市城关区罗布林卡路，抗震设防烈度为 8 度，设计基本地震加速度值为 0.20g，设计地震分组为第三组，建筑场地类别Ⅱ类。结构设计使用年限为 100 年，结构设计基准期为 50 年。主体结构采用钢筋混凝土框架—剪力墙（内设型钢）结构，采用柱下独立基础或墙下条形、筏形基础；中庭金顶大跨屋盖采用弦支钢结构，展厅大跨楼盖采用单向密肋梁楼盖、梁内设置型钢，相应的柱内设型钢，剪力墙边缘构件内设置型钢；大跨连接区域采用了钢桁架。钢结构、型钢混凝土梁、型钢混凝土柱等高强钢的大量应用高效地解决了结构的受力问题，同时具有绿色环保的意义。

给水排水设计：

- 给水排水各系统设计综合考虑了当地高海拔、寒冷、太阳能资源丰富稳定等特点及本项目博物馆的使用性质。给水采用当地用水定额，计量设施完备，各水表均采用远传式水表，提高了给水系统的监控及管理水平；食堂热水采用集中太阳能热水系统，以充分利用该地区丰富的太阳能资源；室外绿化采用节能的自动喷灌系统。

电气专业：

- 选用低能耗配电变压器，设置集中和分散的电容补偿，采取谐波预防及治理措施，选用高效率电机，照明功率密度按目标值进行设计，采用高效率的灯具，气体放电灯配置符合国家能效标准的优质节能电感镇流器或电子镇流器，设置建筑设备监控系统和能耗管理系统，分区、分层装设电能计量表，设置智能灯光控制系统。

暖通专业：

- 以太阳能为主的多能互补供热系统。
- 根据工程所在地的能源状况和气候条件，供暖系统采用主动式太阳能供暖系统加空气源热泵的多能互补系统。
- 本项目采用理论计算与 DesignBuilder 数值模拟，定量分析用能的变化规律，通过系统的优化匹配设计，使太阳能贡献率达到 79.6%。
- 基于数值模拟的自然通风系统优化设计。
- 工程借助 fluent 软件对建筑中庭温度场进行模拟，验证了在保证人体热舒适度的前提下，夏季采用自然通风的可能性；并结合建筑外立面，实现了开窗比的优化设计。经模拟分析，建筑中庭最高温度出现在南向一层的外玻璃幕墙，最高温度在 25℃左右，符合人体热舒适度要求。

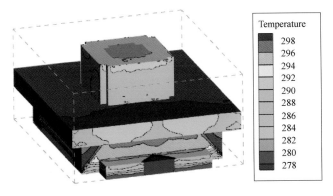

Temperature

298
296
294
292
290
288
286
284
282
280
278

中庭温度分布

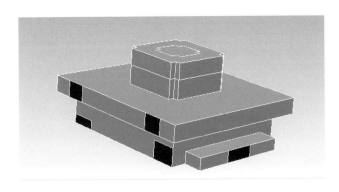

中庭温度场模拟模型

适宜性绿色被动技术应用

地理气候条件及能源现状

- 拉萨市地处素有"世界屋脊"之称的青藏高原，海拔高度3658.0m，属于我国的寒冷气候区。气候特征是冬季寒冷，夏季凉爽，冬季室外相对湿度较低，最冷月平均相对湿度一般在30%以下，年日照率高，大气透明度好，日照辐射强度大，由于拉萨冬季日照百分率77%，属于世界上太阳能最为丰富的地区之一，冬季太阳能总辐射平均通量达到200W/m² 以上，以一月份水平太阳能总辐射平均照度达到16.556MJ/m²·d, 复合大气透明度系数超过0.82，因此，拉萨太阳能应用具有极为有利的条件。建筑室外气象条件见下图：
- 西藏地区不出产煤、石油和天然气，依赖外地输送，由于高原气候及缺氧，采暖、燃油、燃气锅炉会产生燃烧不充分现象，影响锅炉的运行效率，同时，采暖用燃煤、燃油也会对高原环境形成一定的影响。
- 在西藏河谷地区，水资源丰富，水电供应充足，但水电受季节性影响很大。随着经济的高速发展，电力也会趋于紧张。

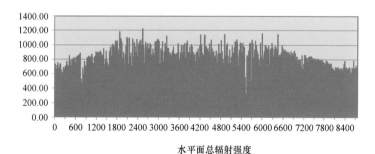

水平面总辐射强度

拉萨水平面逐时散热辐射强度

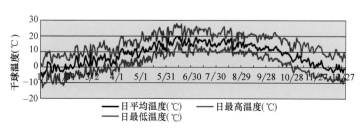

拉萨逐日干球温度分布

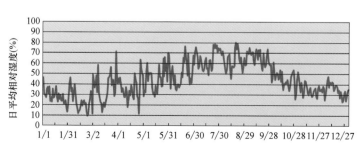

拉萨逐日平均相对温度分布图

围护结构节能设计

- 考虑到本工程地处特殊的地理环境和建筑的历史、文化、科学及使用功能等特点，建筑节能专业的设计思路重点放在以下几个方面：
- 冬季中庭大厅地面铺设热辐射地暖，上部玻璃天窗充分引入太阳热能，提升中庭室内温度，夏季中庭通过电动天窗，利用热压差形成拔风效应，促进馆内空气流动，形成会"呼吸"的大厅，可不设制冷空调。
- 被动太阳能应用设计技术上应注意高技与低技相结合。入口大厅采用大面积透明玻璃幕墙，尽可能获得太阳能和自然采光，玻璃采用双层中空玻璃，天窗室内采用漫反射格栅，在给室内提供充分漫反射光以节约能源的同时也改善了室内的自然采光效果。
- 外围护结构节能设计中，外窗及玻璃幕墙采用多腔断热桥铝合金超白三玻中空玻璃窗（6+12Ar+6+12Ar+6），屋面采用90mm挤塑聚苯保温板（B1级）和150mm厚岩棉板（A级），外墙采用110mm厚岩棉板（A级），架空楼板采用110mm厚岩棉板（A级）。

建筑能耗及可再生能源

- 利用DesignBuilder对建筑负荷进行了详细模拟计算。模型参数设置：外围护结构满足节能设计要求，人员密度按照0.2取值，新风量按照20m³/h取值。1800m²的库房全天供暖，其余室内空间仅白天供暖，开启时间8:00～18:00。建筑计算模型见下图：

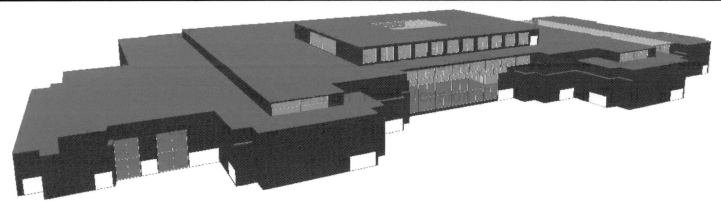

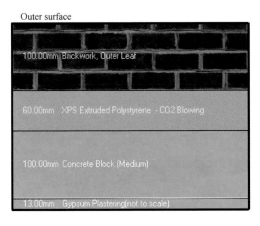

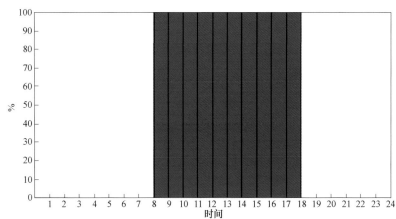

动态负荷

- 供暖周期设定为 11 月 1 日～次年 03 月 31 日，全年动态热负荷曲线如下图所示，供暖峰值负荷为 2358kW。全年累计热负荷 1188112kW·h。
- 典型日热负荷曲线如下图所示，由于采用白天间歇供暖，在早上启动供暖系统时，热负荷最大，约为 2350kW，随着室外气温的升高，以及建筑不断的供热，热负荷数值逐渐下降，夜里仅对库房进行供暖，热负荷很小，约为 90kW。

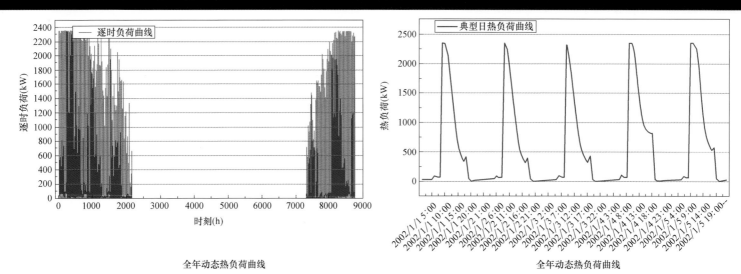

全年动态热负荷曲线 　　　　　　　　　　　　全年动态热负荷曲线

室内温度变化

- 建筑室内温度全年波动情况见下图，从图中可以看出，采用间歇供暖后，在没有供暖的晚上，建筑经过自然降温后，建筑室内温度约为 14℃左右，一天室内温度波动约在 5℃左右，不会降低到 0℃以下。

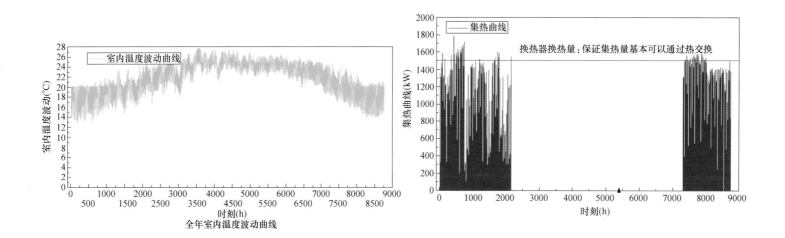

全年室内温度波动曲线

集热器设计与热量平衡计算

- 保证集热量基本可以通过换热系统完全换出，所需换热容量约为 1500k·W。

- 按照东西水平轴（集热面南北转向）跟踪方式，需要槽式集热器面积 2000m²，蓄热容量约 8000kW·h，按照 60℃供回水蓄热，水箱容积约 115m³，蓄热容积指标约为 57.4L/m²。集中空调箱供回水温度按照 60/40℃设计（供回水温差 20℃），蓄热水箱选择承压水箱，蓄热供回水温度为 110℃/50℃，蓄热供回水温差为 60℃。集热器油侧供回油温度为 160℃/140℃。

- 辅助热源全年供热量 242385.43kW·h，太阳能贡献率 79.6%。

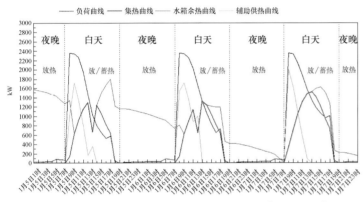

供暖高峰负荷期热量平衡关系曲线(集热器安装2000m²，水箱115m³)

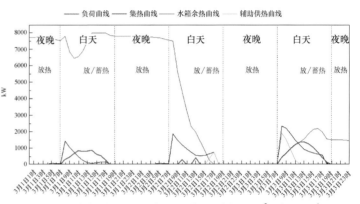

供暖末期负荷期热量平衡关系曲线(集热器安装2000m²，水箱115m³)

绿色建筑示范效果预测分析

- 在节地与室外环境方面，本项目场地环境噪声符合国家标准《声环境质量标准》（GB 3096—2008）的规定，玻璃和幕墙反射比不大于 0.2，有效地避免了光污染，同时室外人行区风速小于 5m/s，可以为办公提供良好的环境。绿化植物采用西藏乡土植物，适宜当地气候和土壤特点，植物成活率可到 95% 以上。

- 节能与能源利用方面，外窗可开启面积比例达到 30.6%，有利于过渡季节实现自然通风。冬季中庭大厅地面铺设热辐射地暖，上部玻璃天窗充分引入太阳热能，提升中庭室内温度，夏季中庭通过电动天窗，利用热压差形成拔风效应，促进馆内空气流动，形成会"呼吸"的大厅，可不设制冷空调。被动太阳能应用设计技术上应注意高技与低技相结合。入口大厅采用大面积透明玻璃幕墙，尽可能获得太阳能和自然采光，玻璃采用双层中空玻璃，天窗室内采用漫反射格栅，在给室内提供充分漫反射光以节约能源的同时也改善了室内的自然采光效果。通过提高围护结构保温性能和选用高效的设备，大大降低了建筑的能耗水平，具有很好的推广价值。

- 在节水与水资源利用方面，拉萨属于缺水性地区，不适合做雨水收集利用。本项目绿化灌溉采用高效的灌溉方式，同时按照用水用途设置计量水表，便于运营阶段节水管理。

- 在节材与材料资源利用方面，本项目现浇混凝土全部采用预拌混凝土，可再循环材料使用量占所有建筑总重量 12.3%，同时尽量采用大空间等灵活隔断措施，79% 的空间可变换功能。

- 在室内环境质量方面，本项目建筑平面布局和空间功能合理，有效地减少了相邻空间的噪声干扰，无障碍设计体现"以人为本"的理念。在运营管理方面，本项目管井设置在公共部位，便于维修和改造，同时建筑智能化定位合理，设置了空调系统、通风设备、环境参数的自动监测和记录系统，为日后的运营节能管理打下了良好的基础。

黄帝文化中心
Yellow Emperor Cultural Center

立意：大象无形

　　黄帝陵圣地区域内的规划原则是净化陵区文化，展示整体氛围。因此地区内的建筑应着重在"藏"上做文章，建筑之"藏"即国画之"留白"，而白的本质恰恰是"单纯"。

　　"大音希声、大象无形"。

　　黄帝文化中心为全地下建筑，以建筑的"无形"创造黄帝陵桥山肃穆、静谧的整体圣地氛围，与"留白天地宽"的中国画意境有异曲同工之妙。

　　黄帝文化中心建于黄帝文化园陵东片区，是展示黄帝文化的重要的展览建筑。建设地点位于黄帝陵庙区与G210国道之间；西面距黄帝陵庙区中轴线390m；南面为印池；北面为通向桥山黄帝陵冢的道路。项目拟建场地形总体呈北高南低，东高西低。建设前为低层居民住宅。

　　项目主要功能为集弘扬、挖掘、整理以及研究黄帝文化、感受黄陵历史，公祭黄帝活动为一体的大型社会历史类博物馆。

项目总平面图

设计时间：2014年12月　　项目地点：延安市黄陵县
用地面积：97620m²　　　建筑面积：22328m²
容 积 率：0.004　　　　建筑高度：22m
建筑密度：0.4%
设计单位：中国建筑西北设计研究院有限公司
主要设计人员：徐嵘、吴琨、赵凤霞、张明、张飚、赵民、李楠

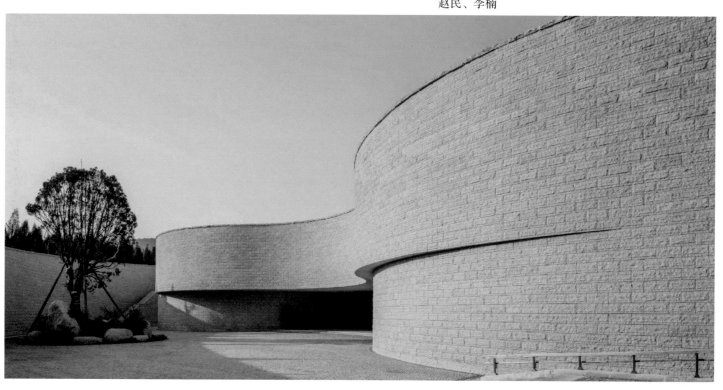

项目施工过程中鸟瞰图

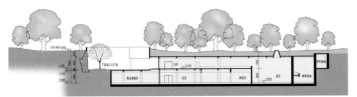

项目序厅部分剖面图

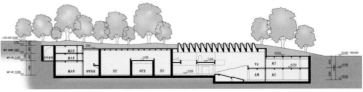

项目展厅及藏品库剖面图

设置天窗后的室内自然采光效果1

设置天窗后的室内自然采光效果2

被动式设计策略
Passive design strategy

黄帝文化中心绿色建筑整体设计策略遵循"被动设计优先，兼顾主动设计"的原则。也即以建筑物室内使用人员所需的物理环境舒适为前提，优先选用被动式设计措施，当被动式设计措施不能满足人员使用需求时，采用主动设计措施。从而降低传统能源的消耗，特别是化石能源的消耗。

为此项目利用了建筑蓄热、屋顶自然采光、自然通风及地源热泵等被动式设计策略及可再生能源应用方式。

建筑结合气候设计方法
Design with Climate

设置天窗后的室内自然采光效果3

由延安地区典型气象年各朝向逐月的室外平均综合温度分布情况可知，延安地区全年各月室外平均气温波动明显，其气候四季分明，每年 4～6 月以及 9～10 月其室外各朝向综合温度较为适宜，也即气候学上的"过渡季"。这段时间内，当室外空气污染物浓度较低时，可以通过开启外窗，以自然通风的方式，将室外新风引入室内，而对于建筑内区较大的空间，不易通过自然通风方式解决的时候，可以通过通风系统调节新风比例，以全新风的方式解决通风问题。

根据建筑所处地区的气候条件，在方案设计前，利用气候模拟分析软件对延安地区全年建筑设计策略逐时做出的分析。

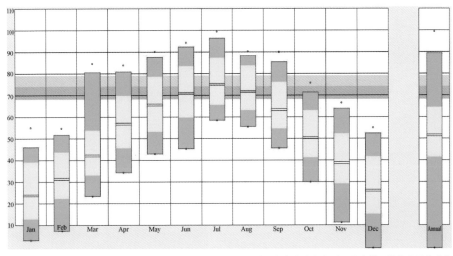

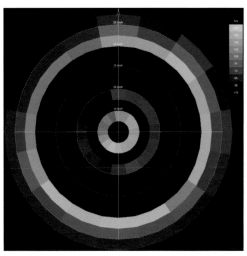

延安地区典型气象年各朝向逐月的室外平均综合温度分布

延安地区风玫瑰图

气候分析软件为美国 L·B·N·L 研发，分析边界条件采用 ASHRAE Handbook of Fundamental Comfort Model，分析气象数据源采用"中国建筑热环境分析专用气象数据集"。由此得到基于延安地区气候条件下的被动式设计策略分析图。

由延安地区热环境设计策略图可知，对延安地区室外气候而言，全年12.0%（1051h）是不需要任何手段就可以保证舒适度，这一阶段也即所谓的"过渡季"，而在这一时间段如果使建筑能与室内外建立联系，全年有1051h是不需要外力手段去辅助便可以达到人员使用的热舒适需求。因此，我们考虑的第一种被动式设计策略即为"自然通风"。

另外，全年22.8%（1999h）是通过内部得热的方式可以保证室内舒适度的要求，为此我们将主要功能空间布置在地下，利用黄土高原土壤强大的蓄热功能将太阳能引入到室内并进行"热量储存"，同时参观人员也无形中满足室内内热需求。

第三，全年47.1%（4129h）是通过供暖系统的开启可以保证室内舒适度的要求，为满足这一要求，在标准要求之上大幅度提高围护结构各部位保温性能，同时采用地源热泵系统，利用地热这一可再生能源形式为建筑提供热量需求，节约常规能源消耗，降低大气的污染指数。而其他的被动式设计策略，如遮阳、蒸发冷却，以及机械通风解决等是可以解决到17.0%，通过空调系统制冷占到1.1%。

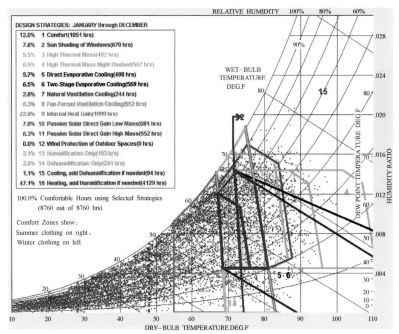

延安地区热环境设计策略图

报告厅室内效果图

走廊休息空间室内效果图

主入口西南向透视图1

室内墙体装修纹理效果图

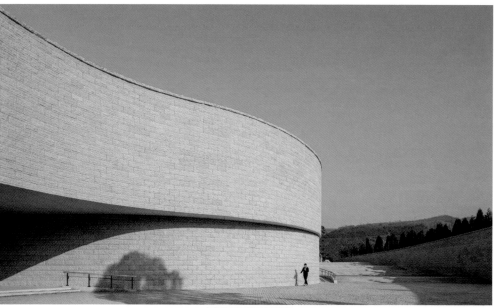

展厅室内装修效果图

主入口西南向透视图2

BIM 管线综合设计执行
Design with BIM

BIM 模型是对整个建筑设计的一次"预演",建模的过程同时也是一次全面的"三维校审"过程。在此过程中可发现大量隐藏在设计背后的问题。

为此,项目结合各专业设计施工图,进行 BIM 专项深化设计,对项目的给水排水管线、暖通空调管线、电气管线进行综合设计,并利用配套软件进行各专业管线综合碰撞检查,从而尽可能消除所有管线碰撞问题,也即避免施工过程中的返工出现,在避免材料浪费的同时,为项目的按时交付及运营提供保障。

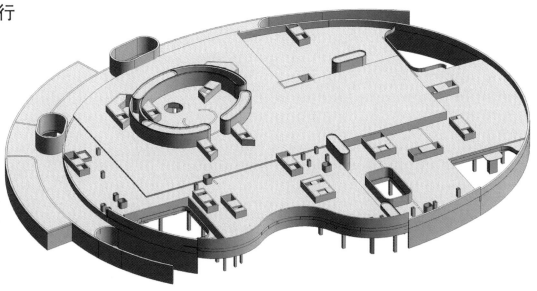

BIM信息模拟应用

-1F管线综合轴测图

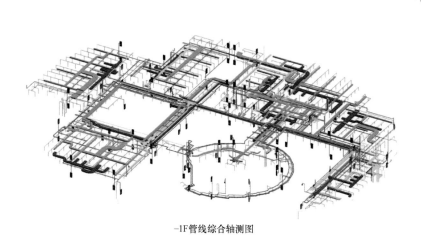

-1F管线综合轴测图

PROJECT OVERVIEW

青浦区徐泾镇会展中心 3 地块（02-01）项目——D# 楼甲级总部办公 (6 号楼)
Project No.3 (02-01) of the Convention and Exhibition Center, Xujing Town,
Qingpu District - No.D, A Headquarters Office (Building 6)

项目名称：青浦区徐泾镇会展中心 3 地块（02-01）项目 -D# 楼　　　　绿色认证等级：绿建三星
　　　　　（现更名为：上海虹桥世界中心）　　　　　　　　　　　用地面积：184292.8m²

建设单位：上海恺泰房地产开发有限公司　　　　　　　　　　　　建筑面积：800696m²

设计单位：中国建筑上海设计研究院有限公司　　　　　　　　　　建筑高度 / 层数：42.45m/9F

建设地点：上海市青浦区徐泾镇（国家会展中心南侧）　　　　　　主要设计人员：张东升、蔡鸣杰、何磊、盛名、

设计 / 竣工时间：2014 年 06 月 30 日 /2016 年 12 月 12 日　　　　　　　　　　　　　张金来、马伟辉、刘艳丽

使用功能：办公

GEOGRAPHICAL

南侧地块

国家会展中心

0 400 800 1200m

N

1. 地理位置

会展中心 3 地块处于西虹桥商务区内，靠近国家会展中心和虹桥机场，虹桥商务区处在沪宁和沪杭两条经济走廊的交点，具备极佳的交通条件。

虹桥商务区分为核心区和拓展区，总用地面积 86.6km²。西虹桥商务区是虹桥商务区拓展区的重要组成部分，整体规划面积约 19km²。

D# 楼在整个项目的位置尤为重要，在设计上与国家会展中心呼应，定义为花心。由三个单体部分通过中庭及屋顶行政走廊连接成一个完整的建筑形体。其周边 4 栋创意办公围绕 D# 楼设计为 8 个单体部分（花瓣）。

长三角都市区结构

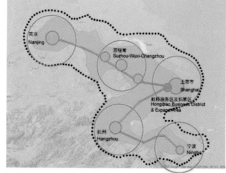

上海市城市中心体系

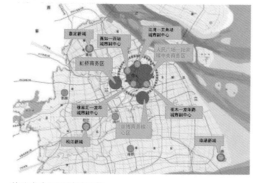

基地在虹桥商务区中的区位

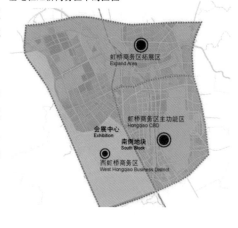

基地在会展区域的区位

LOCATION

2. 设计构思

建筑整体造型以向阳花为主题，与国展中心轴心对位，互为依托，创造出欣欣向荣的景象。

各建筑单体分别组成向阳花的花心、花瓣和叶片，完美呈现出富有鲜明时代感、现代感的造型和细节设计。

设计中融入绿色、生态、节能、智慧城市等新兴规划理念，努力使其成为未来新一代大型智慧型城市综合体的典范。

D#楼由三个相同的单体通过中庭及屋顶行政走廊连接形成一个完整的建筑形态。

DESIGN CONCEPT

TECHNOLOGY APPLICATION

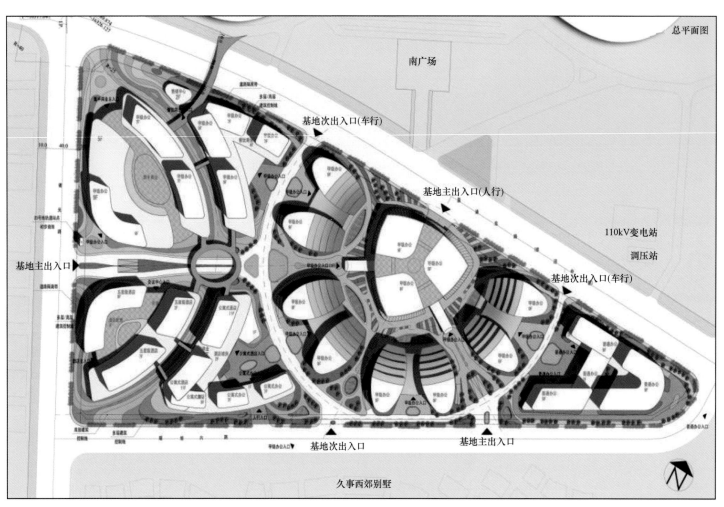

总平面图

南广场

110kV变电站

调压站

久事西郊别墅

基地次出入口(车行)

基地主出入口(人行)

基地次出入口(车行)

基地主出入口

基地主出入口

基地次出入口

  D# 楼为高层甲级总部办公楼，地上建筑面积：67860m²，共九层，建筑高度 42.45m。建筑首层为办公大堂及商业用房，层高 4.49m，二层以上为大空间办公，层高 4.40m。本建筑为一类公建，建筑耐火等级为一级。

3.技术应用

本项目主要从规划布局、建筑设计、节材优化、能源利用、水资源利用、智能管理、景观绿化等方面应用了12大绿色建筑技术。

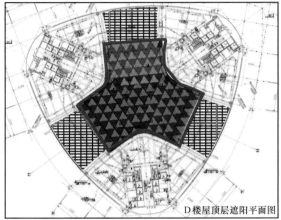

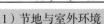
D楼屋顶层遮阳平面图

景观照明

1）节地与室外环境

①室外环境（声光热）：本地块西南侧临近主干道诸光路处测点夜间噪声轻微超标，其余均能满足《声环境质量标准》（GB 3096—2008）2类、4a类标准。

②景观绿化：场地内绿地面积36902.00m²，整体绿地率20.02%，参评区域内绿地面积15250m²，绿地率21.76%，地库顶板种植覆土为1.5m。

③透水地面：设置大量透水地面，主要为绿地，透水地面总面积15250m²，占室外地面面积比例为41%。

距地1.5 m高度处风速云图（夏季、过渡季平均风速，设定风向为ESE，风速为3.4m/s）

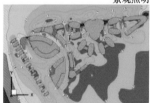
距地1.5 m高度处风速云图（秋季、冬季平均风速，设定风向为NNE，风速为3.5m/s）

距地1.5 m高度处风速云图(秋季、冬季平均风速，设定风向为NNW，风速为3.9m/s)

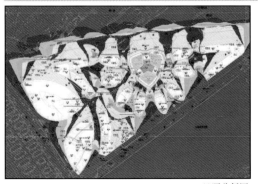
日照分析图

2）节能与能源利用

① 建筑节能设计：围护结构热工性能经权衡判断后满足《上海公共建筑节能设计标准》（DGJ08-107—2015）的要求。

② 分布式热电冷联供技术：空调冷热源为虹桥区域集中能源站，供热采用发电机余热利用＋热水锅炉，供冷采用分布式供能系统＋电动离心式冷水机组＋水蓄冷。

③ 高效节能设备和系统：空调冷热源由市政集中能源站提供。

④ 节能高效照明：本项目所有灯具均选用高效率节能灯具。

⑤ 能量回收系统：本项目采用全热回收技术，设置111台全热回收新风换气机组。

⑥ 可再生能源利用：各栋办公楼分别设置集中集热、分户供热太阳能热水系统。D# 楼共设置太阳能板360m²。

TECHNOLOGY APPLICATION

3）节水与水资源利用

① 水系统规划设计：根据《民用建筑节水设计标准》（GB 50555—2010）确定用水定额。节水措施：本工程所配置生活用水器具采用节水型卫生器具，满足现行国家标准《节水型产品通用技术条件》（GB/T 18870—2011）及现行行业标准《节水型生活用水器具》（CJ/T 164—2014）的要求。

② 非传统水源利用：本项目收集绿化屋面、硬质屋面的雨水，处理后用于室外绿化道路浇洒。处理后雨水水质达到《城市污水再生利用　城市杂用水水质》（GB/T 18920—2002）规定的水质标准。

③ 节水灌溉：本项目的室外绿地及屋顶绿化浇灌采用全自动喷灌系统。

④ 雨水回渗与集蓄利用：场地内设置大量绿化区域，透水地面总面积15250m²，室外地面总面积37370m²，室外透水地面占室外地面面积比为41%。

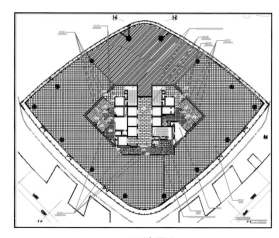

平面布置图

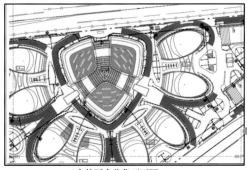

室外雨水收集平面图

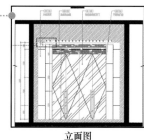

立面图　　　　节点图

4）节材与材料资源利用

① 结构体系：本项目 D 楼为钢筋混凝土框架—核心筒结构。

② 预拌混凝土和预拌砂浆使用：本工程 100% 采用预拌混凝土和预拌砂浆进行施工。

③ 灵活隔断的应用：本项目为办公楼建筑，建筑内部业态为办公和商业，办公部分主要为敞开式办公区或玻璃隔断，商业部分采用轻质龙骨加隔板隔断，室内采用灵活隔断空间比例为94.19%。

④ 土建装修一体化：本项目为办公建筑，内部业态主要为商铺和办公，商铺内装修由租户自行设计施工，业主进行指导和审核。其他区域土建装修一体化设计和施工，减少材料浪费和重复装修。

⑤ 可再循环材料的利用：本项目大量采用玻璃、钢、铜、铝合金型材等可再循环材料。

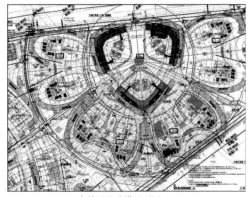

室外绿地喷灌平面图

5）室内环境质量

① 采光：建筑设置较大面积幕墙，且进深较小，商铺、办公等沿外窗布置，办公室主要为大空间敞开式办公或玻璃隔断，有利于室内地上建筑部分主要功能区室内自然采光。D 楼设置高大中庭采光，地下空间通过采光庭院和采光天窗引入自然光。

② 通风：幕墙设置可开启部分，各栋建筑幕墙开启比例约 4%，建筑南北两侧通风口呈对称布置，有利于"穿堂风"的形成。

③ 围护结构保温设计：本项目外墙采用岩棉板（50mm）保温，热桥部位采用岩棉板（50mm）保温，外窗采用隔热条厚 16mm（双玻一面涂 0.1（5+12A+5）氩气）隔热铝合金窗，屋面采用泡沫玻璃 140（110.0mm）保温，架空楼板构造采用岩棉板（20mm）保温。

④ 隔声降噪：室内主要设备机房均设置在地下室，且采取消声隔振措施。

⑤ 室内空气质量监控系统：本项目地下车库设置 CO 浓度传感器，当监测到 CO 浓度超标时开启对应区域送排风机。地上办公区各层预留 CO_2 浓度传感器接点，待租户入场装修后将会议室 CO_2 浓度传感器接入 BA 系统，当监测到 CO_2 浓度超标时启动新风机并发出报警信号。

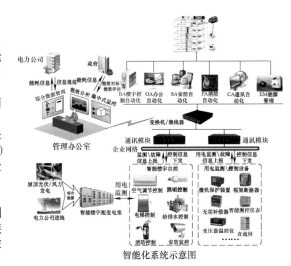

智能化系统示意图

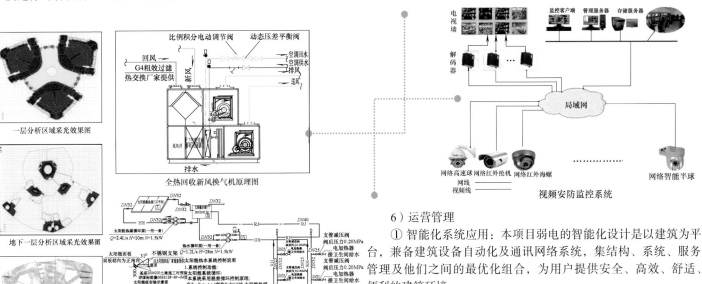

一层分析区域采光效果图

地下一层分析区域采光效果图

室内自然通风测试图

全热回收新风换气机原理图

视频安防监控系统

6）运营管理

① 智能化系统应用：本项目弱电的智能化设计是以建筑为平台，兼备建筑设备自动化及通讯网络系统，集结构、系统、服务管理及他们之间的最优化组合，为用户提供安全、高效、舒适、便利的建筑环境。

② 建筑设备、系统高效运行：本项目设置楼宇设备自控系统，主要通过对办公楼内的冷热量输配系统、给水排水系统、送排风系统、暖通新风系统、公共照明系统以及电梯系统等建筑设备的集中监测与控制，实现设备自动管理、能源自动监测，达到环境舒适，并降低设备运行和维护成本的目标。

DESIGN CREATION
设计创新

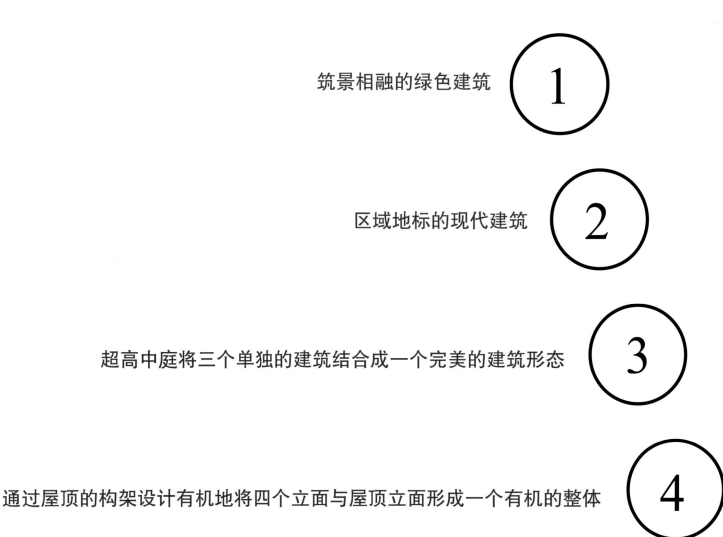

筑景相融的绿色建筑　　**1**

区域地标的现代建筑　　**2**

超高中庭将三个单独的建筑结合成一个完美的建筑形态　　**3**

通过屋顶的构架设计有机地将四个立面与屋顶立面形成一个有机的整体　　**4**

湖北龙展馆
Hubei Dragon Exhibition Center

项目位于湖北省潜江市，地处美丽富饶的江汉平原腹地，境内地势平坦，地面海拔在 26～31m，全境都是平原，气候宜人。2010 年 5 月，潜江市被评定为"中国小龙虾之乡"。为更好地提升潜江小龙虾产业的知名度和影响力，深挖龙虾的文化深度，拓宽龙虾的认知广度，潜江市将举办龙虾博览会，配套开发建设龙展馆。

基地位于潜江主城区西南，以主城主干道章华南路为中心轴，与龙虾城呈对称之势。南侧为高起的城市高铁沿线，使地块有良好的对外展示面。基地向西遥望城市公园景观带，南侧临农业观光园，北侧临三支渠，东侧有大片水杉林，用地具备良好的景观空间联动的条件。

设计结合适用性、可持续发展、开放性及可操作性原则，尊重自然和地域文化，将龙展馆打造成以"龙虾"为主题，集合科普、研究、展示、营销、体验、游览等功能的综合性展览馆。

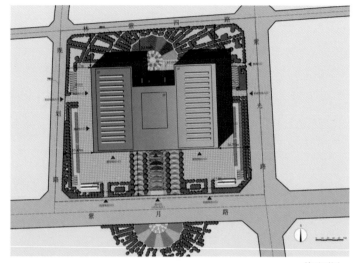

总平面图

建设地点：湖北省潜江市
施工单位：中国建筑第六工程局
设计 / 竣工时间：2016 年 9 月 /2017 年 6 月
使用功能：展览馆、博物馆
用地面积：101604.19m²
建筑面积：33467.86m²
建筑高度 / 层数：23.9m/2F
设计单位：天津中建国际工程设计有限公司
主要设计人员：杨瑞华、于洋

南立面效果图

南立面实景图

1. 尊重传统文化特色与现代多元化空间相融合的绿色展览建筑

尊重地域文化，主题鲜明

　　潜江是楚文化的重要发祥地，龙展馆的设计充分汲取荆楚建筑"深屋檐，高台基"的形象特点，形成了起伏飞扬的屋顶曲线和广阔深远的半室外空间，试图以现代化、抽象化的建筑语言回应潜江的历史文化与地域特点。同时，屋顶之下的灰空间，为观展人群和市民日常生活提供了大量休闲场所。这些能够遮阳避雨的灰空间也使得建筑更为通透灵动，无形之中消解了建筑巨大的体量与尺度，符合当地气候条件，令空间秩序张弛有度。

立面表现

　　龙展馆南北两侧立面采用玻璃幕墙加竖向百叶构件，韵律感强，富有张力和气势，适合作为展示面。东西两侧则提取当地文化意象符号，形成表皮肌理。整体立面效果虚实结合、相互掩映。

实景图

对称式布局，组团化形态

    建筑分为三大块功能组团，两侧展厅以博物馆为中心轴线对称，空间沿东西方向渐次展开，布局严谨，气势恢宏。以博物馆为底景的中央平台和入口大厅仪式感强，适合举办大型活动庆典。每一展览组团由同样的两个展厅模块组成，便于装配化处理和快速施工。

分离式流线

    展览馆和博物馆共用一个位于南侧核心的入口大厅，并由东西向水平流线串联，既相对独立，又有机联系。这样的流线组织保证了展览的系统性、灵活性和参观的可选择性。展品入口设置在展厅东西侧，办公入口位于中央体量西侧，贵宾入口位于中央体量东侧。

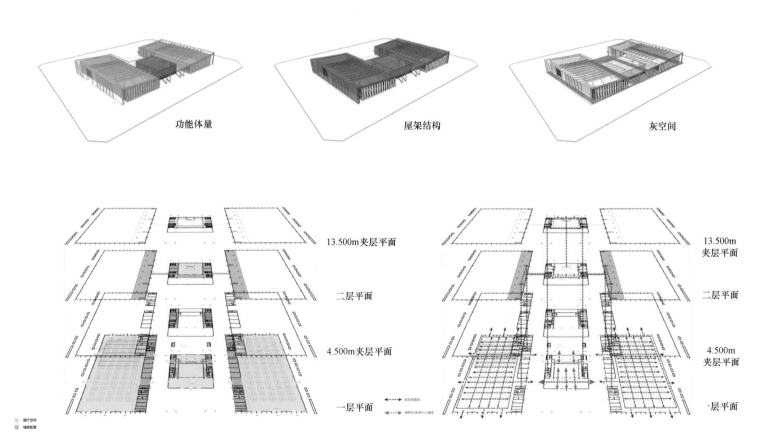

功能体量   屋架结构   灰空间

13.500m夹层平面

二层平面

4.500m夹层平面

一层平面

13.500m夹层平面

二层平面

4.500m夹层平面

一层平面

功能布局 — 展览空间布局   交通流线 — 参观流线

2. 绿色建筑设计

节能措施应用

　　该项目的绿色建筑设计主要从生态绿色通廊、屋顶自然采光、热压通风等方面对节能进行了考虑。

- 生态绿色通廊：整体屋面包裹三个玻璃幕墙的体量，各体量之间形成通透的过渡空间（灰空间），对比强烈。
- 屋顶采光通风：整体屋面中展览馆部分屋面设计采光通风天窗，可电动开启，在炎热的夏季，利用热压通风原理，有效降低室内温度，通过屋面采光窗可有效地解决室内采光（自然光）问题，节约室内照明用电。
- 遮阳：两侧展览馆的南侧利用竖向挡板，有效遮阳，同时与中间博物馆的立面处理形成对比，增加立面变化。东西两侧则提取当地文化意象符号，形成表皮肌理，同时为展览馆做遮阳使用。各种遮阳措施使得整体立面效果虚实结合、相互掩映。

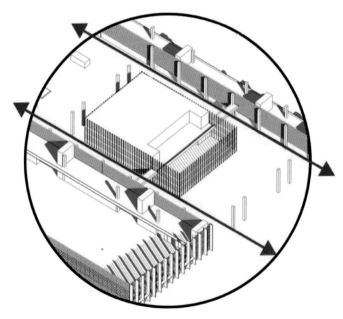

通透灰空间形成绿色廊道

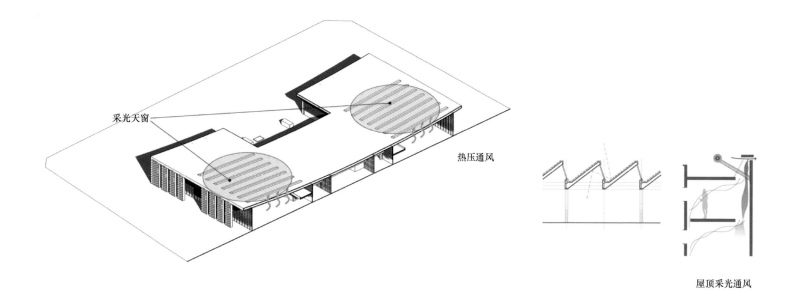

采光天窗

热压通风

屋顶采光通风

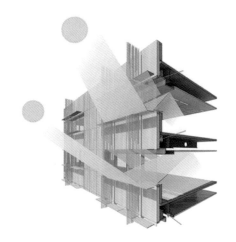

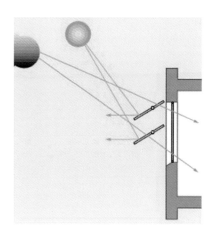

竖向挡板遮阳

设备系统及能效分析

　　本工程采用电制冷机组＋燃气锅炉作为冷热源。热水由太阳能热水提供。制冷与制热分区分组控制，有效节约能源。

可再生能源应用

　　根据项目的用水情况，采用太阳能热水作为卫生间洗漱用水来源；室外采用太阳能路灯。

3. 围护结构与建筑遮阳设计一体化

　　本工程 75% 的构件可同时生产，结合合理的施工计划，在不同时间对构件进行现场安装，节约建设时间。立面上的外遮阳板均在结构设计阶段作出考虑，遮阳构件的龙骨等均与主体结构连接，减少了后期增设造成的不便。

- 将东西两侧的灰空间外围护结构与主体结构统一设计。
- 南立面竖向遮阳板与主体结构统一设计。
- 建筑的布置方式，使得建筑的多个部分可同时施工，且结构构件可同时生产，分步安装，节约施工时间，降低建设成本。

幕墙设计

结构：本工程建筑结构安全等级：二级。建筑抗震设防类别：博物馆及展览馆，重点设防类（乙类），地下部分设备用房为标准设防类。其中展览馆采用网架结构，博物馆采用钢筋混凝土框架结构。各建筑相互独立，可同时开工，减少施工周期。

给水排水：生活热水利用可再生太阳能辐射热，由太阳能热水器供给。排水采用雨污分流的体系。室外雨水遵循低影响开发的理念，将集中汇集的屋面雨水由室外雨水管道统一收集后排入周边的自然河沟。

电气：建筑外立面多为玻璃幕墙，故室内采光良好，以自然光为主，人工照明为辅的采光方式。房间内选用适宜的高效节能照明灯具，有效节约资源。

暖通：采用电制冷机组＋燃气锅炉做本项目的冷热源。冷却塔设置在室外适宜的区域，不影响规划和环境。展厅及博物馆采用可变新风比的双风机低速全空气系统。

夜景效果图

杭州中海钱江湾项目配套幼儿园
Hangzhou Zhonghai Qianjiang Bay Project——Kindergarten

杭州中海钱江湾项目配套幼儿园是9班规模的幼儿园，位于杭州市江干区。本项目在有限的用地条件下，在平面设计、结构设计、建筑设备等方面积极采用被动式节能、环保卫生防疫、采用环保节能材料设备等措施，力求给孩子们营造一个安全舒适成长环境。项目于2015年取得三星级绿色建筑设计标识证书。

总平面图

项目地点：杭州市
用地面积：3070m²
建筑面积：2763m²
建筑高度：15m
设计单位：北京清华同衡规划设计
　　　　　研究院有限公司
设计完成人：孟华、黄瑶、周丽艳

1. 项目概况

杭州钱江湾项目配套幼儿园位于杭州市江干区四季青街道，地处钱江新城一期。地块东面是沿江大道，西面是御道路，东北和西北面是规划住宅用地。东侧紧邻25m宽城市绿化带，隔沿江大道即是钱塘江，地理位置优越。总用地面积为0.31hm²，规划设计9班规模。

该项目已于2015年10月9日取得《三星级绿色建筑设计标识证书》，现场目前尚在施工阶段。本项目施工图设计单位为汉嘉设计集团股份有限公司，绿建三星评标顾问公司为北京清华同衡规划设计研究院有限公司。

2. 设计构思

幼儿园是孩子们活动玩乐接受教育的地方，是接受知识、展现自我的舞台。本项目力求给孩子们营造一个安全舒适，又能学习知识的成长环境，强调培养孩子自信和自立，促进幼儿的交往和社会化，重视增长孩子的生活经验和社会经验，发展孩童的交往能力。

相应的设计策略主要有：

教学空间大开间设计，通过灵活隔断，给予教学丰富的场景条件；

绿化及活动场地的最大化，充分利用屋顶做绿化和活动场地；

通过精细设计，实现节能、环保、可再循环利用等先进理念。

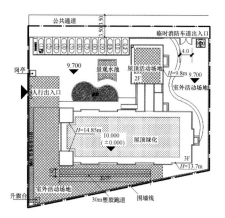

项目区位图

总平面图

3. 设计说明及技术经济指标

3.1 建筑专业设计说明

3.1.1 总平面说明

本地块用地面积3070m²，周边环境较为优越，地形方整，南向主要采光面面对城市绿化，无影响采光的遮挡建筑。但要规划9班规模幼儿园，用地面积还是非常紧张。在总图布局上，本案采用"工"字型布局，将儿童主要的活动教室集中布置在地块东南侧，将生活辅助用房布置在地块西北角，中间通过连廊相接。连廊底层，即为入口门厅。建筑围合而成的西南侧景观绿地，为儿童的室外活动场所。由于场地面积的局限，还需充分利用屋面设置室外活动场地和屋顶绿化。

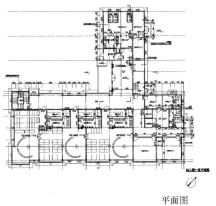

平面图

立面图

3.1.2 平面设计

整个建筑分为三个功能区块，即儿童生活区、教师行政办公区以及后勤服务区。其中行政办公和后勤服务集中布置在西北侧的建筑体量内，儿童生活区布置在地块东南侧，获得优越的采光。两块建筑体量通过中间的连廊相接，形成"工"字型围合，尽可能多地在西南侧留出儿童的室外活动场地。

本方案设有 9 个幼儿分班生活用房，且分三层并排布置于场地东南侧，相对集中的布置将促进各年龄的儿童相互交流。设计中，各班活动室和休息室以容纳 30 人为标准，且配备各自独立的衣帽间和盥洗间。每个房间均有充足阳光，宽敞明亮，空气流通，为儿童开展活动、游戏以及休息提供了良好的环境。幼儿生活用房层高设计为 3.9m。

音体活动室布置于西北侧体量的 3 层，以获得内部无柱的大空间，布置在顶层，也能使活动室不受东南侧建筑体量的遮挡影响而获得充足的阳光。音体活动室设计为净高大于 3.6m，尺度适中，宽敞明亮，没有压抑感，也可满足各种现代音体设施的安装要求。

3.1.3 立面设计

鉴于北侧钱江湾住宅的高端定位，幼儿园的立面风格采用了新古典的建筑风格，在简洁的建筑体量基础上，精心设计了建筑的基础，腰线，檐口部分的立面线脚，以获取协调的立面比列，丰富立面的层次。在建筑的窗套，凸窗等位置，也做了细节上面的处理，以强化建筑外观整体的精致感和典雅气质。建筑外墙采用暖色调的外墙色彩和精细的细节比列，营造出一个温馨的、专属于儿童生活的空间氛围。建筑设计充分考虑建筑节能，绿色环保等要素，按住房城乡建设部绿色建筑三星标准设计。

3.2 结构专业设计说明

本地块抗震设防烈度 6 度，近震，设计基本地震加速度为 0.05g，建筑场地类别为Ⅲ类，地震分组为第一组，特征周期为 0.45s，钢筋混凝土结构阻尼比为 0.05。

风荷载按 50 年一遇基本风压为 0.45kN/m²，地面粗糙程度为 B 类；雪荷载按 50 年一遇，雪荷载采用 0.45kN/m²。

楼地面荷载取值见下表。

结构体系采用钢框架＋压型钢板现浇砼楼板，大量使用了可再循环利用的钢材，显著减少了施工期间的现场环境污染，也大大缩短了该幼儿园主楼作为钱江湾项目售楼处使用的施工进度，基础采用工业化产品预制管桩＋现浇承台。

内填充墙体采用轻质砂加气，对比常用的页岩多孔砖，不仅减轻了自重，节省了结构造价，也提高了施工效率，对保温节能、减少能耗都起到了良好的作用。

楼地面何在取值　　　　　　　　　　　　　　　　　　　　　　　　　　　　　　　　　表 1

部位	活荷载 (kN/m²)	组合值系数	频遇值系数	准永久值系数
教室	2.5	0.7	0.6	0.5
卧室	2.0	0.7	0.5	0.4
盥洗室	2.5	0.7	0.6	0.5
活动室	2.0	0.7	0.5	0.4
走廊	2.0	0.7	0.5	0.3
楼梯	3.5	0.7	0.6	0.5
上人屋面	2.0	0.7	0.5	0.4
不上人屋面	0.5	0.7	0.5	0

3.3 给水排水专业设计说明

给水排水专业设计主要包括：红线范围内的生活给水系统、室内消防给水系统、室内生活排水系统、雨水系统、空调冷凝水排水系统设计。红线范围内的室外生活给水系统、消防给水系统及室外污水、雨水排水系统设计等常规设计内容。

除上述内容外，还针对绿建三星的要求，设置了中水原水收集利用系统：收集建筑内优质杂排水（淋浴、盥洗等），经过弃流、砂滤、碳滤、加药、消毒等处理流程后，用于绿化、道路浇洒、洗车等用途；处理规模：2.5m³/d。

3.4 电气专业设计说明

本工程电气设计包括建筑物内的以下电气系统：电力配电系统；照明系统；建筑物防雷、接地及安全措施；消防报警系统。

除上述常规设计外，本项目电气设计还专注于电气节能环保设计，主要有以下内容：

- 变压器均选用难燃、低噪声、高效低功耗的节能型产品；变电所设置尽可能靠近负荷中心。变压器低压侧设置电容自动补偿装置，将高压侧功率因数补偿至 0.92 以上。
- 照明灯具选择高效、节能、环保产品，以紧凑型节能灯、高效荧光灯（采用 T5 灯管）及气体放电灯为主，荧光灯采用电子镇流器及节能型电感镇流器，提高功率因数，降低损耗。气体放电灯功率因数大于 0.85。办公室等长期工作或停留的场所采用的照明光源显色指数不小于 80。办公室荧光灯灯具采用格栅型，灯具效率不应低于 60%。局部层高较高的场所可采用金卤灯，配节能型电感镇流器，灯具自带电容补偿，功率因数大于 0.9，带透光罩型灯具，灯具效率不低于 60%。
- 充分利用自然光，灯具按照平行于窗户方向以列为单位开启；疏散指示灯光源采用发光二极管 (LED)。
- 按照《建筑照明设计标准》(GB 50034—2013) 的规定，对主要场所的照明，相应的照度标准值、照明功率密度值严格按照该规范要求。
- 公共区域的照明采用分时、定时、分区域及根据外部采光条件等进行实时有效地控制，达到节约电能的目的。
- 在适当的场所（如一些装饰性照明）采用 LED 等新型节能光源。

3.5 环保及卫生防疫设计说明

本项目为教育建筑，对其产生的废水、污水、废气、噪声和卫生防疫等采取了如下预防解决措施：

- 室内排水雨、污、废水分流。室外污、废合流接入市政污水管网，污水接入市政管网前设置格栅池。生活污废水排入市政排污管网，接入市政污水管网前设置化粪池，厨房含油废水排水经由隔油池处理后排入生活废水管道。
- 食堂厨房均设置在校园教学区的下风向，食堂厨房油烟气均采用环保部门认可的油雾净化器处理达标后高空排放，满足环保要求。锅炉房、食堂、厨房位于校园北侧，有独立出入口，且处在下风向，避免了污水、脏物、烟气对校园的影响。
- 所有通风机选用低噪声型，在通风系统中设置消声装置以达到环境噪声标准，各送、排风机前后均接软接头。对所有噪声的机房，建筑在构造上均作隔声处理，加吸声材料及隔声门。进、排风口的位置，高度设置符合环保要求。
- 教学楼朝南，采光，日照、通风条件优良。窗地比达到 1/5，保证冬至日满日照大于 2h。
- 校园内各处垃圾收集小车，由专人负责统一收集后送至校内垃圾房集中外送。
- 排水立管置于管道井内，达到降噪声的目的。
- 设备机房尽量置于临近的地下室，水泵采用减振基础，设备进出口采用柔性连接。
- 市政水压所能及范围尽量采用直供，以达到节水节能的目的。
- 各类水泵采用低转速低噪声水泵，泵房内均设隔振基础及弹性支吊架。

3.6 节能设计说明

主要节能措施有：

- 屋顶：最主要的保温材料采用 40 厚憎水型微孔硅酸钙保温板，其材料的导热系数为 0.050W/(m²·K)，蓄热系数为 1.26 W/(m²·K)，修正系数为 1.10，燃烧系能为 A 级，通过和其他常见屋顶做法相互结合，可以使屋顶的传热系数小于《夏热冬冷地区居住建筑节能设计标准》(JGJ 134—2010) 节能设计标准 1.00 W/(m²·K)。
- 外墙：保温材料上选择燃烧系能为 A 级的材料，采用 20 厚无机轻集料保温砂浆 B 型外保温，导热系数为 0.085W/(m²·K)，蓄热系数为 1.50W/(m²·K)，修正系数为 1.25。同时在剪力墙部分也采用相同做法，以此来降低热桥部分对于建筑能耗的影响，在配合外墙砌体烧结页岩多孔砖，能使外墙的传热系小于《夏热冬冷地区居住建筑节能设计标准》(JGJ 134—2010) 节能设计标准 1.50W/(m²·K)。
- 外窗：各个方向的窗墙比均会在 0.4 左右，外窗玻璃选择上更多考虑的是隔热金属型材窗框 $K \leqslant 5.8$[W/(m²·K)]，框面积 ≤ 20%，(6mm 中透光 Low-E+12 空气 +6mm 透明)，传热系数 2.60W/m²·K，玻璃遮阳系数 0.50，气密性为 6 级，可见光透射比 0.62。以此能够更好地降低单位能耗量，同时达到节能效果。

- 户内上下楼板：内楼板的层间保温措施，按照装修后考虑，活动室和卧室部分采用了实木地板，其他地方采用无机轻集料保温砂浆 A 型板上保温。

4 绿色建筑设计说明

4.1 幼儿园绿色建筑主要经济指标

绿色建筑主要经济指标   表 2

项　　目	指　　标
规划用地面积	3070m²
总建筑面积	2763m²
屋顶绿化面积比例	55.4%
室外透水地面面积比例	50.04%
可再循环材料用量比例	11.08%
灵活隔断比例	45.4%

4.2 节能环保措施应用

- 室外光环境：幼儿园建筑本身立面玻璃可见光反射比控制在不高于 0.3；建筑高度 15m，且布置在距离周边建筑较远的总图定位，最大程度减少自身光污染。

- 交通组织：方便公共交通出行，项目人行开口临近公共交通站点：最近的公交站点——塘工局公交站距项目仅 110m，并途径 4 路公交线路。

- 建筑隔声：幼儿园室外噪声应达到《声环境噪声质量标准》（GB 3096—2008）2 类标准，经现场实测，昼间环境噪声为 57.3dB，小于标准值 60.0dB，满足环境噪声要求。额外采取的隔声措施有：所有振动设备设置减振吊架或支座、管道支吊架处设置与保温层厚度相同的沥青木垫、空调箱、风机接口采用不燃复合软接头等。

- 绿化铺装：充分利用屋面，形成大面积屋顶绿化和活动场地，增加屋顶绿化面积 471m²，屋顶绿化面积比例：55.4%，另外注重室外透水地面设计，保证地面雨水渗透途径，减少场地积水。

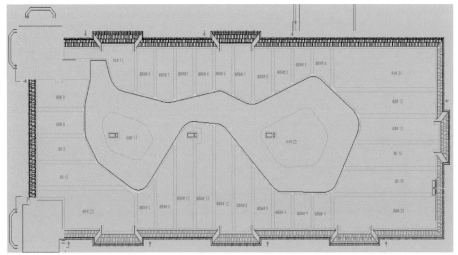

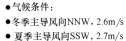

人行区风速不高于2m/s

- 气候条件：
- 冬季主导风向NNW，2.6m/s
- 夏季主导风向SSW，2.7m/s

人行区风速不高于2m/s

- 气候条件：
- 冬季主导风向NNW，2.6m/s
- 夏季主导风向SSW，2.7m/s

冬季模拟结果

夏季模拟结果

人行高处压力分布　人行高处速度分布　　人行高处压力分布　人行高处速度分布

- 被动式通风建筑节能设计：进行室外风环境模拟，建筑立面采用大面积外窗及外窗可开启面积比例41.26%，达到高效的自然通风效率，可保证幼儿园主要使用空间自然通风换气次数不低于2次/h。

朝向	窗墙比
东	0.34
南	0.42
西	0.37
北	0.25

房间功能	平均换气次数(次/h)
卧室&活动室1	13.9
卧室&活动室2	22.9
卧室&活动室3	11.7
专用教室1	12.1
专用教室2	4.2
晨检室	2.6
主副食加工间	17.6
粗加工间	4.4
监控室	21.4
走廊门厅	19.6

楼层	建筑面积	不可变换功能面积	可变换功能面积	灵活隔断面积	灵活隔断功能
1	959	118	841	285	卧室、活动室
2	970	118	852	328	卧室、活动室
3	834	118	716	433	卧室、活动室、多功能活动教室
合计	2651	354	2409	1046	/
灵活隔断比例				43.4%	

- 灵活隔断：幼儿园教学空间大开间设计，灵活隔断比例达到了43.4%，减少了建筑墙体主材的使用，也给予教学丰富的场景设置条件。

围护结构节能、防结露验算

- 围护结构节能、防结露验算。

● 围护结构节能：

- 屋面采用40mm厚挤塑聚苯板保温；
- 外墙采用30mm厚无机轻集料保温砂浆保温。

● 防结露验算：

- 屋面内表面温度为17.40℃；
- 外墙内表面温度为15.12℃；
- 热桥梁柱内表面温度为18.69℃；
- 露点温度12℃。

围护结构部位	设计建筑		参考建筑	
	传热系数(W/m²·K)	综合遮阳系数 SC	传热系数(W/m²·K)	综合遮阳系数 SC
外窗(东)	3.2	0.69	3.2	0.40
外窗(南)	3.2	0.69	2.8	0.40
外窗(西)	3.2	0.69	3.2	0.40
外窗(北)	3.2	—	4.0	—
屋面	0.51	—	1	—
外墙	1.47	—	1.50	—
架空或外挑楼板	1.37	—	1.50	—

围护结构热工参数表

● 空调新风系统节能设计验算。

● 冷热源：一拖多变冷煤流量多联机

● 末端：风机盘管+独立新风系统

● 新风机组：全热回收，热回收效率68%，回收比例100%

编号	设备类型	额定制冷量(kW)	性能参数(W/W)	
			实际设备	标准要求
1	多联机	73	6.40	3.15
2	多联机	100.9	6.05	3.10
3	多联机	95.4	6.05	3.10

编号	机组型号	数量	风量(m/h³)	风机全压值(Pa)	风机效率(%)	单位风量耗功率
1	HRV –30D	2	3000	250	68	0.102
2	HRV –25D	1	2500	250	68	0.102

● 被动式采光建筑节能设计：建筑立面采用大面积外窗，合理布局功能房间于各平面外侧位置；最终全楼采光率达标面积比例 76.39%。

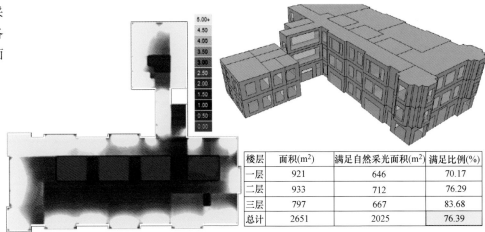

楼层	面积(m²)	满足自然采光面积(m²)	满足比例(%)
一层	921	646	70.17
二层	933	712	76.29
三层	797	667	83.68
总计	2651	2025	76.39

● 节能照明设计。

● 变配电所设置于靠近负荷中心位置，缩短末端用电设备的供电距离。

● 变压器设置集中调谐无功补偿装置，减少系统中的谐波损耗。

● 采用节能灯具，照明功率密度满足目标值要求。

● 照明采用分区、分组控制，楼梯照明采用声控器。

房间类型	设计照度值(Lx)	照明功率密度(W/m²)	
		实际值	目标值
活动室1	300	6.44	8.00
寝室1	150	3.67	5.00
活动教室	300	6.07	8.00
专用教室	300	7.93	8.00
资料室	300	7.33	8.00
会议室	300	6.78	8.00

• 给水排水节能设计

• 给水：市政管网直供，市政水压 0.30MPa。

• 排水：建筑室内排水采用生活污、废水分流制，室内污水经化粪池处理，厨房含油污水经隔油池处理和废水合并排入市政污水管网。

• 热水：用于淋浴，共 19 个淋浴器，其中 3 个淋浴器采用太阳能热水器供应，其余采用电加热供应。

• 节水器具：采用节水型产品。

节水器具名称	节水器具主要特点
节水水嘴	2L/min
坐便器	一次出水量不大于 6L
小便器	1.5L/ 次
喷头	6.6L/min

• 能耗分项计量设计：为方便对能耗进行分析管理，对于空调室内机、空调室外机、新风热交换机、应急照明、厨房动力用电单独设置电表计量。对于普通照明、插座用电在各配电箱统一设置电表计量。

• 结构形式采用钢结构：使用工业化钢结构主材，装配式快速施工，减少施工期间环境影响，大量使用型钢，方便后期回收再生利用。

• 非传统水源利用：中水回收处理利用系统。

中水利用比例 10.9%

• 中水原水：建筑内优质杂排水（淋浴、盥洗等）

• 处理流程：弃流、砂滤、碳滤、加药、消毒

• 回用用途：绿化、道路浇洒、洗车

• 处理规模：2.5m³/d

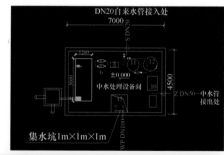

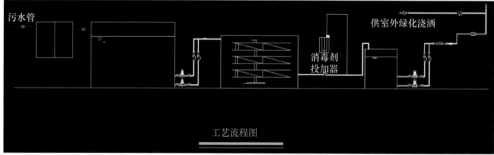

工艺流程图

- 建筑节能

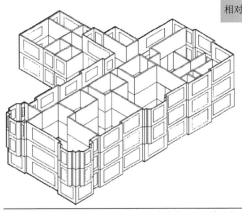

- 优化围护结构
- 提高多联机组能效比
- 排风热回收
- 智能照明系统

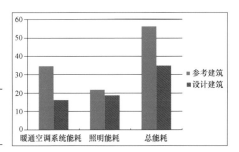

项目能耗统计	单位	参考建筑	设计建筑
暖通空调系统能耗	MWh	34.61	16.10
照明能耗	MWh	21.79	18.73
总能耗	MWh	56.40	34.83

西安梁家滩国际学校
Xi' an Hi-Tech International School

项目概况

项目名称：西安梁家滩国际学校

建设地点：西安国际社区灵沣东路东侧

设计/竣工时间：2017年6月/2019年9月

使用功能：综合楼（教学行政、表演艺术中心、室内运动中心、游泳馆）、宿舍楼（住宿）

用地面积：68958m²

建筑面积：68396 m²

建筑高度/层数：综合楼［教学行政（14.2/-5.25m，3/-1F）、表演艺术中心（17.45/-5.25m，1/-1F）、篮球馆（11.2/-5.25m，1/-1F）、运动练习馆（14.65/-5.25m，2/-1F）、游泳馆（18.45/-6.15m，1/-1F）］、门厅区（9.7/-6.15m，2/-1F）、宿舍楼（18.75m，5F）

设计团队：王陆琰、张涛、赵江、曾振辉、王立峰、杨海龙、刘薇薇

绿色认证等级：设计阶段二星级

基地概况

　　本项目位于西安国际社区灵沣东路东侧，北侧和东侧均为空地，南侧约100m为北张村，西侧约10m为规划灵沣东路，隔路为空地。

设计策略

　　项目综合考虑外籍工作人员子女的教育需求，按照"安全、使用、经济、美观"的原则，科学规划学校校舍规模，综合考虑通风、采光、日照、隔热、避免视线干扰、消防、抗震以及管线埋设等因素后确定，建筑朝向宜采用南北向布置。建筑场地整体呈梯形，学校主入口位于场地东侧南端，紧邻规划路，场地南部为教学区，中部为文体活动区，北部为生活区。

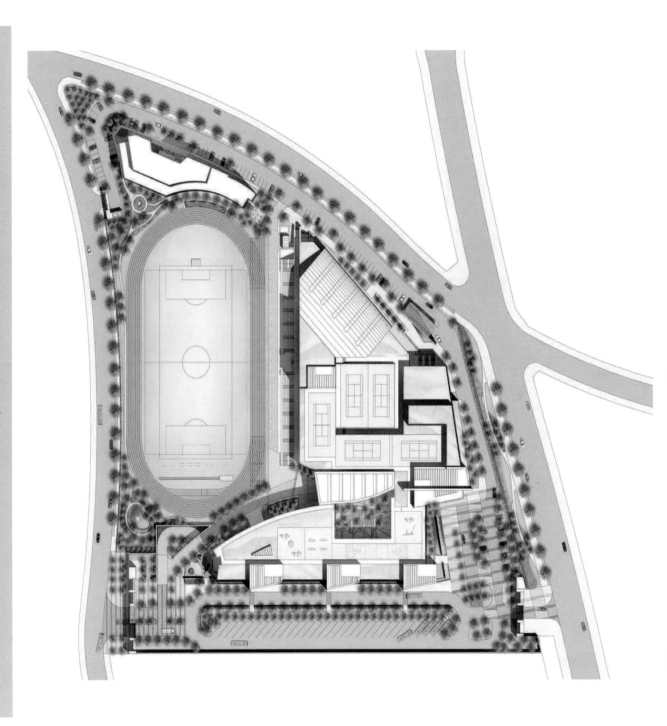

各专业设计说明

建筑：本项目为60班国际学校，其中A段为教学，行政楼，B段为表演艺术中心及室内运动中心，C段为游泳馆。A，B段地下为小汽车库及设备用房，C段地下为设备用房，另外用地西北角为教职员工宿舍楼。

结构：项目教学行政楼、宿舍楼、地下车库设备用房采用钢筋混凝土框架结构，表演艺术中心、室内运动中心、游泳馆采用钢结构，门房及其他采用砌体结构。项目结构安全等级为二级，建筑按照抗震设防烈度八度的要求加强其抗震措施。

给水排水：给水水源由场地西侧灵沣东路沿线城市供水管网接入。排水采用雨污分流。非传统水源采用自建雨水设施及中水设施，用于场地内绿化灌溉、道路浇洒、地下车库冲洗及洗车。

　　电气：本项目设置智能照明系统，对学校各个教室照明、车库照明、应急照明、公共照明、观光照明等配电设备进行控制，起到节约电量，绿色环保的目的。同时对小礼堂及多功能会议室的照明进行调光，达到使用时需要的场景及效果。

　　暖通：本工程综合楼采用设在屋面的板管蒸发冷却式螺杆式冷水机组 2 台，供全楼空调用 7℃ /12℃冷冻水。空调热源由室外干热岩孔及干热岩机组提供，供回水温度为 45℃ /50℃。宿舍楼采用变频多联机空调提供冷热源。剧场、篮球馆、布景车间、练习馆均采用集中式全空气系统，泳池辅助用房、体育馆辅助用房、剧场辅助用房、剧院大堂均采用全新风直流式空调系统，教室、办公、会议室、活动室、宿舍均采用多联机空调系统。

绿色建筑设计说明

节能措施

• 围护结构保温性能提高

	屋面		外墙		外窗
	保温材料	厚度	保温材料	厚度	
综合楼	聚苯乙烯保温层	100mm	硬质无机岩棉保温层	110mm	断桥铝合金窗 Low-E（在线）中空玻璃（6mm+12Ar+6mm）
宿舍楼	XPS 保温板	80mm	岩棉板	75mm	断桥铝合金窗 Low-E（离线双银）中空玻璃 Ar=12 氩气间层 / 断桥铝合金窗 Low-E（在线）中空玻璃 A=12 空气间层

- 干热岩的应用

本项目综合楼冬季采暖热源由干热岩提供，同时泳池水初次加热及恒温、教学楼生活热水、宿舍生活热水热源均由干热岩机组提供。

- 排风能量回收系统设计合理并运行可靠

项目综合楼教室设置转轮式能量回收空调机组，宿舍楼设置吊顶式全热回收新风换气机，经测算每年可以节约电费 39328.23 元，每年可节约市政蒸汽 139576.09 元。

围护结构系统解决方案

本项目综合楼屋面、外墙、外窗的传热系数均低于《公共建筑节能设计标准》(GB 50189—2015)规定限值的 5% 以上，宿舍楼屋面、外墙、外窗的传热系数均低于《居住建筑节能设计标准》(DBJ 61-65—2011)规定限值的 5% 以上，最大限度增加建筑的蓄热能力。

设备系统及能效分析

    暖通：冷水机组 COP 值比国家节能标准提高 12% 以上，多联机 IPLV 值比节能标准提高 16% 以上。

    电气：三相配电变压器满足现行国家标准《三相配电变压器能效限定值及节能评价值》（GB 20052）的节能评价值要求，变压器型号为 SCB13。照明均采用高效 T5 光源或其他节能型光源，采用电子整流器，功率因数大于 0.9，光源类型主要为 2×14W、3×14W、1×28W、2×28W 等三基色 T5 荧光灯。

    给水排水：卫生器具的用水效率均达到国家现行有关卫生器具用水效率等级标准规定的 1 级。

可再生能源应用

    本项目综合楼空调的热源、泳池水初次加热及恒温、教学楼生活热水、宿舍生活热水热源均由干热岩机组提供。

设计创新点

• 设置下凹式绿地、透水铺装等绿色雨水基础设施。

• 自建雨水、中水回用系统用于绿化灌溉、道路浇洒、洗车。

• 绿化浇洒采用微喷灌。

• 本项目报告厅、健身房、剧场、阅读室、会议室等设置 CO_2 监测传感器，对室内二氧化碳浓度进行数据采集分析。与现场 DDC 控制器相连接，通过楼宇控制系统自动控制新风换气机组的运行，保证室内空气质量。

• 地下车库设置 CO 监测系统，连接至现场 DDC 控制器，并与楼控通风系统联动，自动控制送排风机组的运行，在保证车库空气质量的条件下实现节能运行。

南京一中江北校区（高中部）
Nanjing No.1 Middle School Campus
Concept Design

设计时间：2017 年 5 月～ 2017 年 8 月
项目地点：南京市
建筑面积：99951.27m²
容 积 率：0.77
建筑密度：22.5%
EPC 承包单位：中建科技有限公司
设计团队：中建装配式建筑设计研究院有限公司
绿色咨询团队：中建科技有限公司绿色建筑生态
城研究院

总平面图

　　本项目建设地点位于南京江北新区中心区国际健康城内，南京国际健康城作为江北新区先期启动的重点项目，是江北新区打造健康产业的核心区域，是江北新区实现四大战略定位的重要载体和形象窗口。南京一中江北校区东至浦镇大街、南至迎江路，西至广西埂大街，北至浦辉路，占地面积约 150 亩，建筑面积 99951.27m²。

　　本项目为未来南京一中高中本部所在地，14 轨 42 班全日制寄宿高中，规划学生总人数约 1800 人，教职工人数不少于 144 人，规划中的校园大致分为教学区、图文信息科研办公区、文体活动区、生活及后勤服务区四大功能组团，建设项目主要有教学楼、行政楼、科技楼、体育馆、图文信息中心、音乐厅、宿舍、食堂及配套的其他辅助建筑。

　　在整体规划结构上，布局合理、分区明确，使用功能完善齐全、高效便捷，有利于教学的管理和兼顾适当有序地对社会开放的原则，规划构思具有一定超前性，建筑群特色鲜明，融教育性、现代化、园林式、生态型、文化性、智能化为一体，满足可持续发展需要，建成后的校区将成为体现一中传统和特色的现代化绿色校园。

　　实施期与运行期都应采取必要的措施，使新校区必须满足实用、生态、节约（节地、节水、节材、节能）、协调一致的原则，使项目达到国家规定的生态环境保护标准。坚持以人为本，功能分区和建筑布局科学合理。

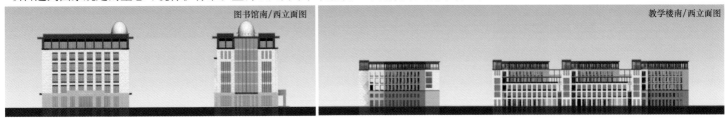

图书馆南/西立面图　　　　　　教学楼南/西立面图

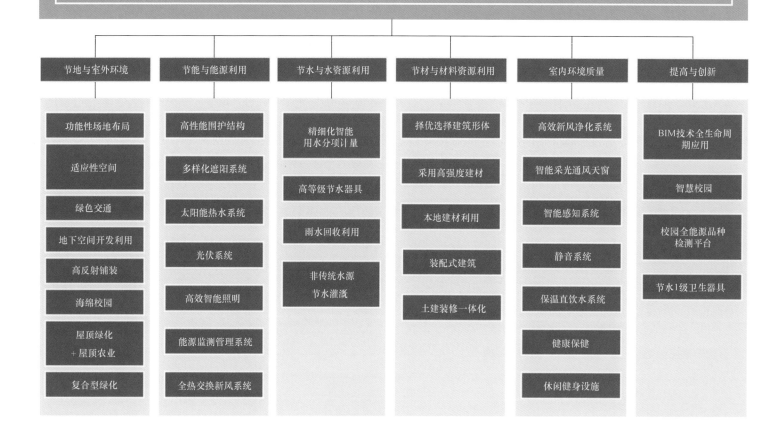

南京一中
绿色校园技术图谱

节地与室外环境	节能与能源利用	节水与水资源利用	节材与材料资源利用	室内环境质量	提高与创新
功能性场地布局	高性能围护结构	精细化智能用水分项计量	择优选择建筑形体	高效新风净化系统	BIM技术全生命周期应用
适应性空间	多样化遮阳系统	高等级节水器具	采用高强度建材	智能采光通风天窗	智慧校园
绿色交通	太阳能热水系统	雨水回收利用	本地建材利用	智能感知系统	校园全能源品种检测平台
地下空间开发利用	光伏系统	非传统水源节水灌溉	装配式建筑	静音系统	节水1级卫生器具
高反射铺装	高效智能照明		土建装修一体化	保温直饮水系统	
海绵校园	能源监测管理系统			健康保健	
屋顶绿化＋屋顶农业	全热交换新风系统			休闲健身设施	
复合型绿化					

高星级绿色建筑集中示范

建筑单体	自评得分	绿建目标
图书馆	80.26	★★★
教学楼	63.77	★★
行政楼	64.49	★★
体育馆	61.28	★★
音乐厅	61.28	★★
宿舍楼	68.92	★★5

教师公寓

学生公寓

音乐厅

东区

体育馆

教学楼

图文信息楼

西区

行政楼

本项目建设地点位于南京江北新区中心区国际健康城内,南京国际健康城作为江北新区先期启动的重点项目,是江北新区打造健康产业的核心区域;是江北新区实现四大战略定位的重要载体和形象窗口。

南京一中江北校区东至浦镇大街、南至迎江路,西至广西埂大街,北至浦辉路,占地面积约150亩,建筑面积99981m²。

朝向优化：江苏南京地区地处长江中下游冬冷夏热地区，对朝向非常敏感，所以对这个呈42°倾斜的基地而言，将三幢主要教学楼扭转到正南北朝向，并通过一个基座和三个连廊将校园机理扭转成街道机理方向。

避免噪声影响：将生活运动区（东区）对噪声要求相对低的区域，设置在靠近定向河路的地块，将教学区（西区）设置在远离定向河路的地块。

教学楼组团是整个校园的主体部分之一，位于校园西侧。共设置三栋教学楼，按年级分栋设置，每栋建筑之间设有风雨廊道，教学楼之间，以及教学楼与图书馆之间形成三个院落。教学楼地上共五层，二到五层为普通教室，一层及地下为实验室等辅助教室，通过数个下沉庭院贯通地上地下空间，形成立体的院落体系。教学楼组团与图文信息中心、行政楼、音乐厅均有风雨廊道连接，地下空间亦通过下沉庭院相互串联，满足所有教室之间的通行联系。教学中心组团面对校园开放的同时又形成内向型的空间感受，为学生提供更好的教学空间和环境，同时教学楼屋面设屋顶绿化。

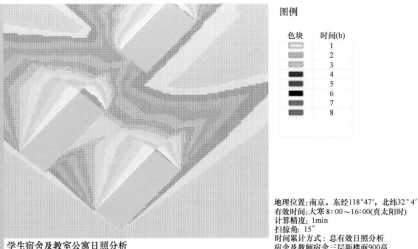

学生宿舍及教室公寓日照分析

图例

色块	时间(h)
	1
	2
	3
	4
	5
	6
	7
	8

地理位置：南京，东经118°47′，北纬32°4′
有效时间：大寒8:00～16:00(真太阳时)
计算精度：1min
扫掠角：15°
时间累计方式：总有效日照分析
宿舍及教师宿舍三层距楼面900高

□ **功能性的建筑空间布局**

本项目教学单元标准更为国际化，教室与教室之间要求设置准备室，方便教学使用，同时将准备室前部的走廊空间放大，局部形成一个扩大的公共单元方便学生停留，并且在端头设置学生交流空间。东西侧的连廊也是学生们课间活动的场所，丰富师生交流空间，提高建筑内交通可达性。将实验教室和专业教室组合成了教学楼的基座，并通过面朝下沉广场的连廊将教学楼联系在一起，从而组成快捷的教学单元。

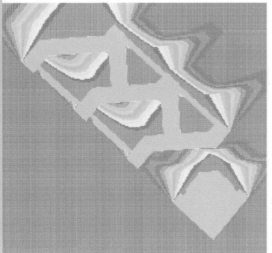

图例

色块	时间(h)
	1
	2
	3
	4
	5
	6
	7
	8

地理位置：南京，东经118°47′，北纬32°4′
有效时间：冬季9:00～15:00(真太阳时)
计算精度：1min
扫掠角：15°
时间累计方式：总有效日照分析
计算高度：总教学楼一层距楼面900高

教学区主转

广西埝大

下沉庭院景观轴线

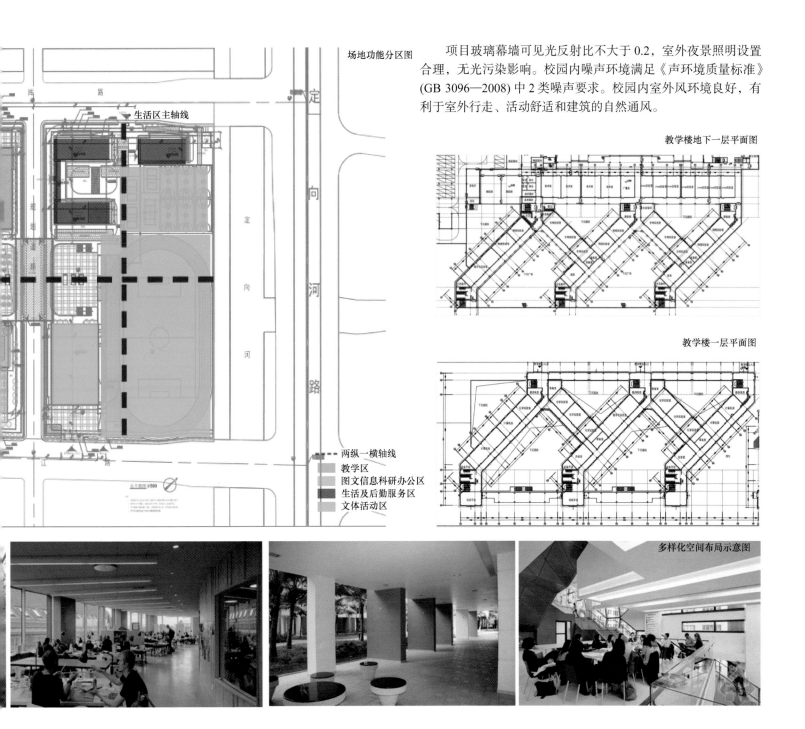

场地功能分区图

项目玻璃幕墙可见光反射比不大于0.2，室外夜景照明设置合理，无光污染影响。校园内噪声环境满足《声环境质量标准》(GB 3096—2008)中2类噪声要求。校园内室外风环境良好，有利于室外行走、活动舒适和建筑的自然通风。

生活区主轴线

- - - 两纵一横轴线
教学区
图文信息科研办公区
生活及后勤服务区
文体活动区

教学楼地下一层平面图

教学楼一层平面图

多样化空间布局示意图

绿色交通

人车分流交通组织：
停车场入口均设置在校园次要出入口附近，不影响学校正常教学，方便机动车就近进入地下，实现人车分流。

自行车停车配套设施：
室外非机动车停车场地布置遮阳避雨设施。

校园共享单车：
校园内统一设置停放区域。

地下停车库对外开放：
体育馆和音乐厅的配套停车区域实行对外开放。

新能源车位配置：
按照总车位数的10%进行规划设计。

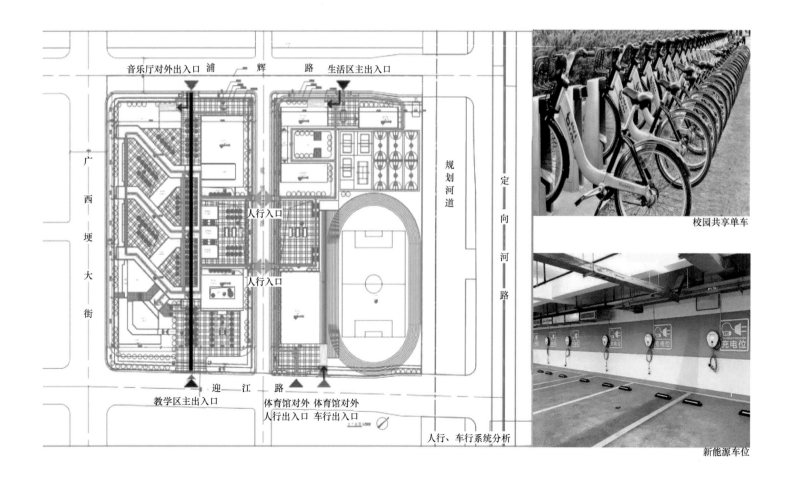

音乐厅对外出入口 浦　辉　路 生活区主出入口

广西埌大街

规划河道

定向河路

人行入口

人行入口

教学区主出入口　迎　江　路

体育馆对外人行出入口　体育馆对外车行出入口

人行、车行系统分析

校园共享单车

新能源车位

150

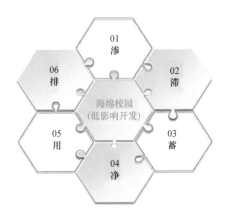

海绵校园
(低影响开发)

01 渗
02 滞
03 蓄
04 净
05 用
06 排

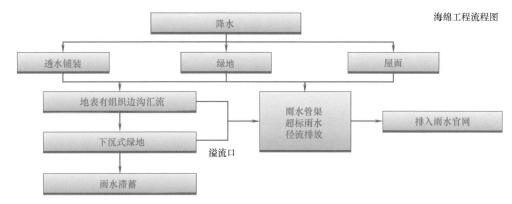

海绵工程流程图

降水

透水铺装 → 绿地 → 屋面

地表有组织边沟汇流

下沉式绿地　溢流口

雨水滞蓄

雨水管渠
超标雨水
径流排放

排入雨水官网

多层次绿化降低热岛效应

停车场、人行通道和广场种植高大乔木提供遮阳，机动车停车场遮阳率不应低于 20%，景观主干道路乔木遮阴率不小于 50%，步行道和自行车道林荫率不小于 60%。

超过 70% 的道路路面、建筑物太阳辐射反射系数不小于 0.4 的要求。75% 的场地硬质铺装用透水铺装形式替换。

教学楼屋顶采用种植屋面与校园屋顶农业相结合的方式，通过一层可呼吸的绿色表皮有效的调节建筑室内温度，实现对雨水的过滤与利用，增加景观绿量，改善微气候，增强场地固碳能力，并且有效降低屋面热岛效应。

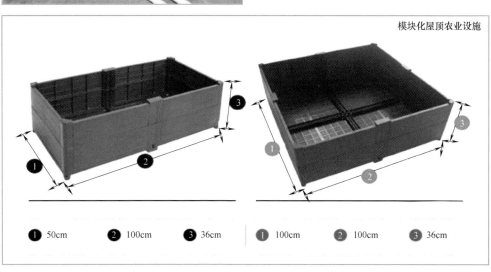

模块化屋顶农业设施

❶ 50cm　❷ 100cm　❸ 36cm　　❶ 100cm　❷ 100cm　❸ 36cm

高性能围护结构

- 围护结构热工性能指标比《公共建筑节能设计标准》（GB 50189—2015）规定的提高 5%。
- 外围护墙体采用 200 厚 B05 蒸压轻质加气混凝土 NALC 自保温条板 (墙体)。
- 外窗采用断桥铝合金框中空玻璃窗，玻璃采用 6mm 中透光 low-E+12mm 氩气 +6mm 透明玻璃，传热系数 $1.88W/(m^2 \cdot K)$。
- 窗体采用玻璃纤维和聚氨酯复合材料挤压成型，气密性达到《建筑外门窗气密、水密、抗风压性能分级及检测方法》（GB/T 7106—2008）中最高等级 8 级标准，每小时渗透量为 $0.31m^3/(m^2 \times h)$ 热工性能，保温性能优秀，传热系数 K 值为 $1.38W/(m^2 \cdot K)$。

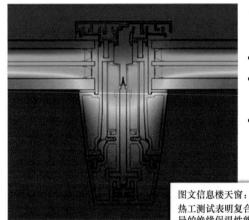

■ 多样化组合式遮阳系统 + 智能感知

- 学生宿舍和教师公寓南、东、西向采用双层中空玻璃内置遮阳百叶形式的遮阳外窗。
- 图文信息综合楼采用固定外遮阳 + 可调节高反射内遮阳形式发挥活动外遮阳的同等功效。
- 图文信息综合楼屋顶天窗采用智能化漫射内遮阳。

图文信息楼天窗：
热工测试表明复合材料具有优异的绝缘保温性能。

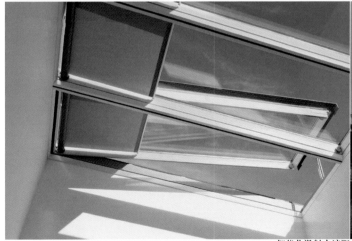

智能化漫射内遮阳

固定外遮阳

智能通风采光天窗：改善室内舒适度及健康

- 过渡季自然通风，降低能耗，提高室内小环境舒适度

- 夏季遮阳，降低空调能耗

- 冬季保温，日间得热，进一步降低采暖能耗

- 充分利用自然采光，延长照明时长，降低照明能耗

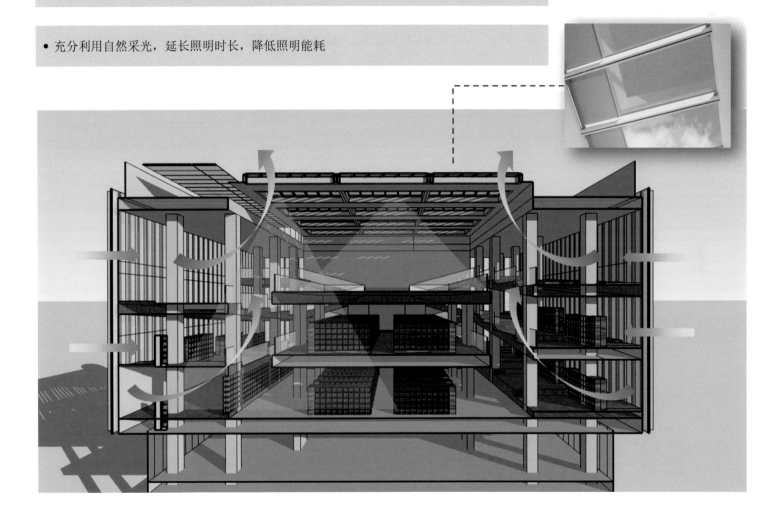

可再生能源的综合利用——太阳能热水

- 太阳能热水系统采用"集中集热—集中贮热—集中供热"系统,在屋顶设集热器及贮热水箱,空气源热泵作为辅助热源;
- 系统设置在学生宿舍和教师公寓屋顶。
- 在学生宿舍屋顶设置 2 只 23m³ 集储热水箱,在教工宿舍屋顶设置 18m³ 集储热水箱。
- 采用太阳能平板型集热器,共计设置集热器 401 片太阳能集热器,采光面积为 768.5m²。
- 由太阳能热水系统提供的热水量占比 30% 以上。

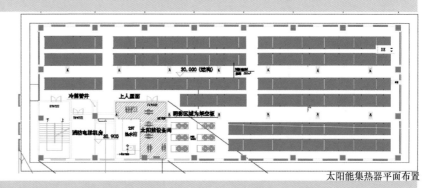

太阳能集热器平面布置

可再生能源的综合利用——太阳能光伏

- 本项目共安装 185 块光伏组件,装机容量为 55.5kWp。
- 组件采用功率 300W 的高效单晶组件,组件尺寸为 1650m×992m×35mm,组件效率 ≥ 18%。
- 该光伏电站采取自发自用、余电上网模式,优先满足校园用电需求,配置一台 50kW 组串式逆变器,为图文信息综合楼空调系统提供部分电力,或以低压 400V 接入校园配电室。
- 发电机组的输出功率峰值与供电系统设计负荷之比为 5.4%。

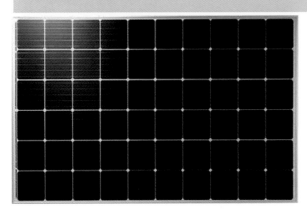
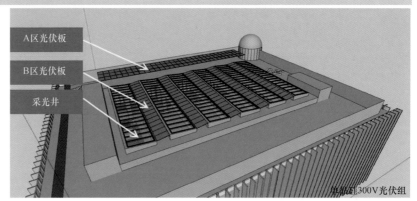

单晶硅300V光伏组

整体预制装配式校园

- 1 号~3 号教学楼、4 号行政办公楼（不含报告厅）、7 号学生宿舍、8 号教师公寓采用预制装配整体式框架结构，预制部位包括预制柱、叠合梁、叠合楼板（含屋面板）。

- 5 号图文信息楼采用装配式 ALC 墙板等部品部件的混凝土框架结构。

- 6 号音乐厅采用竖向构件现浇，大跨度混合式结构楼盖。叠合梁、叠合楼板（含屋面板）等水平构件预制装配整体式框架结构。

- 9 号体育馆采用现浇梁柱、叠合楼板结构体系，大跨度混合式结构楼盖、屋面采用装配式钢结构 + 屋面板体系。

- 校园整体预制率为 31.16%，预制构件总量超过 6000m³。

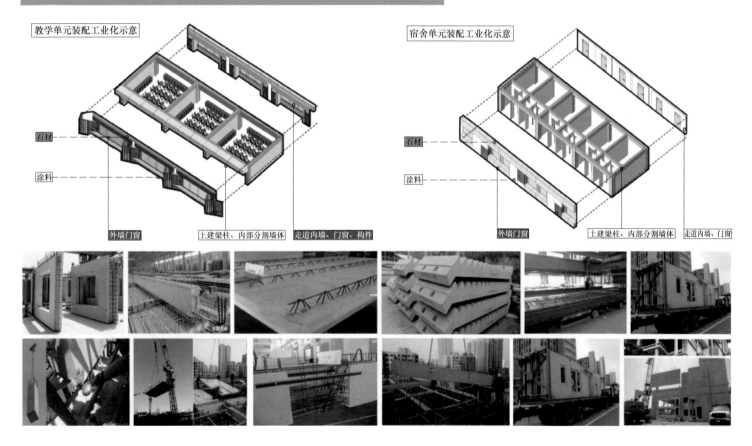

教学单元装配工业化示意

石材

涂料

外墙门窗   土建梁柱、内部分割墙体   走道内墙、门窗、构件

宿舍单元装配工业化示意

石材

涂料

外墙门窗   土建梁柱、内部分割墙体   走道内墙、门窗

智能高效照明系统

- 所有区域照明功率密度值达到现行国家标准《建筑照明设计标准》（GB 50034）中规定的目标值。
- 走廊、楼梯间、门厅、大堂、大空间、地下停车场等场所的照明系统采取分区、感应延时、光控延时、声控延时或定制控制等节能控制措施。
- 体育场馆比赛场地按比赛要求分级控制。
- 照明灯具选用 T5 荧光灯、紧凑型荧光灯或 LED 灯，其中 LED 灯具安装面积约为 $35000m^2$，约占总面积的 35.1%，荧光灯配用电子镇流器，功率因数不低于 0.9。
- 地下车库智能照明根据不同工况控制开启，包括白天（开启一半）/夜晚初段（全开）/深夜（开四分之一）。
- 景观照明按照平日、节日、重大节日分组控制。
- 景观照明的庭院灯和草坪灯部分采用太阳能光伏照明。

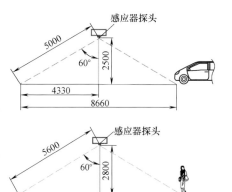

地下车库智能照明

智慧校园全能源品种在线监测

- 精细化智能型用水计量，实现 100% 计量全覆盖（计量表具 64 块）

  市政介入的引入管上设置总表，根据用水性质及功能单元，包括厨房用水、消防水池、消防水箱、生活水箱、游泳池补水、锅炉房补水、热交换器冷水补水、教学楼实验室、道路和绿化浇洒用水等均设置分项计量水表，水表具有远传功能，并采用相关行业标准协议，等级不低于 2.5 级。

- 燃气远程监控

  4 个计量点，锅炉房 2 个，学生食堂和教师食堂各 1 个，计量装置具有远传功能，可实时将计量数据上传到能源远程监管系统。

- 电耗智能监测

  按楼层或功能分区分别设置分项计量装置，为一级计量。照明和插座、空调主机、附属水泵、通风机、室外景观、信息机房、厨房、锅炉房电力用电等不同功能的设备类别分别设置计量装置，为二级计量。

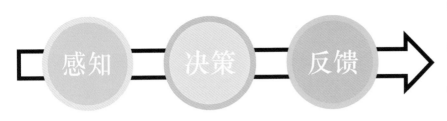

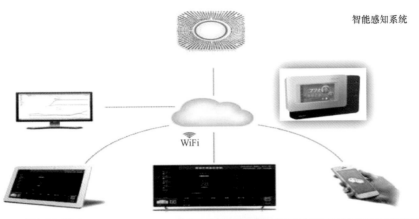

智能感知系统

智慧感知设计

- 图文信息综合楼天窗：内部智能遮阳帘根据室外光照强度自动开合；定时控制遮阳帘的启闭时间。
- 图文信息综合楼天窗：根据室内外温差控制电动窗的开闭；根据风雨感应，控制电动窗的关闭。
- 其他区域新风系统：根据二氧化碳浓度监测结果联动新风系统。
- 地下车库排风系统：根据一氧化碳浓度监测结果自动启停和调节风量。
- 实验室新风系统：室内安装污染物浓度报警联动通风系统。

智慧校园系统

- 校园网分布的子系统包括：

  校园办公网、无线覆盖（AP）系统、网络中心、多媒体教学系统、录播系统、智慧课堂、多媒体会议系统、远程教育系统等。
- 设备网分布的子系统包括：

  平安校园（监控、报警、巡更、周界）、一卡通系统（门禁、车辆管理系统、考勤、梯控、消费系统）、物联网设施平台（建筑设备管理子系统、全能源品种监管系统、智能照明控制子系统）、室内空气品质监测系统、校园广播系统、信息发布系统等。

BIM 技术全生命周期应用

- 通过 BIM 技术的应用，在构件组装阶段，BIM 技术有效的整合预制构件、吊装布置、现场钢筋布置等信息。结合施工进度模拟，优化调整施工方案，解决现场的吊装难度。以确保工期的顺利进，避免了二次作业所造成的材料浪费与工期延误。
- 基于 BIM 平台化设计软件，统一各专业设计过程，明确各专业设计协同流程和专业接口，可实现装配式建筑、结构、机电、内装的三维协同设计。BIM 信息对现场施工过程包括结构、进场道路、构件吊运就位安装、机电内装等全过程指导，同时进行对时间进度、成本的管控。

若尔盖暖巢项目
Ruoergai Warm Dormitory Project

若尔盖暖巢项目位于青藏高原东北部，为社会捐助结合政府拨款援建的小学宿舍。地处严寒气候区，海拔约 3500m，常年年平均气温 1.1℃，最低温度 –20℃以下。

设计考虑造价低廉、气候严酷、资源匮乏和三江源头环保要求高等限制，选取适宜的技术路线和材料工艺，采用被动式太阳能技术，以理性的策略，实现建筑采暖功能的零碳排放。

设计时间：2015 年 4 月～ 2015 年 12 月

项目地点：若尔盖县阿西乡

建筑面积：1255m²

建筑高度：13.72m/4F

主要设计人员：钱方、戎向阳、毕琼、郭佳、雷冰宇、闻金石、高庆龙、谢秀丽、殷兵利、雷雨、郭伟锋、周莹、钟辉智、王丽萍、封宇、石利军

基于能源综合利用的采暖方式选择

- 若尔盖地区冬季太阳能资源丰富，经模拟分析能满足建筑采暖的基本能源诉求，且夏季不需降温措施，属于利用太阳能的适宜区，项目选用低技低成本易维护的被动式太阳能技术作为采暖方式，实现零碳排放的目的。

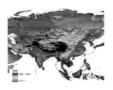 

当地平均海拔3500m　　严寒气候区，牧区年平均气温1.1℃，长冬无夏

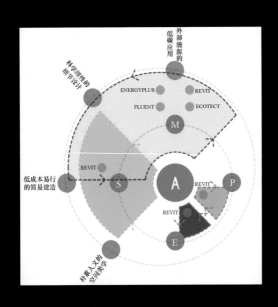

设计目标：

无任何采暖设施条件下，室外 −10℃，室内全年温度不低于 12℃。

整体式设计方法：

无采暖系统的纯被动太阳能建筑实现零能耗进行，全过程采用计算机模拟方法指导设计，保证建成后的效果。

建筑运行后评估：

项目建成后，连续进行冬季的现场测试，测试实际运行效果。

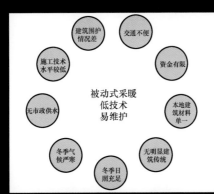

风能
不稳定
性价比不高

太阳能水热系统
维护费用高
投资高

光伏太阳能系统
产品不低破坏环保
维护费用高
投资高

被动式太阳能
投资低
维护简单
性价比高

前置 BIM 技术综合模拟下的设计决策

在设计的全过程中，BIM 模型与性能化同步模拟，交替优化，实现了设计与 BIM 综合模拟联通的理性设计决策及优化过程。

- 合理的建筑朝向决定了太阳能的利用效率。通过比较建筑摆放角度，综合环境效果，设计选择了南偏东 15° 布局，并将功能分为核心功能和辅助功能，以辅助功能作为温度缓冲区，改善核心功能空间的热舒适度。
- 通过模拟建筑周边环境的风速，确定建筑主要出入口位置，减少冬季冷风涌入室内。
- 通过模拟南侧开窗面积与其室内夜晚温度关系，二者正比关系支持设计在结构允许的范围内，将南侧窗洞最大化。北侧洞口则尽量缩小，减少热量散失。

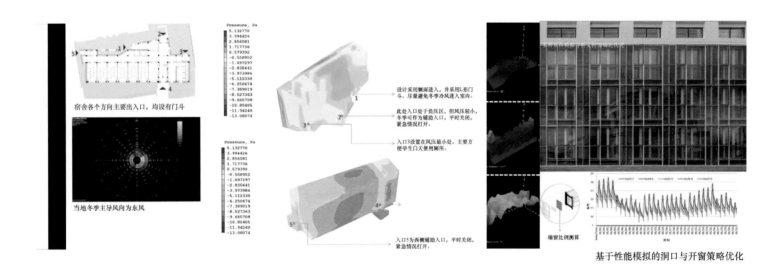

基于性能模拟的洞口与开窗策略优化

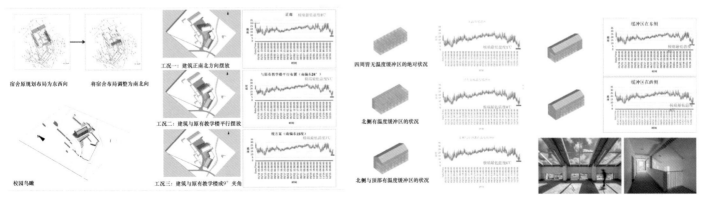

基于性能模拟的体量生成

开创性的南侧集热墙系统设计

- 在南侧最大化开窗的同时，为最大化获取太阳能，设计开创性的进一步利用实墙作为集热墙，同时实现了集热与蓄热的目标。
- 集热方式采用直接受益式、集热蓄热墙式与附加阳光间式结合。建筑外围护结构采用重质墙体，80mm 厚喷涂聚氨酯保温层，阻挡热量的散失。南向最大限度开窗，集热墙由窗、空气夹层和墙体三部分组成，利用阳光照射到外面有玻璃罩的深色蓄热墙体上，加热透明玻璃和厚墙外表面之间的夹层空气，通过热压作用使空气流入室内，向室内供热，同时墙体本身直接通过热传导向室内放热并储存部分能量，夜间墙体储存的能量释放到室内。
- 外墙的夹心保温墙体设计通过内外两层重质砌体和 80 厚的聚氨酯喷涂保温层，达成了良好的保温和气密性能。

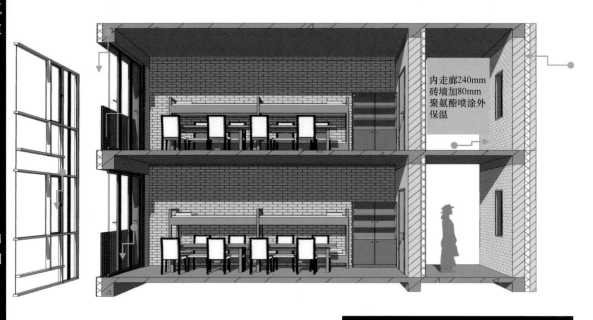

240mm 页岩实心砖墙 +80mm 聚氨酯喷涂外保温 +120mm 砖墙 + 白浆甩浆饰面

240mm 砖墙 +80mm 聚氨酯喷涂外保温 + 水泥砂浆保护 + 深色氟碳漆喷涂

tromb 空气间层 50mm

钢化单层白玻幕墙

双层中空玻璃内开门（白天开启，夜晚关闭 - 夜间保温）

内走廊240mm砖墙加80mm聚氨酯喷涂外保温

南侧集热墙体设计

162

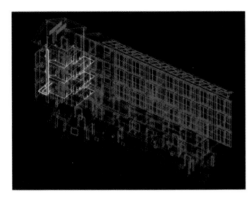

水系统预留

立体旱厕设计

　　高寒地区冬季通常无供水，考虑到该地区冬季严寒的天气，夜晚学生入厕不便。我们设计采用特殊的立体旱厕，冬季最冷月份也可正常使用，改善学生的生活条件。同时预留水系统管道位置，为后期的加装保留可能。

 粪坑定期清掏

旱厕化粪池设置为次冷区域，做保温处理，保证在冬季的正常使用。

立体旱厕设计

设计周期可持续设计

可持续对旧砖瓦回收循环利用
- 设计对拆除旧建筑砖料进行量的计算，用于场地景观的回收利用。使得旧材料在新的场地中留有印迹，节约了建造成本。

立体旱厕——适宜当地条件的给水排水系统
- 高寒地区冬季通常无供水，考虑到夜晚学生入厕不便，设计采用特殊的立体旱厕设计，将卫生间和化粪池设为次冷区域，确保冬季最冷月份也可正常使用。

限额设计下的全过程成本控制
- 若尔盖地区资源匮乏，大多数建材需从外地运至当地，建设成本高。鉴于有限的资金现状和昂贵的运输费用，尽量采用当地可以提供的页岩实心砖；该材料拥有较为理想的导热系数和蓄热系数。采用较为便宜的砌体结构体系形成重质墙体，将节省的资金用于建筑外保温构造，构造措施设计上考虑当地施工条件，实现经济性、抗震性和蓄热性能，达到最低造价建造的目标。

朴素人文关怀的空间美学

- 通过光环境模拟，北立面错落的窗洞口从不同角度将光线引入室内，柔和而温暖，提供了儿童多层次的空间体验与趣味。建筑色彩在白色主调中点缀藏族传统的色块，体现当地的民族性。建筑南北侧各有一个可供学生活动的场地，结合场地高差营造活跃的活动场所。
- 北侧楼梯的采光窗色彩丰富，几何形式跳跃，改变了单走廊的封闭空间模式。位于屋顶的阳光房则提供了一个近200m² 的暖房，在极端天气条件下可以给学生提供舒适的活动空间。低技术，低造价，低能耗，易维护的设计策略，可起到良好的示范作用，为贫寒学子撑起一个温暖的家。

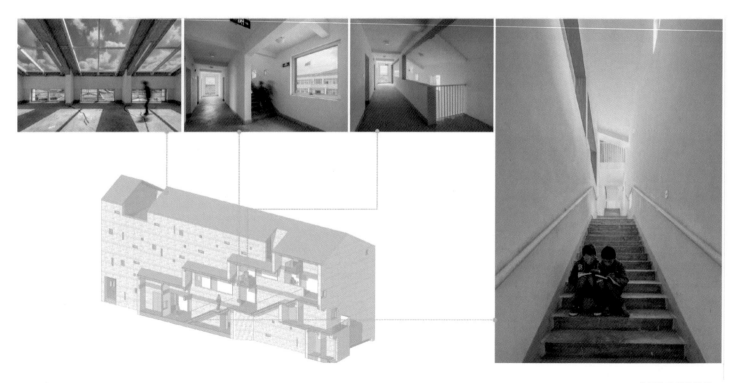

南侧集热墙体设计

164

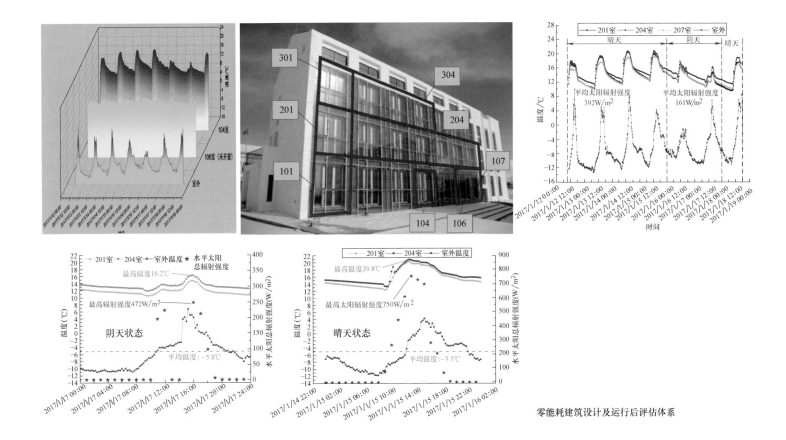

零能耗建筑设计及运行后评估体系

- 满足设计目标的实测数据

  主要采暖月份，主要房间的室内温度均在10℃以上，室内外温差可达23℃，得到国内外绿建专家高度评价。若尔盖暖巢项目在高原上成功实践了建筑低碳环保建造的成套解决方案，它的成功必将对未来同类型的建筑设计提供参考和示范。

- 零能耗建筑运行后评估

  2016年1月、2017年1月连续两年进行现场测试，现场测试涵盖各功能房间。测试结果显示：同一房间在不同天气下，房间平均温度均在13℃以上，房间平均温度相差在3.0℃以上，全天最高温度相差在4.0℃以上。最低温度相差1.7℃。主要房间在12℃以上，连续两天阴天之后，端头在10℃以上。

  端头房间平均温度比中间房间平均温度低约1℃左右。

中建科技成都绿色产业园——建筑产业化研发中心
Chengdu Green Industrial Park——Building Industrialization R&D Center, China Construction Technology

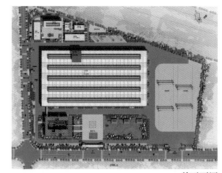
总平面图

项目为中建科技成都生产基地办公楼，位于成都天府工业区，功能以厂区配套办公、餐饮为主，并提供建筑工业化及新技术展示的功能。

建筑形体采用体积法设计，展现简洁有力的建筑形式，合理划分功能分区，并获取舒适人性化的内部庭院空间。作为中建公司的重要示范展示，本设计希望展示出良好的工业化造型感、材质感和技术特征，全装配化的建筑技术应用是本方案的特色。另外本方案以采用被动式建筑节能技术为主要特点，申请成为中美清洁能源示范项目。设计希望成为国内首例PC预制装配式被动房。

设计时间：2015 年～ 2016 年
项目地点：成都市
建筑面积：4600m²
容积率：1.15
建筑高度：16.45m
建筑密度：35%
设计单位：中国建筑西南设计研究有限公司
主要设计人员：李峰、杨扬、佘龙、张煜佳、毕琼、邓世斌、章阳、徐建兵、李慧、周强、革非、倪先茂、李波、石永涛、冯雅、高庆龙、刘希臣、窦枚

入口透视图

沿路透视图

山墙透视图

局部透视图1

局部透视图2

工业美学的生态园区

立方体，多层次游廊

- 建筑形体呈现为纯粹的立方体，使建筑各部分相互联系在一个形体内，并强化庭院空间围合感。设计通过体积规划的方式在形体中设置主入口、展览厅、展廊、包间等功能，并设置相互串接的展览路径，联系不同功能，同时形成不同层次的庭院和游廊。

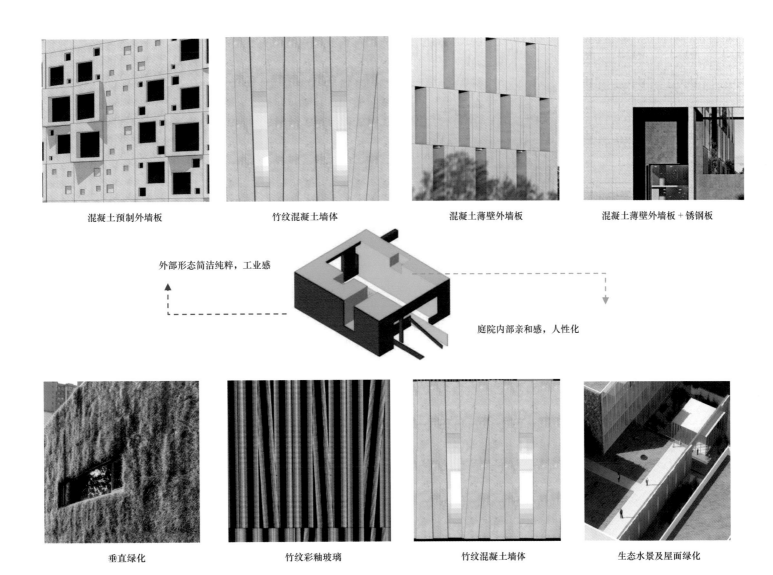

混凝土预制外墙板　　竹纹混凝土墙体　　混凝土薄壁外墙板　　混凝土薄壁外墙板＋锈钢板

外部形态简洁纯粹，工业感

庭院内部亲和感，人性化

垂直绿化　　竹纹彩釉玻璃　　竹纹混凝土墙体　　生态水景及屋面绿化

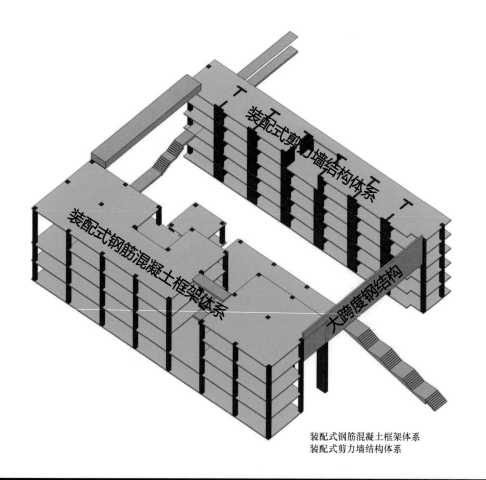

装配式钢筋混凝土框架体系
装配式剪力墙结构体系

全装配

● 本项目为全装配式建筑：其中办公、展览部分为装配式框架结构，公寓部分为装配式剪力墙结构，大跨度部分采用钢结构连廊。

模数化板块

● 建筑外立面以模数化的清水混凝土预制外墙板为主，通过几种标准类型板面的组合，立面效果既呈现出灵活可变的模块特质，也符合内部功能的实际需求。

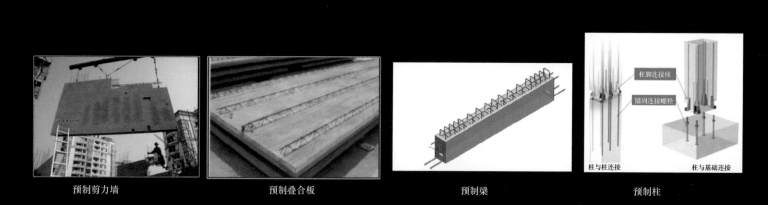

预制剪力墙　　　　预制叠合板　　　　预制梁　　　　预制柱

全装配化技术体系的示范

斜向立体外挂板

• 斜向立体外挂板是立面模块的特殊变化，我们将其设置在较为重要的房间外立面，以遮蔽西南方的日照辐射；作为复杂混凝土构件，它也展示了混凝土装配式建筑的施工制作能力和效果呈现上的潜力。

锈钢板 & 清水混凝土

• 建筑局部采用锈钢板，以强化重要空间的辨识性。配合以清水混凝土材质，使建筑更有工业力度感，也契合厂区的环境气质。

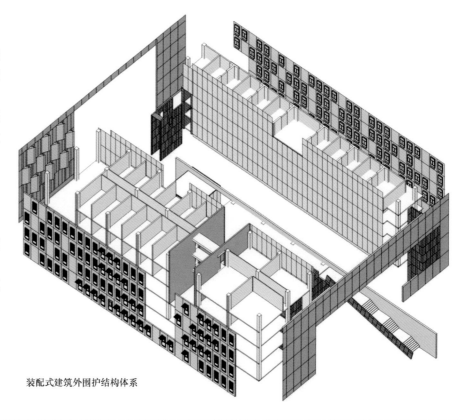

装配式建筑外围护结构体系

| 预制外墙挂板 | 玻璃幕墙 | 整体卫浴 | 预制楼梯 | 装配内墙 | 混凝土外墙板 |

BIM 技术全过程配合

BIM 集成

- 工业化建筑核心是"集成"，BIM 方法是"集成"的主线。这条主线串联起设计、生产、施工、装修和管理全过程，服务于设计、建设、运维、拆除的全生命周期。

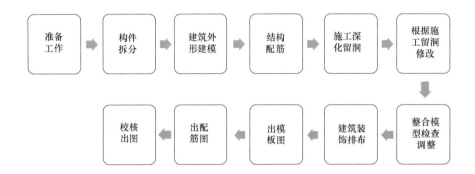

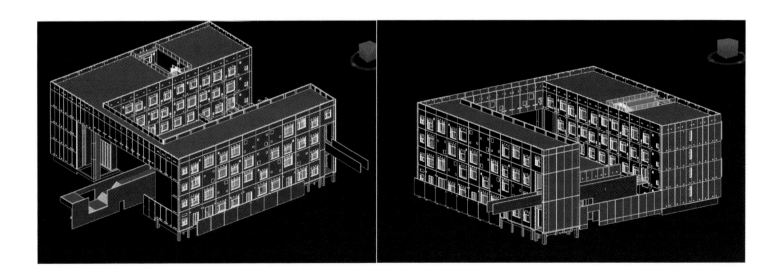

微孔混凝土复合层
(150mm)形成连续
保温面，形成良好
的无冷桥外墙系统，
并可保证气密性

单块外
挂板

无热桥
外窗

140mm | 100mm

外 → 钢筋混凝土 | 发泡混凝土

创新型被动建筑体系

微孔混凝土保温复合板

- 设计采用了 150 厚的微孔混凝土复合层作为内保温材料，与钢筋混凝土外挂板一体化生产。板块上的所有门窗连接构件均预埋微孔混凝土中，保证保温构件的连续性。也使二次安装一次性到位。

电动外遮阳效果与效果呈现

微孔电动外遮阳

- 建筑南向外窗采用电动外遮阳系统，减少夏季外部热辐射，满足通风采光需求。遮阳构件为立面效果的增添了精致感，使设计有较好的细节呈现。

创新型被动建筑体系

热桥部位内表面温度验算

- 项目采用装配式外墙板，与外保温体系不同之处在于，保温层受装配式施工工艺影响在板缝处、外门窗节点等部位会断开，从而产生热桥影响外墙的保温效果，本项目在设计时针对板缝热桥、外门窗安装节点热桥进行了优化设计，使外墙保温性能满足超低能耗建筑要求。

- 由于热桥节点处热工计算较为复杂，本计算书采用THERM7.4 软件验算，THERM 是利用有限元法计算稳态传热的软件，除可计算由窗框和玻璃组成的门窗幕墙的热工性能外，可作为二维传热分析软件模拟固体材料传热。

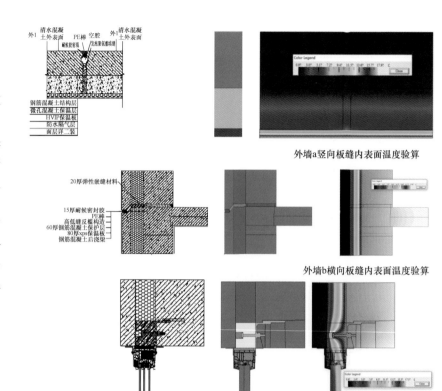

外墙a竖向板缝内表面温度验算

外墙b横向板缝内表面温度验算

外墙b外窗安装节点内表面温度

室内外 CFD 模拟

- 总平面布局和建筑朝向有利于夏季和过渡季节自然通风，并采用数值模拟技术定量分析风压和热压作用在不同区域的通风效果，综合比较不同建筑设计及构造设计方案，确定最优自然通风系统设计方案。

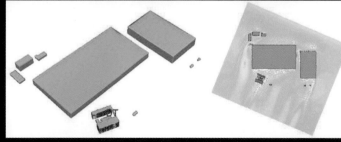

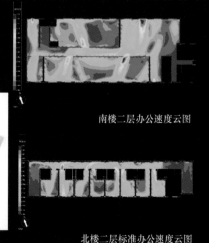

冬季1.5m高处风速云图　　　　冬季建筑背风面风压云图　　　　夏季1.5m高处风速矢量图

南楼二层办公速度云图

北楼二层标准办公速度云图

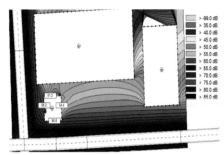

昼间平面环境噪声模拟

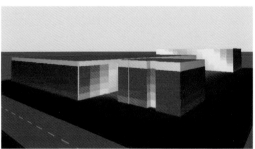

昼间立面环境噪声模拟

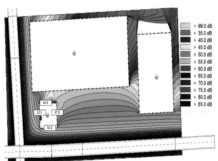

夜间平面环境噪声模拟

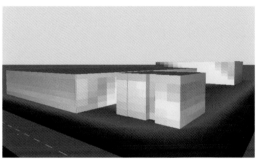

夜间立面环境噪声模拟

室内采光及视野率分析报告

- 室内整体采光效果及达标视野率良好。平均室内天然光照度能达到472.3lx，平均采光系数为3.28%。

环境噪声影响分析

- 昼间环境噪声最高出现在西侧临近道路的地方，但最高不超过60.8dBA；夜间最高为54.2dBA，符合《声环境质量标准》（GB 3096—2008）的3类区域规定。
- 昼间立面噪声基本在65dBA之内均符合规范要求，夜间立面噪声基本在55dBA以内，内部环境噪声较低，均符合规范要求，声学品质高。

创新型被动建筑体系

能源综合利用

- 采用建筑节能设备系统：如新风热回收系统、室内空气质量监测及新风自动控制技术、辐射供冷采暖技术、可调节外遮阳技术等。
- 采用清洁能源：如地源热泵技术、地埋管新风预冷（热）技术、太阳能技术等。
- 采用节水系统：如雨水利用系统、中水利用系统、生态景观水体、节水灌溉等。
- 采用节电照明系统：如太阳能光导管照明、人体感应及恒照度控制、绿色照明技术体系等。

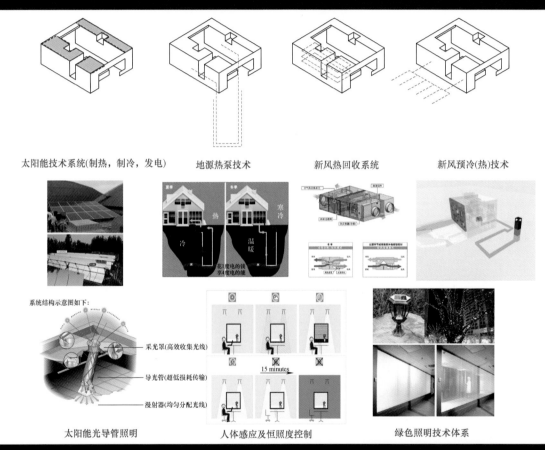

太阳能技术系统(制热，制冷，发电)　　地源热泵技术　　新风热回收系统　　新风预冷(热)技术

系统结构示意图如下：

采光罩(高效收集光线)

导光管(超低损耗传输)

漫射器(均匀分配光线)

太阳能光导管照明　　　人体感应及恒照度控制　　　绿色照明技术体系

节能照明技术系统设计

- 在保证光环境效果的前提下，选择能效高的光源和灯具产品。本项目全部采用 LED 灯具，主要区域的照明功率密度值为《建筑照明设计标准》（GB 50034-2013）中目标值的 60%；同时采用管道式日光照明系统（TDD），充分利用自然光，不使用电能，实现了照明节能最大化；在二楼部分办公室采用 PoE 智能互联照明系统，实现对灯具的供电、控制一体化；采用智能灯光控制系统，结合照明控制技术和自然采光，提供不同模式的照明(人感、光感、场景)，公共区域的照明采用红外、移动、存在感应装置，实现对照明的节能控制。

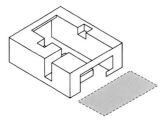

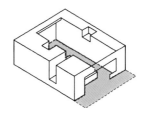

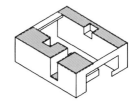

雨水利用系统　　　　　　　中水利用系统　　　　　　　生态景观水体　　　　　　　节水灌溉

水资源综合利用

- 北楼 2~4 层标准化办公室的卫生间采用整体式卫生间。
- 北楼采用直接式超 / 低温二氧化碳热泵机组制备卫生热水。
- 设有雨水回用系统，处理后的雨水用于绿化浇洒、水景补水、冷却塔补水。

智慧建筑技术系统

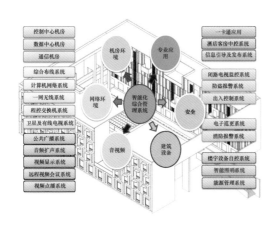

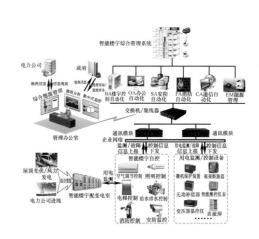

中建滨湖设计总部项目
The Lake Design Headquarters Of CSWADI

该项目为中国建筑西南设计研究院有限公司第三办公楼,旨在为员工打造一个充满活力和创意,同时能刺激员工交流思考的工作空间,并且工作之余还能有放松休闲的场所。

该项目共有 ABC 三个分区,这 3 个区域各自独立又共属一个综合区,因而大空间规划上各自分开同时又有二级道路连接。各个区域的不同属性给予相同的空间布局和建筑形态,使之依然可以成为一个整体。各区域均以最大化使用效率和各功能使用的舒适性为设计前提。

项目基地在兴隆湖畔,建筑坐拥开阔湖景,为了最大化地与周围环境相融合,整个建筑从北至南逐渐降低,以容纳之姿环抱兴隆湖,尽可能多的使建筑的每个角落都可以欣赏到自然美景。

总平面图

设计时间:2014 年 3 月至今
项目地点:成都市
建筑面积:78335.31m²
容 积 率:1.49
建筑高度:28.3m（7 层）
建筑密度:39.96%
设计单位:中国建筑西南设计研究院有限公司
主要设计人员:刘艺、唐浩文、伍末、文隽逸、毕琼、路越、陆萌、刘光胜、朱彬、冯雅、高庆龙、邱雁玲、窦枚、陈俊、刘希臣
绿色认证等级:绿色建筑三星认证
LEED 金奖认证标准

鸟瞰图

基地情况：

项目位于兴隆湖北侧，西侧为天投用地，东侧为大数据中心，北侧为鹿溪河湿地公园，用地面积为 31522.5m², 南北两侧有 5m 高差。

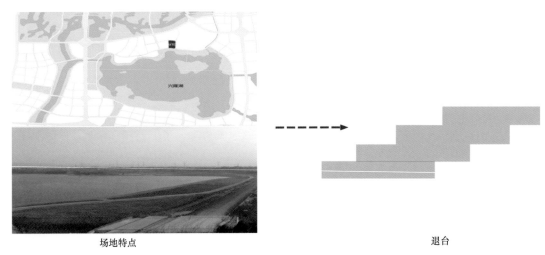

场地特点　　　　　　　　　　　　　　　　退台

设计策略：

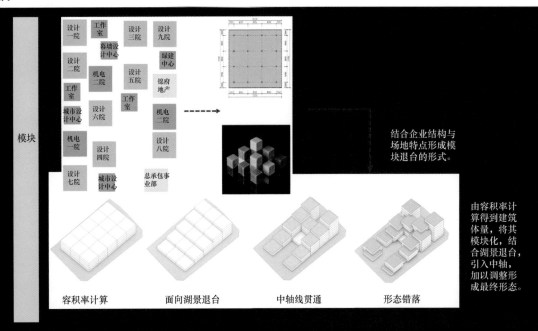

模块

结合企业结构与场地特点形成模块退台的形式。

由容积率计算得到建筑体量，将其模块化，结合湖景退台，引入中轴，加以调整形成最终形态。

容积率计算　　　面向湖景退台　　　中轴线贯通　　　形态错落

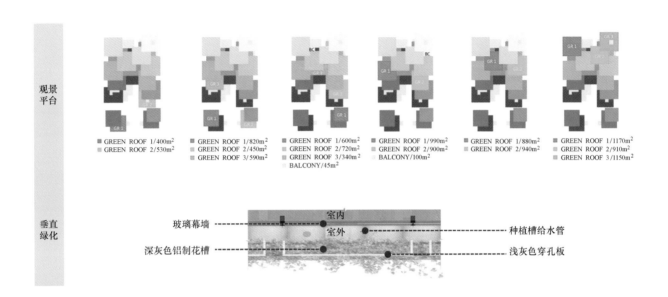

观景
平台

- GREEN ROOF 1/400m²
- GREEN ROOF 2/530m²

- GREEN ROOF 1/820m²
- GREEN ROOF 2/450m²
- GREEN ROOF 3/590m²

- GREEN ROOF 1/600m²
- GREEN ROOF 2/720m²
- GREEN ROOF 3/340m²
- BALCONY/45m²

- GREEN ROOF 1/990m²
- GREEN ROOF 2/900m²
- BALCONY/100m²

- GREEN ROOF 1/880m²
- GREEN ROOF 2/940m²

- GREEN ROOF 1/1170m²
- GREEN ROOF 2/910m²
- GREEN ROOF 3/1150m²

垂直
绿化

玻璃幕墙 ----- 室内
室外

深灰色铝制花槽 -----

种植槽给水管
浅灰色穿孔板

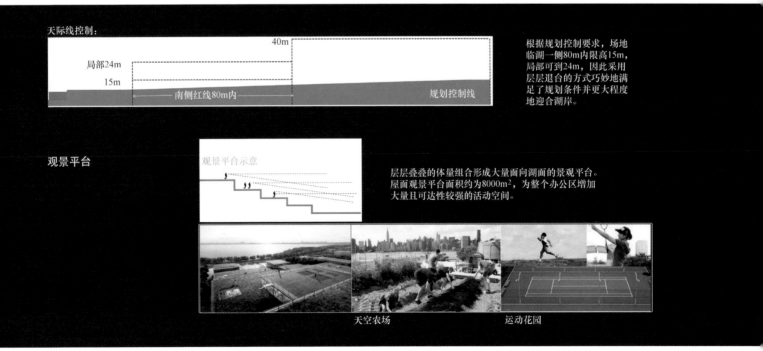

天际线控制：

40m

局部24m

15m

南侧红线80m内

规划控制线

根据规划控制要求，场地临湖一侧80m内限高15m，局部可到24m，因此采用层层退台的方式巧妙地满足了规划条件并更大程度地迎合湖岸。

观景平台

观景平台示意

层层叠叠的体量组合形成大量面向湖面的景观平台。屋面观景平台面积约为8000m²，为整个办公区增加大量且可达性较强的活动空间。

天空农场

运动花园

绿色建筑设计说明专篇

风环境模拟分析

- 对场地进行了场地风环境模拟分析，室外风环境计算了夏季、冬季、过渡季 3 个工况下风速、压力的分布情况，对建筑周边人行区的环境舒适性、自然通风的可行性等进行了分析。冬季室外 1.5m 处风速小于 5m/s，适合室外人行走；夏季、过渡季场地内人活动区不出现旋涡或无风区。

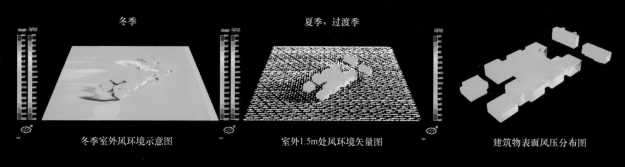

冬季　　　　　　　　夏季、过渡季

冬季室外风环境示意图　　　室外1.5m处风环境矢量图　　　建筑物表面风压分布图

自然采光分析

- 对建筑方案体块模型进行自然采光模拟分析，该项目建筑外立面主要是玻璃幕墙，主要的办公区域满足自然采光的要求；同时为了避免西晒和调节室内采光效果，在西立面加了外遮阳措施，以降低综合遮阳系数，达到节能的效果。

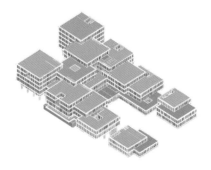

自然采光模型

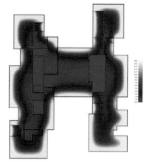

采光分析示意图

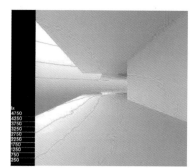

室内照度等值线图

建筑热工参数优化

- 综合考虑降低建筑能耗，在外窗的选择，屋面、墙体的保温层上进行优化。
- 在室外采用复层绿化、屋面可种植区域做屋顶绿化，并采用垂直绿化，起到降低立面夏季温度、净化汽车废气、美化环境的综合作用。

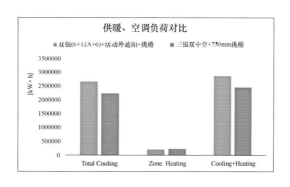

垂直绿化

- 双层建筑立面综合遮阳、垂直绿化、通风、采光等多元用途。
- 建筑景观利用雨水花园、车库通风天井等手段创造低碳环保的外部环境。

  - 雨水花园

  - 双层立面

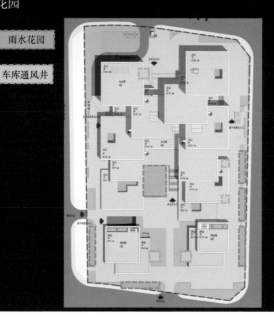

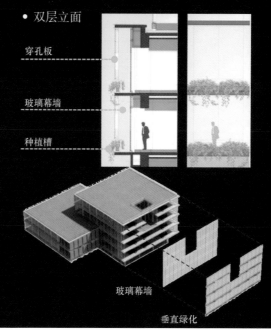

- 太阳能光伏系统使用场所：最高层屋顶，地下室车库的照明。本项目采用薄膜组件，不采用晶硅组件；弱光条件下性能更好（成都属于弱光地区）；防火等级更高；建筑艺术效果和整体协调性更好。

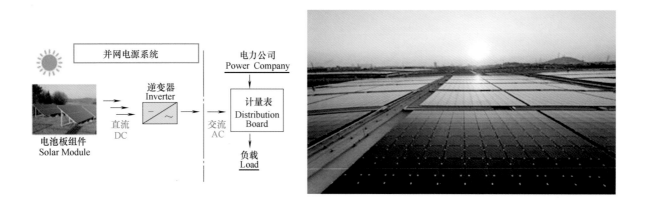

太阳能热水系统

- 为提倡绿色出行，本项目在非机动车库旁设置了淋浴间，采用两台电热水器制备集中热水，并在屋顶设置太阳能集热板做热水系统进水的预热，以减少电能的消耗，节约能源。

真空管太阳能集热器　　　　　　　　　　　　太阳能集热器

雨水回收利用系统

- B区地下一层设置雨水原水池，收集总平雨水管道弃流后的雨水，雨水原水池中的水处理后进入雨水清水池，再供至室外绿化浇洒管网供水景补水、总平和屋面及垂直绿化、道路及地下室浇洒冲洗使用。

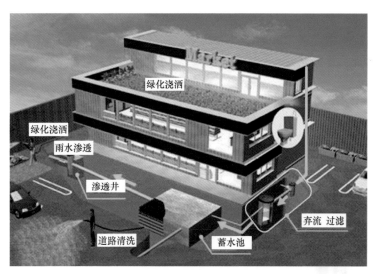

典型雨水回收利用示意图

绿化浇洒

绿化浇洒

雨水渗透

渗透井

道路清洗

蓄水池

弃流 过滤

光诱导照明系统

- 使用场所：用于绿建展示区门厅、部分办公区域卫生间。

光导管照明示意图

室外太阳能感应灯

- 使用场所：各屋顶部分庭院照明。
- 说明：在屋顶采用太阳能感应灯，无需市电电源供电，太阳自然光线充电后可长时间使用。同时，该太阳能灯具有感应功能及基本照度功能，在无人时，可设置10%基本照度（也可设置为关闭），当人员接近时灯光自动亮起。

室外太阳能感应灯

- 温湿度独立控制为一种设计思路，而非单指一种技术，它区别于传统的热湿耦合处理的思路，是空调设计的一种创新和今后发展的趋势。实现这种技术思路可以采用不同的技术手段达到，以这种思路为基础，也可发展出多元的空调末端类型。比传统空调形式预计节能率30%；相较热湿耦合处理方式人体舒适度更高。

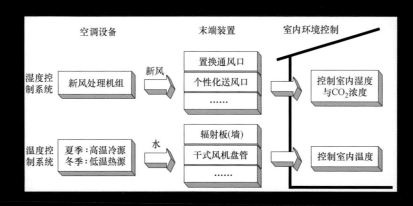

温湿度独立控制空调系统原理

分时灵活使用多联机系统

- 结合温湿度独立控制原理开发的高显热多联机系统。结合多联机可灵活使用及温湿分控节能性的优点。分区分时控制不同部门的空调使用情况，主动降低能耗，并有利于经济绩效分析，适合设计公司的工作特点。

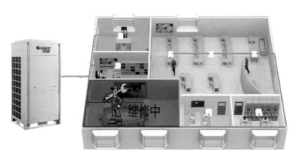

分时灵活使用多联机系统

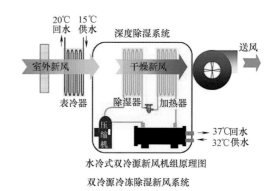

双冷源冷冻除湿新风系统

双冷源冷冻除湿新风系统

- 结合温湿度独立控制原理开发的新风处理系统。

绿色照明 LED 的应用

使用场所：地下室车库照明、公共区域照明

说明：采用 LED 灯能做到防雾、防尘、防火、低能耗、高功率因数、高光效、高显色、长寿命。

1. 地下车库总计 936 只荧光灯

1) 采用 T5 荧光灯功率为 28W+2W（镇流器），总容量 936×30=28080W；

2) 采用相同光通量 LED 灯容量为 16W，其总容量为 936×16=14976W；

3) 节约电量 28080-14976=13104W。

2. 公共区域

灯具数量根据二装深化设计。

气象跟踪自控天窗

使用场所：绿建展示中心天窗

说明：根据感应光线、雨水、风速等气象因素对天窗进行控制。

墙壁式开关

风雨感应器

工位 DALI 照明控制系统

使用场所：用于绿建展示中心

说明：采用恒照度控制方式，通过存在感应器判断办公工位是否有人，决定是否开启相应工位照明；根据办公室开窗情况、自然光照明情况以及办公工位桌面照度值，自动调节工位照明灯亮度。DALI 恒照度控制系统是目前最节能的办公区工位照明控制方式。

IBMS 综合应用平台

- 该平台能实现统一平台下信息数据交互（传统 IBMS），基于能耗系统与各智能化系统的联合能耗优化，实现多系统多部门之间的协同管理和安全预警应急响应机制。
- 能够降低设备运营维护成本，提高事件服务响应速度，保障设备安全稳定运营。

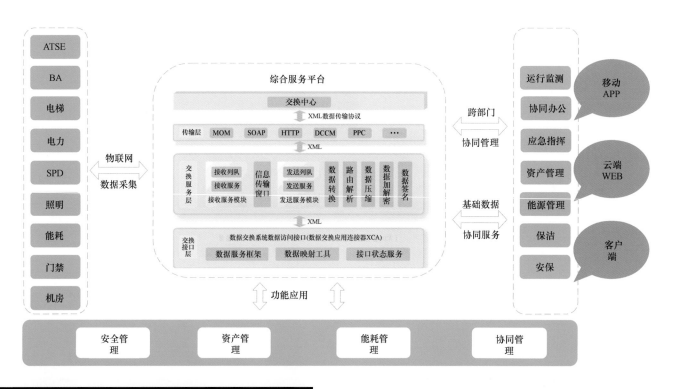

3D 组态及操作界面

- 地图上可以直观看到某个智能化设备实时情况、维护情况、运行情况、维护人员情况。
- 配合 BIM 模型结合实时数据对整个大楼的各种情况进行快速综合决策。
- 综合生成各种数据报表，促进优化大楼绿色运营。

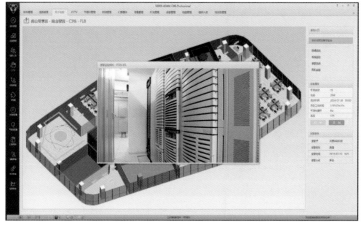

建筑设备监控系统

- 通过楼宇设备自动控制系统对建筑物内的设备进行状态、故障、参数监测和开关（启停）控制及工作状况调整。实现建筑空调、机电设备和设施的"节能＋可视化＋智能化"管理。

能耗监测管理系统

- 通过能效管理系统对建筑物内所有能源消耗状况进行监测分析，包括照明、插座、空调、电梯等用电以及燃气、用水，暖通热能等所有能源消耗的用量监测与用能管理，根据外界温湿度气候变化与整栋建筑总能耗相关性进行对比，找出能耗异常日以制定有针对性的节能整改措施；按照整幢楼不同楼层和公共设备层面建立关键能耗指标(KPI)并上传至政府综合管理平台，达到减少浪费，合理用能的目的。

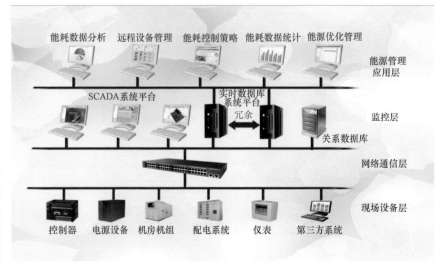

北京中海地产广场项目
Beijing Zhonghai Real Estate Plaza Project

北京中海地产广场是中海紫御公馆的配套公建，坐落在永定门外护城河畔，主要功能是商业办公楼。本项目在平面布置合理、功能配置舒适、立面设计简约而不失高贵的基础上，采用了先进的绿色建筑设计手段，深化节能设计。项目在2010年12月竣工并于次年初投入使用之后，以诠释健康办公、绿色建筑的理念得到了广泛的好评，并于当年8月通过了国家绿色建筑设计标识三星级认证。

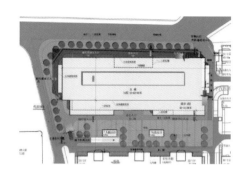

总平面图

1. 项目概况
1.1 建设地点
中海地产广场项目位于北京市东城区（原崇文区）南二环陶然亭桥东南松林里，可建设用地面积1.03hm³，北临南二环和护城河，与永定门及陶然亭公园遥相呼应，东侧为紫御公馆住宅部分。

项目地点：北京市
建筑面积：88813m²
建筑高度：63.90m
设计单位：北京市建筑设计研究院有限公司
设计完成人：田亮、李爱因、钟永新、白骏

项目区位图

1.2 设计定位
专用写字楼的功能：顶层及屋顶夹层预计的使用对象为中海集团。作为预计的总部大楼，中海集团企业形象要求多，其中对具有特色的办公空间的要求比率高，设计中按照具体的条件进行把握。

出租写字楼的功能：其余标准层预计的使用对象为市场的客户。作为租赁型的部分，使用者是不特定的多个企业或公司，对应于不特定的使用者，写字楼的灵活度十分重要，对办公的高效率的要求较多。对于较大的标准层（4150m²），需要考虑分幢管理，分幢设置机电系统的必要。

部分其他功能：首、二层的商业，地下一层的职工食堂，三、四层的办公会议等，需要满足灵活性、安全性、交通和运营等方面的要求。

小结：总体形象上，应有总部办公楼的特质，标准层的设计以租赁性质为主。

场地分析图

2. 设计构思

2.1 场地分析

本项目周边区域人文景观资源丰富,视野良好。北侧由东向西依次有天坛、永定门、先农坛公园和陶然亭公园等丰富的景观资源。总平面布局应充分考虑与景观的互动和利用。

2.2 功能组成

该项目性质为商业办公楼,总建筑面积 88813m²,其中地上 68382m²,地下 20431m²,建筑层数为地下 3 层,地上 16 层,建筑高度为 63.90m。平面布局地上首层为商业、办公大堂等,二层及以上为办公用房;地下二、三层主要为车库及机电设备用房,地下一层主要为车库、机电设备用房、职工餐厅、厨房等。建筑结构形式为框架剪力墙结构,合理使用年限为 50 年,抗震设防烈度为八度。

2.3 造型分析

结合紧邻城市快速路的立交桥实际情况，以动态观察造型设计为重点，以观察者在行进中产生的对建筑物和建筑空间而得到总体印象及感受为依据，采用计算机模拟的方式，从以下几个方面推敲造型设计，并取得预想的效果：

● 从不同角度观察整个空中轮廓线。

● 从陶然桥及二环路东西方向的道路上模拟建筑效果。

● 对整个街区的作用及对周围环境的影响。

● 建筑底部与周围环境的相互关系。

● 从看见建筑物及到达入口时的变化。

● 入口的位置、形态及易于辨别性。

为了更加科学的对建筑动态研究，根据有关资料分别设定了如下几种距离：

● 在距离20m以内，可以清楚地分辨每个人。

● 在距离30m以内，可以很好地识别每栋建筑。

● 在距离45m以内，留下对建筑物的印象。

● 在距离600m以内，可以清楚地看到建筑的轮廓线。

结论：项目沿二环主路展示面较长，有利于自身形象的展现，易于形成地标性建筑。在立面形式采用简约古典的形式，遵从严谨而经典的比例关系。力求通过严整的细节设计，端庄而稳重的气质形象，彰显中海集团"稳中求进、厚积薄发、卓尔不群"的发展理念。

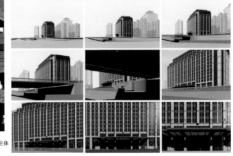

此区域可见完全建筑主体 ▨ 此区域可见部分建筑主体 ■ 此区域完全不可见建筑主体

动态观瞻分析

3. 设计说明及经济技术指标

3.1 设计说明

• 北京中海地产广场项目坐落在永定门外护城河畔，作为配套公建，其外立面风格简约大气，石材与玻璃幕墙的组合与紫御公馆的外立面十分协调，同时又不失商业办公项目的现代气息，一经问世就成为了该地区的标志性建筑。

• 作为一个优秀的建筑设计项目典范，该项目的优势绝不仅仅在于其合理的平面布置，舒适的功能配置，简约而不失高贵的立面设计，更重要的是在于其采用了先进的绿色建筑设计手段，深化节能设计。因此，该项目在 2010 年 12 月竣工并于次年初投入使用之后以诠释健康办公、绿色建筑的理念得到了广泛的好评，并于当年 8 月通过了国家绿色建筑设计标识三星级认证，建筑全年综合能耗约为《公共建筑节能设计标准》（GB 50189—2015）要求中规定的参照建筑相应能耗的 68.8%。

3.2 经济技术指标

松林里危改 8 号商业楼绿色建筑设计标识评审结果

等级	一般项（共36项）						优选项数
	节地与室外环境	节能与能源利用	节水与水资源利用	节材与材料资源利用	室内环境质量	运营管理	共12项
	共6项	共10项	共6项	共5项	共6项	共3项	
不参评项	0	1	1	0	1	0	0
★★★	5	7	4	4	4	2	8
结论	6	7	5	4	5	3	8

中海地产广场主要经济指标表

内容	单位	数量	备注
建设用地面积	公顷	1.03	
总建筑面积	m²	93488.09	
地上建筑面积	m²	68382.09	
地下建筑面积	m²	25106.00	含人防、设备用房
建筑高度	m	63.9	
机动车停车数	辆	550	全部地下停车
建筑密度	%	49%	
容积率		6.61	
绿化率	%	30%	

4. 绿色建筑设计说明

绿色建筑设计评价是由住建部科技司主导，依据国家规范《绿色建筑评价标准》（GB 50189—2015），对新建、扩建与改建的住宅建筑或公共建筑的进行评价。其等级分为一星、二星、三星。三星为最高等级。作为中国自主研发的推进可持续发展的标准和标识评价体系，该评价活动自 2008 年推出第一批建筑以来，引起了广泛的关注。相对 LEED 认证，该评定体系从适用规范、成本增量等方面更适合中国国情。本项目采用的绿色建筑措施包括以下内容。

4.1 节能与能源利用

• 外墙采用 40 厚挤塑聚苯板，外门窗、玻璃幕墙、采光屋顶采用中空 Low-E 钢化玻璃，屋面保温采用 60 厚挤塑聚苯板；

• 中央采暖热媒由市政热水（110℃ /70℃）供应；制冷系统共设两台水冷离心式制冷机和 1 台水冷螺杆式制冷机；冬季利用制冷系统冷却塔的冷却水作为免费冷源，为冬季内区供冷；新风机组带热回收装置；选用节能型无机房电梯；

• 各区域照明功率密度按《建筑照明设计标准》（GB 50034—2013）目标值设计，采用节能高光效荧光灯；

- 太阳能热水系统采用 16 块集热器，日产 60℃热水 4t，可满足热水总用水量 10% 的要求；
- 采用能耗分项计量系统对空调、照明插座、动力用电等分别计量监控。

4.2 节水与水资源利用

- 综合利用了各种水源，考虑了中水的利用。设计了完善的自来水给水系统，供应生活水点用水。中水为市政中水，主要用于建筑的冲厕、洗车与冷却塔补水等，非传统水源利用率达到 40% 以上；
- 雨水排放系统采用重力排放采用内排水系统，雨水由雨水斗收集后经悬吊管雨水立管排入小区内雨水排水管网；
- 生活给水由无负压设备提供，采用变频供水方式；中水给水系统不设泵房，由小区内的中水机房提供；
- 选用节水型卫生洁具，实现末端节水；
- 屋顶绿化和地面绿化分别采用喷灌与浇灌结合的方式，并设置单独用水计量装置；
- 采取了使用优质管材、管道连接及高效阀门等避免管网漏损。

4.3 节材与材料资源利用

- 采用预拌混凝土；
- 建筑内部空间采取了灵活隔断方式，非承重隔墙以 100 厚的增强水泥空心条板和玻璃隔断等轻质隔断为主；
- 土建装修一体化设计施工，减少了建材的浪费。

4.4 运营管理

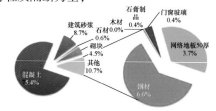

建筑材料分布

- 大堂、走道、电梯厅、卫生间、地下车库、室外等公众区域的照明系统采用总线式智能照明控制系统，通过预设程序，设定照明场景、定时自动控制等，并配合现场开关达到公共区域照明的节能控制和集中管理；
- 建筑设备监控系统对建筑物内的各类机电设备的运行、安全状况、能源使用和管理等实行实时的自动监测、控制和管理。系统监控对象包括电力、照明、电梯、冷源、热源、空调、通风系统、给水排水、智能绿化等；
- 远传计量系统主要应用计算机技术、通信技术、自动化技术，对电、水、冷热量等系统自动费，系统通过计算机及其网络系统对正在使用中的各种表具 (水表、电表、空调计量表等) 进行智能化管理和监控，实现抄表自动化和管理自动化。

4.5 室内环境质量

- 小进深、大面宽的建筑体形和合理的开窗设计，利于办公区域的天然采光。通过软件模拟计算，75% 以上的主要功能区天然采光满足标准要求；
- 西侧立面外呼吸幕墙设有电动卷帘窗，可灵活调节；
- 业主自用办公区域，空调送、排风系统每层支管上设电动调节风阀，根据排风口附近二氧化碳浓度自动调节风阀开度。

4.6 项目绿色成本增量分析

关于本项目绿色建筑增量估算成本，由于设计上的创新和对于绿色设计项目的优化，剔除不必要的成本增量，合理控制各项增量的比例，因此实际产生成本不足 100 万。设计之初对该办公楼项目的绿色技术和产品的增量成本进行了详细分析，通过分析计算可知，该项目的单位实际增量成本仅约为 11 元 $/m^2$。其中，太阳能光伏发电系统的增量成本最大，占总增量成本的 69.9%；其次是可调节外遮阳系统和太阳能热水，分别占 14.6% 和 10.5%。增量成本最小的为分项计量水表、电表，占总增量成本的 1.0%；再次是室内空气质量监测系统，比例为 4.0%（该项目的绿色技术和产品增量成本贡献率见右图）。

各项绿色技术和产品按绿色建筑的一级指标进行归类，节能引起的绿色建筑增量成本最大，占 81.4%，主要是太阳能光电和光热的增量

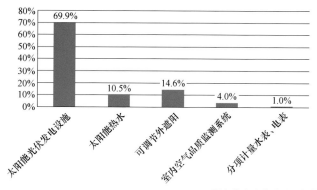

绿色技术成本增量贡献率

成本；室内环境质量占 18.6%，主要是可调节外遮阳和室内空气质量监测系统的费用。

5. 绿色技术使用评价

项目所采用的各项绿色技术措施已逐步显现出效果。屋顶太阳能光电装置产生的直流电经逆变器转换后接入楼宇电网，每天为楼座提供稳定的电量。太阳能热水提供了楼座部分高区卫生间热水的水量，目前三层已经可以正常使用。西侧双层呼吸幕墙隔热效果明显，客户基本感受不到西晒的不良影响。另外，绿色技术应用，作为重要的技术优势在项目的租赁推广中起到了良好的推动作用。

6. 设计创新点

北京中海地产广场采用的绿色建筑理念在设计中均经过充分论证和合理配置，而非新材料、新技术简单的堆砌。同时由于注重各种有效数据的收集、保存、整理，因而成为可推广、可借鉴、可应用、可复制的绿色办公建筑模式。2010 年 11 月获得国家级三星级绿色建筑设计标识证书。

北京公司凭借本项目的设计过程研究实用并具推广意义的绿色生态技术，以提高社会效益、经济效益和环境效益，达到节约能源、有效利用能源、保护生态、实现可持续发展的目标。并且能够通过绿色建筑设计实践与运营管理，跟踪和积累科研数据，使绿色建筑科研成果更完善，更具有实用意义，从而推动中海地产在绿色建筑设计方面的不断创新。

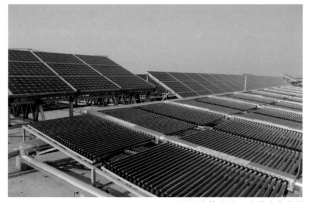
屋顶光伏电站、光热水集热器

光伏电站逆变器

大堂实景照片

入口实景照片

中建八局中建广场项目 1 号楼
CSCEC Plaza #1

中建广场项目（周家渡 01～07 地块）位于上海市浦东新区周家渡社区，整个地块总用地面积 16573.7m²，总建筑面积 75968m²，定位为 5A 级办公商业综合体，地上 2 栋塔楼为办公，裙房为商业。秉承中建八局和中建东孚绿色发展理念，项目致力于打造绿色设计、绿色施工、绿色运营一体化的标杆性绿色建筑示范工程。

其中 1 号办公塔楼为绿色三星及 LEED 金级双认证项目，于 2017 年 12 月获得美国 LEED-CS 铂金级认证，2015 年 12 月获得国家绿色建筑三星级设计评价标识。

设计时间：2014 年 1 月～ 2015 年 4 月
项目地点：上海市
建筑面积：3.8 万 m²（1 号楼）
容 积 率：3.0
建筑高度：80m
建筑密度：44.3%
设计单位：华东建筑设计研究院有限公司
中国建筑第八工程局
主要设计人员：钱涛、瞿燕

世界眼光

VISION OF GLOBAL

国际标准
INTERNATIONAL
STANDARD

环保低碳

ENVIRONMENTAL PROTECTION
LOW CARBON

高点定位
HIGH POINT
POSITIONING

1. 被动式低能耗建筑

　　建筑采用了超低能耗建筑法：降低建筑体形系数，控制建筑窗墙比例，完善建筑构造细节，设置高隔热隔音、密封性强的建筑外墙。使建筑在冬季充分利用太阳辐射热取暖，尽量减少通过围护结构及通风渗透而造成热损失，夏季尽量减少因太阳辐射及室内人员设备散热造成的热量。政务服务中心以不使用机械设备提供能源为前提，依靠建筑物的遮挡功能，达到室内环境舒适目的的环保型建筑，成为雄安市民服务中心具有示范性的"被动式房屋"。

比现行公共建筑节能标准节能 75% 以上	
序号	被动式超低能耗建筑室内环境参数
1	冬季供暖温度：20℃，相对湿度≥40%
2	夏季空调参数：26℃，相对湿度≤60%
3	新风量：≥35m³/（h·人）
4	夏季室内参数：26～28℃，相对湿度≤60%

高保温性能外窗 + 高保温性能围护结构 + 无热桥设计

被动式超低能耗建筑的设计采用高保温性能外窗、高保温性能围护结构、高气密性、无热桥设计，同时配备高效率热回收装置以减少能量散失，达到室内环境舒适的目的的环保型建筑，使建筑在冬季充分利用太阳辐射热取暖，尽量减少通过围护结构及通风渗透而造成热损失；夏季尽量减少因太阳辐射及室内人员设备散热造成的热感。

太阳能利用

在建筑塔楼屋面有限的空间中，集成应用太阳能热水系统和太阳能光伏系统，设置太阳能集热器 104.3m²，太阳能热水系统提供生活热水占比 37.7%；太阳能光伏发电系统装机总容量为 105.75kWp，利用光伏发电系统产生电量占总用电量的比例 3.31%。

采光中庭

中庭可以有效地吸收太阳辐射、改善自然采光，是影响建筑能耗控制的重要对象，同时中庭空间的出现，减小了建筑平面进深，这一点不仅有利于自然采光，也同样给建筑自然通风带来了好处。合理利用自然通风，既能改善室内空气品质，又能达到节能目的。

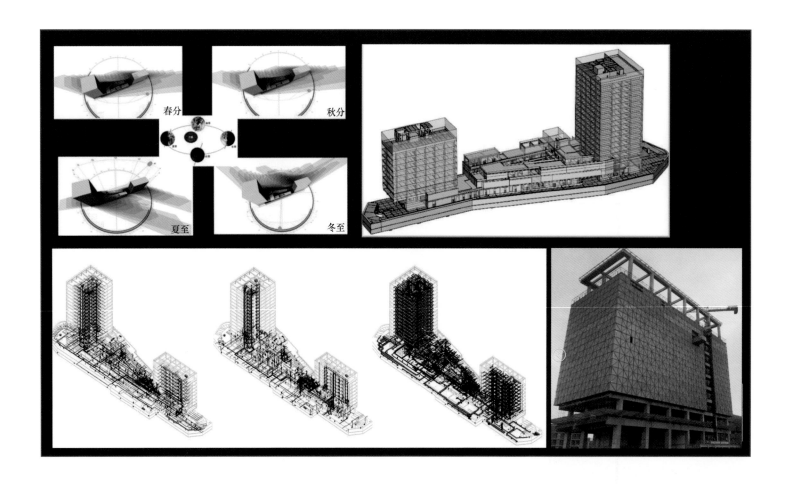

春分

秋分

夏至

冬至

2. BIM 技术
全程应用

设计 BIM：采用 BIM 可视化技术，能对建筑结构、日照、管廊进行动态演示，对建筑结构的尺寸、相符度进行考察，从而确定最优设计方案。

施工 BIM：BIM 技术＋智慧管理是目前项目精细化管理的最新模式，可实现实时读取进度、安全质量、成本数据；轻松实现施工现场远程控制管理；通过模型智能提取工程量；根据计划 - 进度分级智能预警；将管理目标精确拆分到单个构件；根据质检、安检流程实时跟踪进度；建设、设计、监理、施工多方协同；按照不同项目角色，灵活分配权限。

运维 BIM：链接开放式数据库连接将建筑物相关设施数据自 BIM 中撷取出来，以建立设施管理的数据库，作为设施管理的主要内容，透过管理软件可查询相关设施的数据，能降低维修之不便并避免错误，让使用者在使用阶段的维护管理能更方便且具效率。

① 自然环境分析

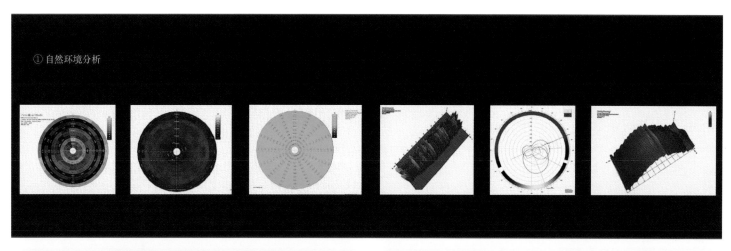

② 可适度分析

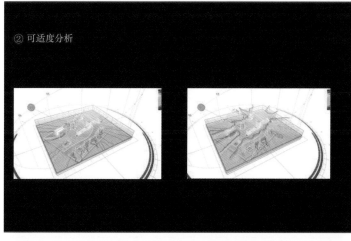

③ 风环境分析

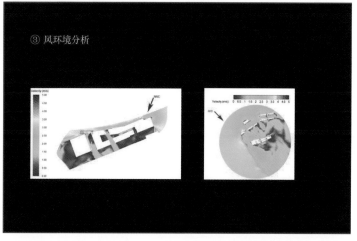

④ 声场分析

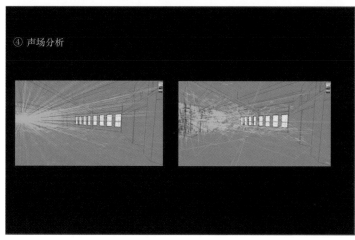

⑤ 舒适度分析

3. 冰蓄冷空调系统

采用冰蓄冷空调系统，降低运行能源费用；采用高效的空调冷热源，燃气真空热水锅炉额定热效率达到94%；采用变风量空调系统，水系统变频措施，降低部分负荷空调能耗；设排风热回收机组，回收空调冷热量，降低供暖空调负荷。

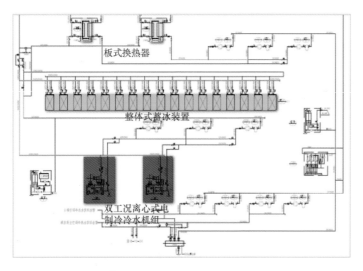

板式换热器

整体式蓄冰装置

双工况离心式电制冷冷水机组

太阳能光伏发电满足办公地下停车零能耗

太阳能光热系统满足大楼日常热水使用

安装 40 个新能源汽车充电桩

楼宇智能化能源管理系统

公共区域全 LED 照明系统

雨水回收 + 透水地面

冰蓄冷及余热回收

PM2.5 除尘系统

4. 绿色建筑

美国LEED–CS铂金级

深圳市建筑工程质量监督和检测实验业务楼绿色改造
Green Refurbishment of Shenzhen Construction Quality Supervision & Testing Laboratory Building

该绿色改造项目位于深圳市福田区振兴路1号，总建筑面积为8376m²，由南、北楼组成，分别建于1984年和1991年。其中北楼为砌体结构，建筑主体6层，局部2层；南楼为框架结构，建筑共7层。

这两栋建筑由于建设年代久远，已无法满足使用者的要求，故对其进行绿色改造，改造后将作为政府办公楼使用，达到被动式低能耗的智能舒适办公建筑的水平。主要改造内容包括：节能改造、主体结构加固、智能化提升等。

该项目是中建科技有限公司EPC总承包项目，改造过程中使用数十项绿色建筑技术，已获多个示范工程称号和国家级标识，主要包括：国家级"既有建筑改造绿色三星标识"、国家级"健康建筑二星标识"、国家科技部十三五重点专项"既有公共建筑综合性能提升与改造关键技术"示范工程、住房城乡建设部2017年"既有公共建筑及老旧小区节能宜居综合改造"示范项目、中国—新加坡绿色建筑委员会既有建筑改造示范项目、中美清洁能源合作第二批示范项目。

该项目已成为华南地区既有建筑绿色改造标杆性工程，也是既有建筑绿色改造的国际级示范项目。该项目探索了夏热冬暖地区既有公共建筑绿色化改造的技术体系，综合运用了多种绿色改造施工方法、绿色建筑技术及智能化技术，对既有公共建筑绿色改造具有借鉴意义。

设计时间：2017年6月～2018年5月

项目地点：深圳市

建筑面积：8376m²

容 积 率：1.87

建筑高度：23.02m

设计单位：中建装配式建筑设计研究院有限公司

主要设计人员：齐贺、王欣博、王静贻、田中省、钱骁、李丹、邢芸、鲁晓通、张芷瑞

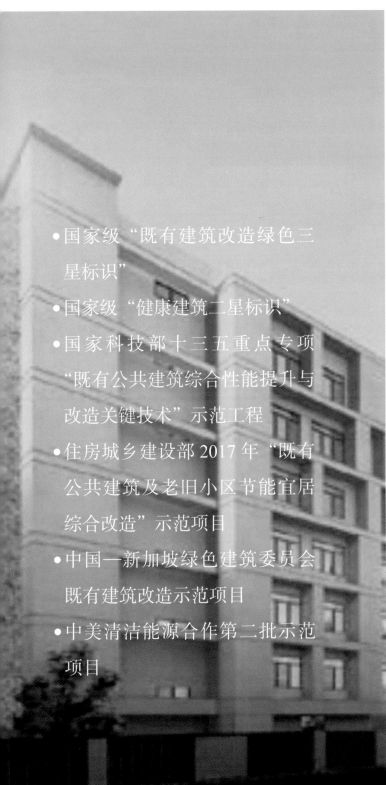

- 国家级"既有建筑改造绿色三星标识"
- 国家级"健康建筑二星标识"
- 国家科技部十三五重点专项"既有公共建筑综合性能提升与改造关键技术"示范工程
- 住房城乡建设部2017年"既有公共建筑及老旧小区节能宜居综合改造"示范项目
- 中国一新加坡绿色建筑委员会既有建筑改造示范项目
- 中美清洁能源合作第二批示范项目

项目改造理念

绿色、健康、节能、智能
以人为本、用户友好

1. 安全
性能整治

安全性能整治中采用了应变片、光纤光栅、分布式压电传感、分布式光纤、超声波检测等多种传感手段，结合我国 1970 ～ 1990 年代建筑物的特点，利用数学模型、数值模拟等方法建立一套有针对性的既有建筑改造过程中结构健康实时监测的系统。

基于光纤光栅的结构健康监测系统在此能发挥巨大作用。该技术把光纤光栅传感器安装在梁结构、墙体内部或表面，利用自主研发的可视化系统，对托换施工过程中框架结构的微小结构变化（应变、挠度）进行实时、远距离监测及安全预警，提高施工安全性。该监测手段精度可达微应变级别。

承重墙采用双面挂钢筋网喷射混凝土和双面挂钢筋网批抹砂浆方式进行加固处理；混凝土柱采用增大截面方式进行加固处理，同时新增部分框架柱；混凝土梁、楼板采用粘贴碳纤维方式进行加固处理。

改造后，抗震等级从六度提升到七度。

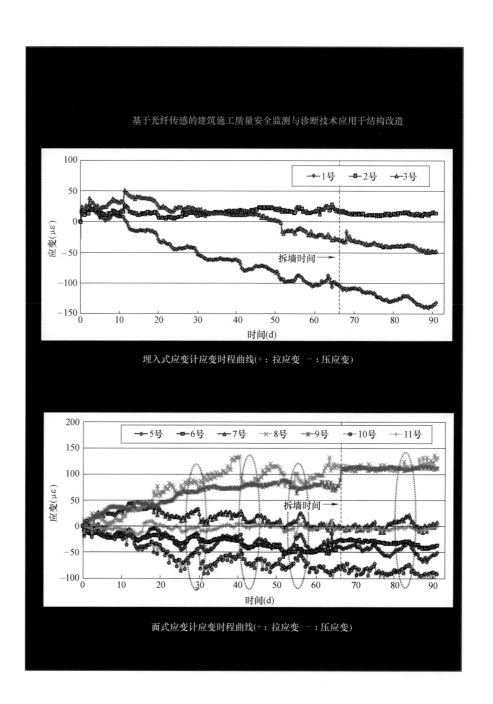

基于光纤传感的建筑施工质量安全监测与诊断技术应用于结构改造

埋入式应变计应变时程曲线（+：拉应变 －：压应变）

面式应变计应变时程曲线（+：拉应变 －：压应变）

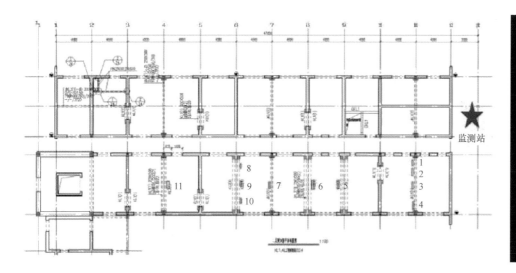

监测站

传感器安装点位图

　　在设计监测点位时，需对监测对象做出结构建模计算，确定结构薄弱点的位置，并对应设置监控点位。如无明确结构薄弱点，则需考虑分布式监测，即使用多个FBG传感器串联均匀布设在监测区域。

光纤光栅应变计布设在结构表面

　　表面式传感器安装时，需保证安装面有充分空间用于螺栓连接，螺栓连接需稳固并使用玻璃胶填缝。确保光纤光栅传感器和其附着的结构体获得同样的形变。

光纤布设在框架梁结构中

　　埋入式传感器安装于混凝土结构内部时，需将传感器及通讯光纤预先绑扎在钢筋笼上，之后支模浇筑。其绑扎位置需经过预先设计。在浇筑带有埋入式传感器的混凝土结构时，需精细控制振捣过程，避免振捣设备对传感器和通讯光纤产生破坏。

　　既有建筑改造过程中，常面临内部空间重新布局的场景，需拆除原有承重隔墙。此时宜采用托换施工法，使用新增框架梁柱托起上部负荷，再拆除原墙体。该过程存在很大的坍塌风险，因此必须对过程中梁、墙体的结构表现进行实时精准的监测。常规测量手段无法满足需求。

能耗模拟分析

　　根据建筑形状、围护结构参数以及空调系统参数，采用 EQUEST 建立模型，对该建筑进行了全年 8760h 的模拟。

　　影响建筑能耗的主要因素包括围护结构的参数（外墙传热系数、外墙太阳辐射吸收系数、外窗太阳得热系数等）、照明密度、设备功率及空调系统性能，逐项分析，选择最优设计方案。

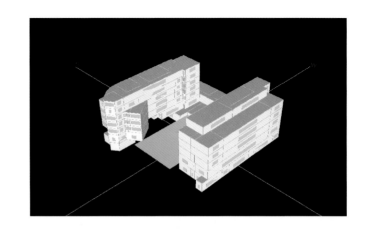

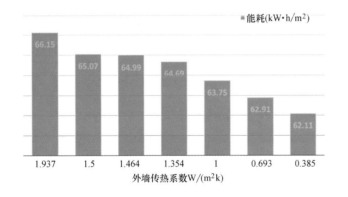

■ 能耗(kW·h/m²)

外墙传热系数W/(m²k)

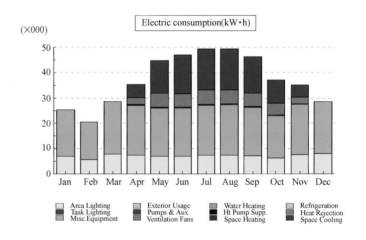

Electric consumption(kW·h)

(×000)

Area Lighting　　Exterior Usage　　Water Heating　　Refrigeration
Task Lighting　　Pumps & Aux.　　Ht Pump Supp.　　Heat Rejection
Misc.Equipment　Ventilation Fans　Space Heating　　Space Cooling

---

2. 建筑节能改造

　　建筑节能改造基于被动式超低能耗气候生物学分析既有建筑气候条件和舒适度并按《既有建筑改造绿色建筑评价标准》（GB/T 51141—2015）的要求，将不同类型的既有建筑节能改造技术分为被动式节能策略技术和主动式节能策略技术。

日照分析

　　模拟分析各立面日照及阴影分析，评估建筑物周围的太阳光参数及其在一年之类的变化情况。

　　由分析结果，建筑最佳辐射角度为南偏西 2.5°，南立面和西立面相应高度和屋面具备安装太阳能光伏系统的条件，需要做好太阳能光伏发电利用的设计，确保太阳能资源充分利用。

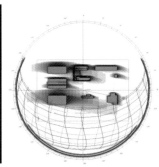

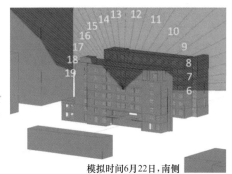

模拟时间6月22日，南侧

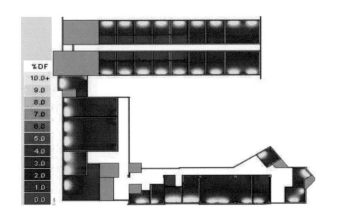

采光分析

　　改造后的建筑外立面采用预制 PC 遮阳构件，通过模拟分析构件角度及布置位置，再通过节点分析实现遮阳构件与建筑干式连接。为了分析外遮阳百叶窗的使用效果，模拟夏至日当天该楼不同遮阳状态进行分析。建筑物的遮阳状态分别为：无遮阳、有遮阳，遮阳百叶的最佳角度分析。

　　最佳遮阳角度为南偏西 2.5°，采用混凝土遮阳百叶之后，室内照度小的区域明显增多，采光系统明显减小降低到 4%～6% 之间，说明可以起到明显的遮阳效果。

风环境与通风分析

　　深圳夏季以偏南风为主，气候湿润，风力偏小，小于 10km/h。利用 CFD 对室内进行通风模拟，室内风速最大值为 1m/s，大部分区域的风速在 0.1～0.5m/s 之间，整体风速分布有利于室内热舒适。主要功能房间空气流动较为理想，风速分布较为合理，利用办公设备布置可以使人员活动区域处于通风良好区域。

　　通风分析可指导通风及空调设计，主要功能房间可以采用自然通风，其他房间需设置机械通风 VRV 空调系统；或者为了保证每个室内的通风环境舒适，各房间均设置机械通风系统，但是自然通风理想区域优先利用自然风。

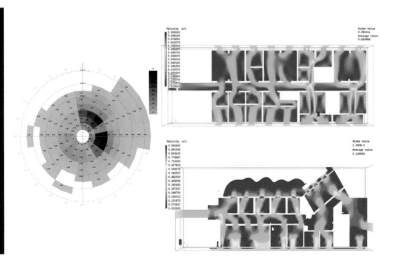

3. 绿色建筑
及健康建筑改造

综合应用多种绿色建筑技术

资源材料回收利用 | 节水系统 | 全热新风回收系统

VRV 室外机组加装喷淋系统 | 园林绿化 | 垂直绿化 | 直饮水系统

屋顶光伏利用可再生能源 | 无障碍通道 | 室内环境监控

① 资源材料回收利用

　渣土制砖，用于内墙封洞；

　拆除铝合金窗框用于立体绿化爬架；

　外立面混凝土构件用拆除破碎的瓷砖做骨料。

② 节水系统

　雨水收集；

　透水地面；

　采用Ⅰ级节水器具。

③ 导光管系统

　导入自然光；

　节省人工照明。

④ VRV 室外机组加装喷淋系统

　风力驱动，自动向过热室外机喷水降温，可减少能耗 10%；

　空调系统冷暖两用 VRV 多联机空调系统，空调室内机使用 180° 正弦波直流变频技术，可减少能耗水平 30% 以上。

⑤ 全热新风回收系统

　新风标准为 30m³/ 人；

　室外空气热湿回收通过全热回收实现近 75% 的湿回收。

⑥ 无火连接

　无需动火证、施工现场无明火，无火灾隐患；

　无需充氮保护施工和清洁管道；

　快捷施工、无需特殊技能；

　无焊接产生的质量问题；

　无有害物质排放、绿色节能环保。

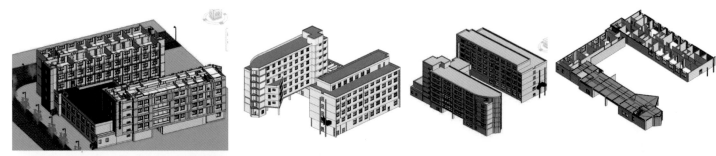

4. BIM 信息化应用

BIM 结合三维激光扫描技术在既有建筑改造中的应用。早期既有建筑存在图纸缺失的问题，利用三维激光扫描采集点云数据，导入 BIM 软件进行逆向建模。

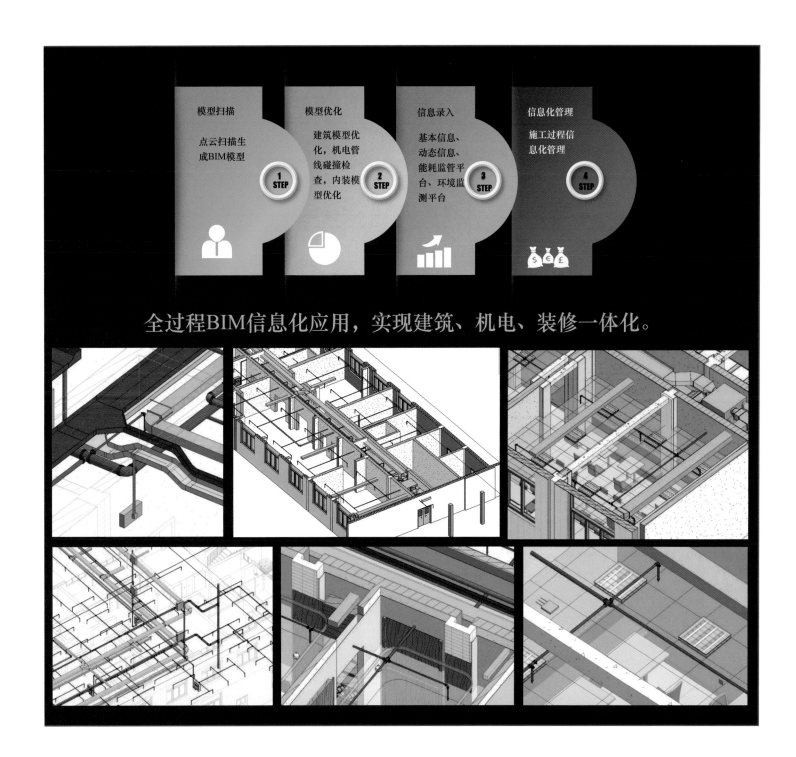

全过程BIM信息化应用，实现建筑、机电、装修一体化。

5. 智能化
能耗监控平台

系 统架构分为四层结构，核心层为能耗监测系统，底层的物联数据采集到接入层通过数据处理模块继续将数据上传至能耗监测系统，所有数据都可以通过智能报表平台进行大数据分析和展示，系统也可以与BIM进行对接进行交互和能耗数据的实时展示，实现部分设备的远程控制。

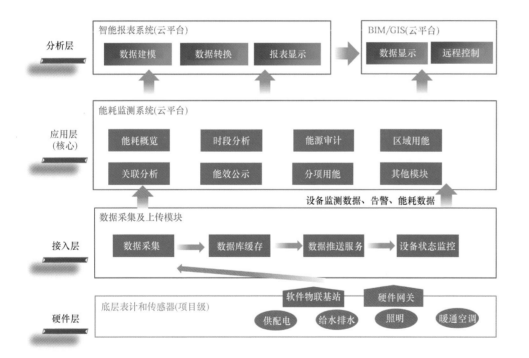

能耗监控系统功能主要是对项目能源系统生命周期实际数据的汇总和分析管理，包括数据监测、数据统计、数据评估、绩效排名、公示、诊断、大数据分析、定额管理、运维保障等。

设 计 原 则

◆ 标准性原则

  系统建设过程中，遵循符合住房城乡建设部的标准要求

◆ 先进性原则

  系统在设计思想、系统架构、采用技术、选用平台上均具有一定的先进性、前瞻性、扩充性

◆ 实用性原则

  符合建筑能耗现状和管理模式，尽可能用简单、统一、可靠、易于使用的方式来实现

◆ 可扩展性原则

  系统采用开放性协议，兼容各种符合技术导则要求的电表、水表等标准化设备

◆ 安全性原则

  保证访问安全和数据安全

◆ 经济性原则

  在满足功能需求的前提下提高经济性，充分考虑降低初期建设投资、运行费用和维护费用

可视化设备设施运维解决方案

◆ 资产可视化

  能耗监测系统与 BIM 模型双向联动，定位设备的空间分布，查看设备运行状态，并管理展示系统中设备的全生命周期信息。

◆ 空间可视化

  能耗监测系统中的位置与 BIM 集成，实时双向联动，直观展示楼宇空间分布，跟踪楼宇空间（房间、停车位、工位等）的使用情况。

◆ 自动巡检（需结合物联或 CCTV）

  设备自动巡检：适用于已有物联或智能系统的设备，定期进行数据采集；

  环境巡检：结合模型"巡航"和摄像头，实现建筑物楼内的实时巡查。

◆ 故障定位及工程方案确定

  直观定位故障部位，提升工作效率；最小化降低破坏，合理制定方案，降低成本。

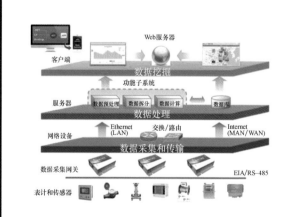

二〇二二冬奥会·崇礼太子城国宾山庄项目
Beijing New Airport South Airways Base Project

北京 2022 冬奥会国宾馆是将绿色设计融入中国传统院落和山地设计之中。作为冬奥期间接待国家元首的场所，全面建立了对标国际一流标准的绿色设计系统，在绿色建筑三星设计标准基础上，为冬奥场馆及周边雪场提供示范样板，引领冬奥绿色建设标准。

项目位于 2022 冬奥会张家口崇礼太子城赛区，整个赛区以"尊重自然、集约资源、中国风格、国际标准"为设计理念。国宾山庄片区位于赛区南部山谷，划分为若干个地块，本项目地块编号 02，建设用地面积 19421.8m²，地势北高南低，西高东低。以"山、园、院、景"为核心设计理念，设计规模约为 7000m²，30 个普通房间 +1 间总统套房，主要功能为冬奥会期间接待国宾所用。延续核心设计理念，综合考虑冬奥会期间以及会后运营可持续发展，设计规模约为 1 万 m²。

设计时间：2018 年～ 2019 年
项目地点：河北省崇礼市
建筑面积：9127.34m²
容积率：0.31
建筑高度：15m
建筑密度：23.37%
设计单位：中国中建设计集团有限公司
主要设计人员：薛峰、沈冠杰、任中、唐一文、王为、凌苏扬

绿色设计特点
Green design features

顺应山势
Ultra low energy consumption

最小挖方量

建筑顺应山势生长而出，建筑和园林交相辉映，自然融合，建筑地基采取台地形式，计算用地范围内山地原地形标高并计算台地在不同标高的挖方填方量，最终根据原地形走势，形成三级台地，做到土方平衡。

整体围护
Health and comfort

保温—承重—装饰一体化外墙板

项目采用最新研发的轻质微孔混凝土围护结构技术体系和产品，采用了建筑工业化围护结构装饰—承载—保温一体化方案，即 CFC 轻质多孔混凝土围护结构，该成果总体达到国际先进水平。

当地石材
Smart system

以当地山体挖方石材为原料的外墙

在建造过程中收集当地山石并采用环保工艺制成掺有山石骨料的外饰面挂板，即保证当地材料的再利用，又使建筑有机融入山体环境之中。

人体健康
Assembly construction

引入人体健康舒适设计体系

室内空间舒适性设计以影响人体健康的各主要系统为基准，利用空间舒适性特征设计与环保材料的选择保证人体心血管系统、神经系统、呼吸系统等得到建筑空间最积极的影响。

1.最小挖方生长建筑

国 宾馆位于崇礼太子城山地地形之上，设计理念尊重地形地貌，建筑顺应山势生长而出，建筑和园林交相辉映，自然融合，建筑地基采取台地形式，计算用地范围内山地原地形标高并计算台地在不同标高的挖方填方量，最终根据原地形走势，形成三级台地，做到土方平衡。该方法保证了最小挖方量，即对当地原生地貌最小破坏，在台地上布置各组建筑院落，建筑形态顺应山势错落，随后推敲建筑形态、尺度，组织建筑与山景园景关系，细化建筑与环境肌理，完成"建筑生长"设计过程，形成生长于山中，隐于山中的台地建筑。

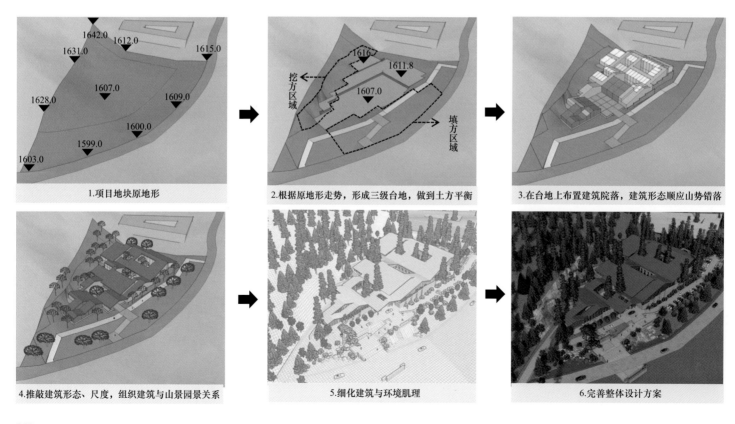

1.项目地块原地形

2.根据原地形走势，形成三级台地，做到土方平衡

3.在台地上布置建筑院落，建筑形态顺应山势错落

4.推敲建筑形态、尺度，组织建筑与山景园景关系

5.细化建筑与环境肌理

6.完善整体设计方案

一体化外墙板技术

　　项目采用最新研发的轻质微孔混凝土围护结构技术，使围护结构装饰—承载—保温一体化：

- 保温层是由在基材和骨料中含大量封闭孔隙的微孔混凝构成，保温层与持力层一体化无缝结合；
- 持力层为普通钢筋混凝土，受力筋和构造筋依据设计要求配置；
- 墙体外装饰层为清水饰面或各种纹理饰面，可适应不同工程对建筑外墙造型和审美的需求；
- 墙体外表面具有防水、耐污、耐候性强等特点；而且墙材属于无机材料制品，耐火等级达到A1级；
- 墙体装饰层、持力层和保温层一体化浇筑成型，免去现场保温层湿作业，不受季节影响。

$2._{.}$　一体化
外围护外墙板

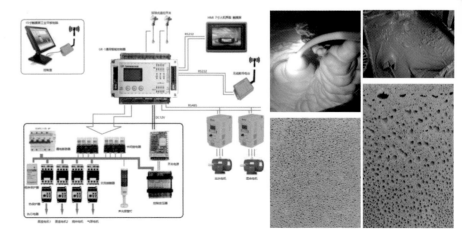

3. 当地山体挖方石材为原料的外墙

环保再造石的装饰面层有多种形式，根据建筑装饰要求可以设计成清水混凝土、仿石材纹理混凝土、仿木材纹理混凝土、仿石砌体外观、清水砖墙风格饰面以及露骨料混凝土饰面等。上述纹理都可以通过制作底模和浇筑面层的工艺手段实现，清水混凝土面层按相关施工要求浇筑，其他纹理的采用细石混凝土或砂浆浇筑，一般厚度为 4～15mm；彩色拌合物采用在其中掺入无机颜料（主要为氧化铁系列），并搅拌至充分均匀的工艺来制备，颜料的匹配和掺量根据建筑设计对装饰效果的要求来确定，制备彩色混凝土混合料或砂浆不能和普通混凝土共用搅拌机。

4. 引入人体健康舒适设计体系

- 心血管系统舒适设计
- 空间舒适性特征与环保材料

心血管系统包括心脏、血管和血液，本项目在设计时关注对心血管健康有着重要影响的各个因素：压力、营养、健身和环境污染物。空间的舒适性特征设计能够减轻压力，并有助于保持人体内的激素平衡，环保材料的使用则消除空气中直接危害心脏和血管的环境污染物（如香烟烟气和挥发性有机化合物）也有助于保持良好的心血管健康。

 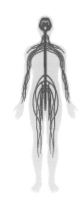

- 神经系统舒适设计
- 活动空间布局与睡眠质量保证

神经系统包括中枢神经系统（由大脑和脊髓组成）和周围神经系统（由神经组成）。设计通过各种干预措施为神经和认知功能提供支持，并将此视为重中之重。相关特性旨在限制人体接触到空气和水中的环境有毒物质、鼓励平衡饮食和适度的身体活动，并通过实施各种舒适措施提高睡眠质量并减轻压力。

- 呼吸系统舒适设计
- 内饰选材把控与通风设计

呼吸系统包括口腔、鼻腔、横膈膜、气管和深入肺部的呼吸道。呼吸系统与循环系统协同工作，以提供氧气并去除人体组织中的二氧化碳。呼吸系统舒适设计的特性有助于提高我们呼吸的空气质量、限制人体接触到霉菌和微生物，并提供更多加强健康的机会，从而促进最佳的呼吸系统功能。消除环境空气中的挥发性有机化合物和颗粒物有助于防止肺部受到直接损害。减少霉菌和微生物可降低发生感染和过敏反应的几率。健身特性有助于提高肺功能，并有利于整个呼吸系统的强健性。

西安迈科商业中心项目
Xi'an Maike Commercial Center

　　西安迈科商业中心位于高新产业开发区中央商务区（CBD）内，总建筑面积22.6m²，包括办公塔楼、酒店塔楼及裙房三个单体。办公楼45层，结构高度为207.25m，酒店36层，结构高度为153.85m；两楼在21层和22层（标高93.4～标高106.55m）通过桁架连廊连为一体。地下室为4层，埋深21m（包括筏板厚度），裙房共4层，裙房结构高度24m。规划净用地面积：20007m²，规划地上计入容积率建筑面积：150132.2m²，容积率：7.5。

项目名称：西安迈科商业中心
建设单位：西安迈科商业中心有限公司
建设地点：西安市高新区锦业路与丈八二路口
设计/竣工时间：2013年11月/2017年5月
使用功能：商业、办公、五星级酒店
用地面积：20007m²
建筑面积：226000m²
建筑高度/层数：办公楼45层/207.25m，酒店36层/153.85m，裙房4层/24m
建筑方案：CallisonRTKL
建筑施工图和现场配合：
中国建筑西北设计研究院有限公司：李冰、刘西兰、白涛、冯青、闫冰、刘宗辉、任同瑞、赵波、荆罡、亢勇、樊浩、刘秦超、牛小磊、钟义梅、张博韬、郭军、赵明明、田程程
绿色认证等级：绿建两星、美国 LEED 银奖

西安迈科商业中心项目位于西安高新区丈八二路和锦业路口，项目由高度207m的办公塔楼、155.8m的酒店塔楼和位于百米高空的桁架连廊三部分组成。超高层双塔连体结构体系复杂。是目前国内第一个采用钢管混凝土柱框架—钢中心支撑核心筒—连体钢桁架结构体系的项目。

223

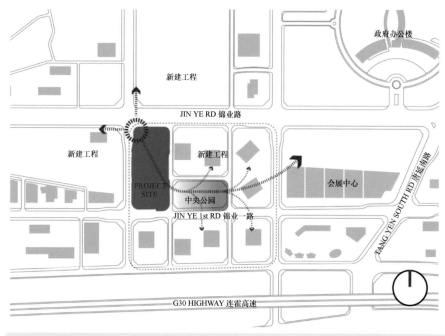

基地东南侧是城市公园，西北和东侧是超高层集中的CBD区域，总平面设计时通过一条对角线的通道联系了城市中心区和城市公园，同时，这条通道也使得45°相邻的办公和酒店两大功能空间之间有了清晰的分界。通过精细的交通组织，协调解决了办公、商业、酒店多种人流、车流。

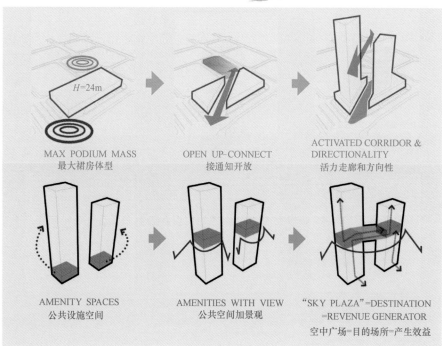

| MAX PODIUM MASS
最大裙房体型 | OPEN UP-CONNECT
接通知开放 | ACTIVATED CORRIDOR &
DIRECTIONALITY
活力走廊和方向性 |
| AMENITY SPACES
公共设施空间 | AMENITIES WITH VIEW
公共空间加景观 | "SKY PLAZA"=DESTINATION
=REVENUE GENERATOR
空中广场=目的场所=产生效益 |

用地内北侧是高度较高的办公塔楼及底层的商业裙房，南侧是酒店塔楼及商业裙房空间和酒店的宴会厅等功能，建筑设计时通过塔楼平面与城市路网构成一定角度，使得本项目相对于周边地块的方正塔楼而言，每层每个方向都拥有了更独特的良好朝向和城市视野。

把传统的底层公共空间，抬高到一定高度。增加公共设施的景观价值，结合连廊连体建筑，扩大标志性的同时，增加了目的性场所，增加效益。

利用遮光系统软件模拟和冬夏两季的太阳阴影区域的动态模拟，明确了两个建筑物的阴影范围；一方面，办公塔楼和酒店的南面，在夏季时通常会吸收很多热量，因此设计者提供了结合幕墙的遮阳方案，这个方案丰富了立面美感，并同时提高了建筑物的节能性能，以降低办公大楼的空调负载。另一方面，办公大楼的裙楼零售区，处在了阴影区，得到很好的遮蔽，使幕墙开启扇可以更多地处在打开状态，不至于加重空调系统的负荷。

西安迈科商业中心

纬度：34.19436

经度：108.8765

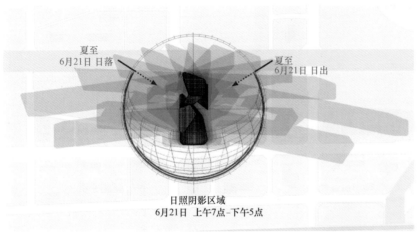

日照阴影区域，6月21日

可持续性与环境设计策略

迈科西安商业中心是通过若干可持续性环保策略构想出来的。这些策略已通过基于构思设计的初步研究得以应用，并在后来被一般大众用于微调建筑物朝向、建筑物外壳以及构架。下文给出这些策略的概要并简要说明最终建筑物如何应用这些策略来产生更高效、更节省成本的建筑制品。

遮光系统分析

遮光系统设计检测是指利用太阳光源来检测冬季和夏季太阳产的阴影区域，因此在设计立面及建筑物朝向时可预测所有伴随阴影和光发射。我们的研究已证明，两个建筑物之间的区域在冬季和夏季都处于阴影内。这就使得办公大楼的南面向阳，在夏季办公时间通常会吸收很多热量，因此需要加以遮蔽，以降低作用于高达125m的整个办公大楼的机械负载。办公大楼的裙楼零售区也得到很好的遮蔽，使幕墙打开，不至于成为作用于机械系统的负荷。

日照阴影区域，12月21日

通过太阳辐射分析，我们的设计小组能够了解建筑物的每个立面，因此幕墙能够针对一个太阳年内的热增量或热损失做出响应。这些角度及太阳强度使设计小组了解需要特别注意的立面区域。

最高平均辐射得热

东南面

最多热量获取不受酒店或桥体量的阴影影响

东面

东南面

南面

西面

南面：办公塔楼上的酒店塔楼阴影

最低平均辐射得热

南面

东南视角

西南视角

最高平均辐射得热

东面

北面 最少热量获得面

东北面

东北面

西北面

东南面

北面

西面

最低平均辐射得热

设计创新内容

建筑平面设计时，采用多项生态可持续策略，利用日照太阳罗盘工具的计算机模拟，分析出由于夏季更多的热负荷集中于建筑的南向和西向，设计中特别对建筑平面形状进行了调整。酒店大楼直接向南的面宽减少，使朝南的面呈三角形，尽量减少了朝向夏季最大热负荷的面宽；在西侧，由于酒店标准层的面积要求，导致西面很长，所以将该侧客房的深度缩减到 5m，以减少该朝向的客房数量，从而减少采暖通与空调系统的荷载。与此同时，办公大楼的几个面也与热负荷最大的朝向形成一定角度，让西立面避开正面极端的日照。

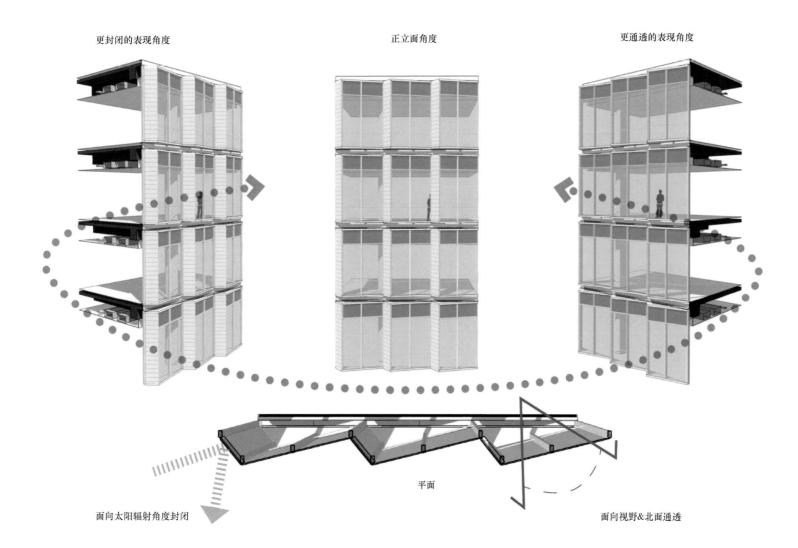

更封闭的表现角度

正立面角度

更通透的表现角度

平面

面向太阳辐射角度封闭

面向视野&北面通透

给水排水绿色节能设计

制定水资源规划方案，统筹、综合利用各种水资源：水源为城市自来水和城市中水。自来水从南侧锦业一路及东侧规划路各引一条 DN200 供水管，接入区内后成环布置。中水从东侧规划路引入一根 DN100 供水管。用水定额选择：酒店客房用水量标准 400L/ 床·d，最高日用水量 1233.5m³/d，最大小时用水量 121.5m³/h；办公用水量标准 50L/ 人·d，最高日用水量 1211，2m³/d，最大小时用水量 107.3m³/h；酒店中水最高日用水量为 44.74m³/d，最大小时用水量 11.199m³/h。

电气专业说明

1. 变电所尽量深入负荷中心，缩短低压供电半径，以减少线路损耗。

2. 合理确定变压器容量，将变压器的负荷率尽量长时间控制在变压器运行效率的最高点附近，即变压器的负荷率的取值范围以 70% ～ 80% 为宜；变压器选用低损耗节能干式变压器。制冷机房的空调设备只供夏季使用，单独设变压器，以便不用时切除掉，减少变压器损耗。

3. 无功功率因数的补偿采用集中补偿和分散就地补偿相结合的式，变电所采用低压集中补偿方式，补偿后的功率因数不小于 0.92；荧光灯选择电子镇流器或节能型高功率因数电感镇流器，使单灯的功率因数不小于 0.92。

4. 根据照明场所的功能要求确定照度值、照明功率密度值（LPD），统一眩光值（UGR），照度均匀度（U0），显色指数（Ra）。严格以《建筑照明设计标准》（GB 50034—2013）的要求设计，并达到其目标值。

5. 采用高光效光源、高效灯具，合理选择照明控制方式。公共场所采用智能照明控制系统，进行集中自动控制、节能管理。

6. 采用建筑设备管理系统 (BA) 对给水排水系统、空调系统、采暖通风系统等机电设备进行监控，达到最优运行方式，以获得节约电能的效果。

7. 选用高性能配电产品，降低自身损耗。

8. 按照明、空调、电梯、水泵、洗衣房、厨房、弱电机房等分项设计量装置，通过内部考核管理，节约电能。

寓意丝路飘带的折线造型使得建筑更有标志性

暖通专业绿建专篇

1. 本建筑场地内无排放超标的污染气体。

2. 本工程未采用电热锅炉、电热水器作为直接供暖、空气调节及加湿系统的热源。

3. 平时机械通风系统单位风量耗功率均小于《公共建筑节能设计标准》规定的限值。

4. 制冷机组能效指标符合《冷水机组能效限定值及能源效率等级》（GB 19577—2004）之要求。

5. 低区空调系统冷冻水供回水设计温度为 5.5℃ /11.5℃，低区空调系统冷冻水供回水设计温度为 7℃ /13℃。

6. 空调系统供回水主管间设置压差旁通装置，各分支管设静态平衡阀，空调机组、新风机组水管上均装设动态平衡电动两通调节阀，风机盘管水管上均装设电动两通阀。

7. 空调系统补水经全自动钠离子交换器软化处理后，供给空调系统。

8. 空调冷热水系统循环水泵耗电输热比符合《公共建筑节能设计标准》规定值。

9. 除办公塔楼部分的变风量空调系统外，其他全空气系统均为单风机系统，结合排风机进行通风换气。过渡季节可以根据室外温度全新风运行。空调机组回风管上均设置测温元件并配置冬夏季运行转换开关，通过温度变送器调节机组冷（温）出水管上的电动两通阀的开度，以满足冬、夏季房间的温度要求。配套与全空气空调系统的排风机均采用变频调速，正常运行时根据所服务室内区域内的 CO_2 浓度控制排风机转速，以保证室内空气品质要求。

10. 本工程中设备用房以及产生废气、不良气味气体、有害气体的房间，均根据国家相关规范及标准设机械排风系统。部分重要房间设置有害气体监测报警系统，并与对应的排风系统联锁。

11. 本次设计的风机、水泵均采用高效节能产品，并满足《中小型三相异步电动机能效限定值及能效等级》（GB 18613）、《通风机能效限定值及能效等级》（GB 19761）、《清水离心泵能效限定值及节能评价值》(GB 19762) 的相关要求。

12. 空调系统均设置冷、热计量装置。

13. 制冷换热机房控制系统、空调系统控制均与楼宇自控系统结合。

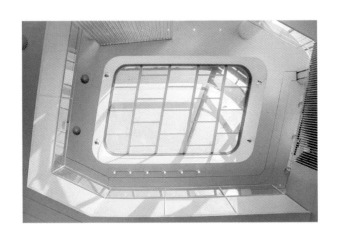

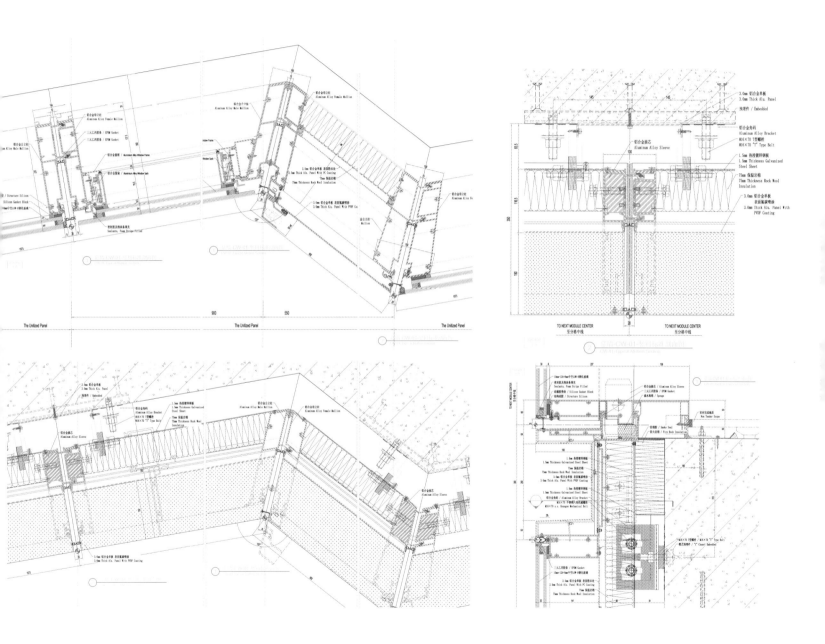

235

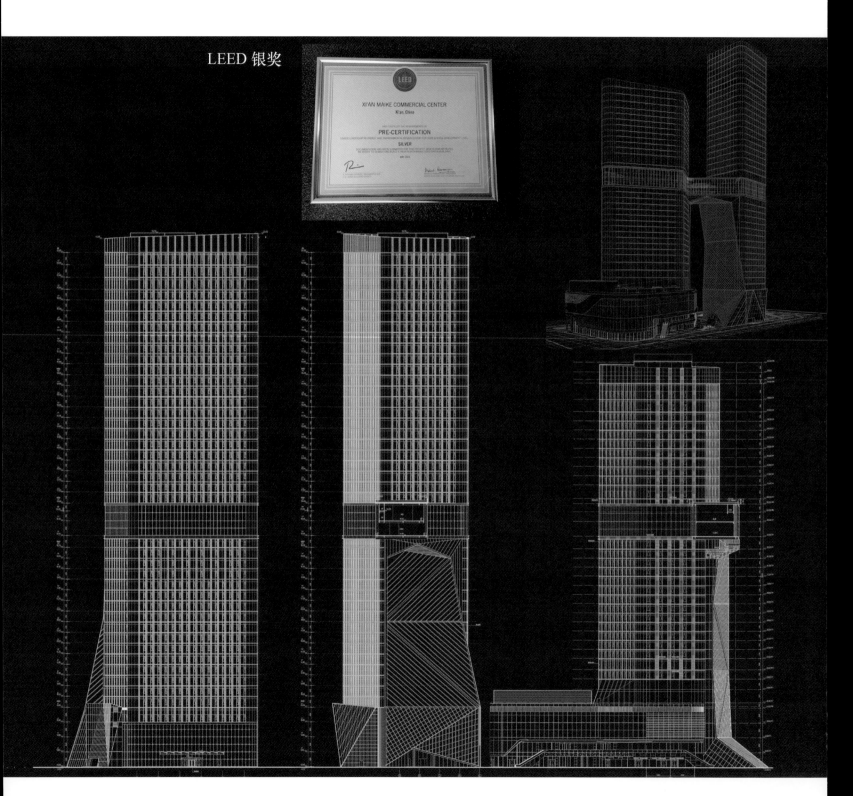

LEED 银奖

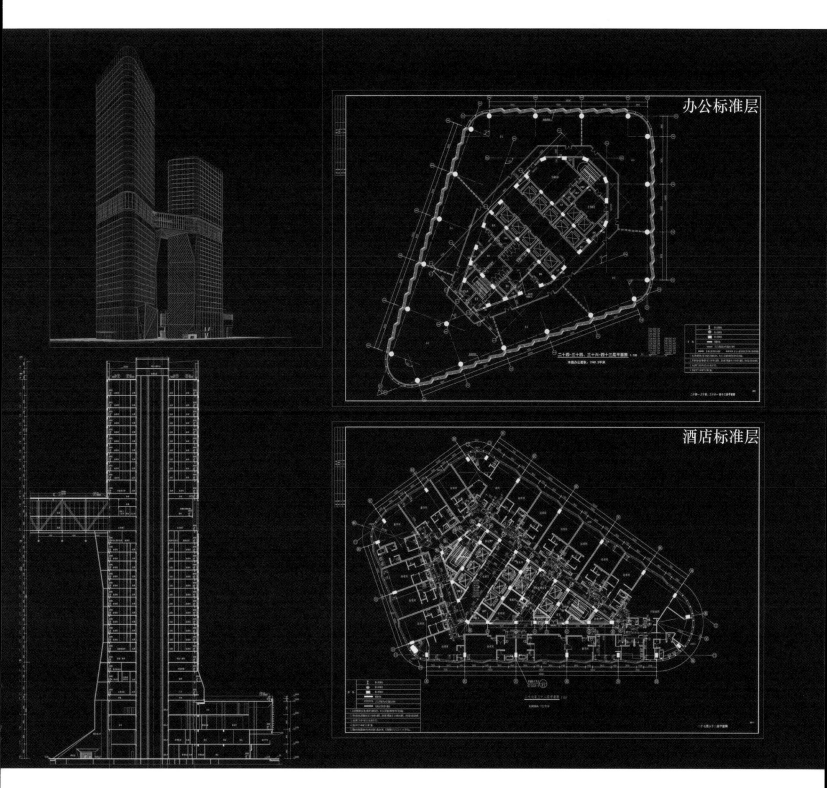

办公标准层

酒店标准层

康定江巴村游客服务中心
Kangding Jiangba Village Tourist Center

本项目是康定"11·22"灾后重建的高寒地区被动节能技术的重要示范项目，也是对生土材料在高寒地区运用的一次大胆尝试。

项目所处位置偏远且交通不便，设计结合既有条件，就地取材，通过对当地生土多种形式的研究实践，塑造一个富有地域特色，并与自然和谐共生的绿色建筑形象。同时结合对高寒地区建筑的技术与研究，将阳光暖廊、相变传热、生土夹心墙体、太阳能采集等适宜性技术措施融入其中，努力探索一条高寒地区近零采暖能耗建筑的研究与示范之路。

总平面图

设计 / 竣工时间：2015 年～ 2016 年 11 月
建设地点：康定市塔公乡江巴村
建筑面积：1333m²
建筑高度 / 层数：8.08m/2F
设计单位：中国建筑西南设计研究院有限公司
主要设计人员：秦盛民、冯雅、朱萌、吴攀、钟辉智、冯柯、黄明、郭伟锋、罗斌、赵航、刘光吉、戎向阳、杨玲、马国川、杨龙飞

项目区位：

- 项目位于康定市塔公乡，地处塔公草原腹地，用地周边地势平坦，东北侧可远眺雅拉雪山，景观极佳。距离康定机场仅10km，旅游环线由此经过，具备良好的旅游发展条件。项目所在地海拔3800m，年平均气温-10℃，降雨量800mm，有丰富的太阳能资源。

- 项目西侧为道路交叉口，具备良好的形象展示面。东西侧被山体包夹，形成南北方向极好的视线通廊，北侧可远眺雅拉雪山，南侧近观白塔远望村落。

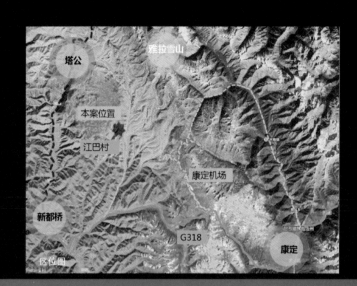

地域特色的现代建筑

顺应自然的建筑生成过程

- 建筑外部顺应场地及周围景观，以一种谦逊的姿态融入自然环境中。建筑南北向布置，前后围合成院。南侧大窗，呼应白塔寺庙兼顾采光。入口处墙体顺应道路方向，强化出交叉口处建筑的立面形象。通过斜向动线，建立起与雅拉神山的精神联系。

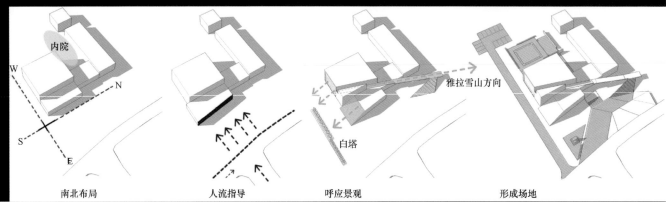

南北布局　　　　　人流指导　　　　　呼应景观　　　　　形成场地

东北侧透视图

景观 & 观景的游走流线

- 建筑内部通过组织人的游线，营造从入口广场到建筑内部，从地面到屋顶，从开阔到狭窄的不同空间体验，将建筑作为观景的容器，串联起红墙、白塔、近寺、远山；同时，建筑自身作为景观的一部分，成为蓝天与草原间的一抹风景。

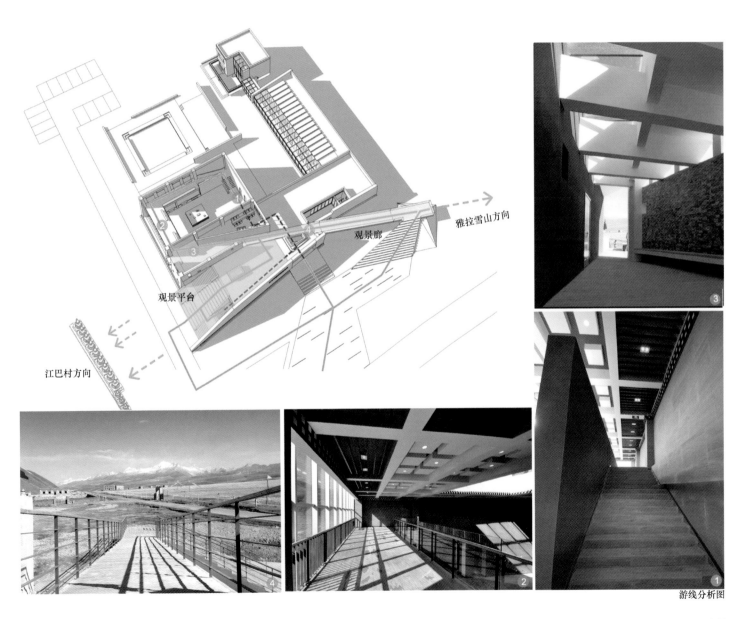

游线分析图

地域特色的现代建筑

传统元素的现代转译

• 建筑设计尊重自然和地域文化，通过对场地自然条件的呼应，及对传统藏式建筑符号的解读与提炼，从色彩，材料，细部做法室内外装修等方面，运用现代手法转译到设计中。

室内透视图

南侧实景图

高完成度的建筑细节

• 在建筑空间和形象的控制上，深化设计及施工建造过程延续方案设计理念，从内到外，建筑都有着很高的完成度。

主入口效果图

主入口实景图

现代生土建造体系示范

优良的材料特性 & 日趋成熟的技术

- 生土材料是一种可就地取材，热工性能良好，施工过程简易的绿色环保材料，特别是在交通运输不便的偏远地区，对生土建造体系的研究具有更强的示范推广意义。

- 随着技术的进步，现代生土建造体系通过技术改良，优化传统生土材性的弱点，对生土的利用亦日趋成熟。

- 设计上通过不同形式的组合建造方式，探索现代生土建造体系的示范用。

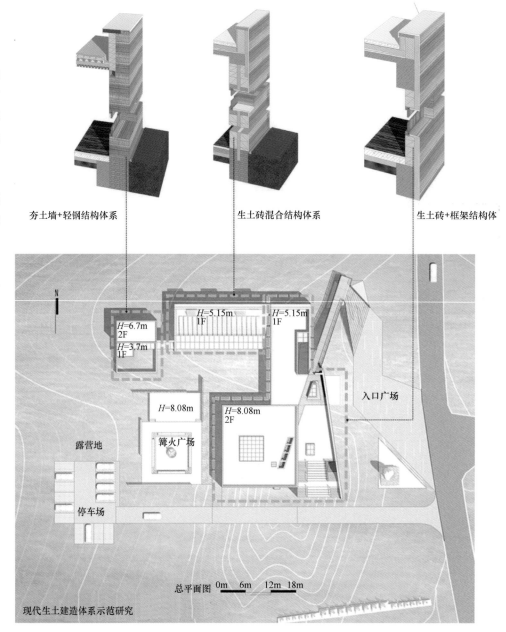

夯土墙+轻钢结构体系　　生土砖混合结构体系　　生土砖+框架结构体

N

H=6.7m 2F
H=3.7m 1F

H=5.15m 1F　　H=5.15m 1F

H=8.08m

H=8.08m 2F

入口广场

露营地

篝火广场

停车场

总平面图　0m　6m　12m　18m

现代生土建造体系示范研究

夯土墙施工现场

不同结构体系和使用形式的现场实验：
- 为了探索生土建造体系的更多方面，设计上采用了不同形式的组合建造方式。

设计全过程参与施工过程：
- 由于项目本身具有很强的试验性质，为了确保质量和完成度，在施工阶段，项目组委派专员到现场进行指导和协调，对重要的施工节点全程参与。

经济性的控制：
- 对经济性的控制也是设计的出发点。以生土砖为例，每皮砖现场就地生产的成本仅为从山下砖厂运输上来成本的1/3。通过现场就地取材，节约成本，为在交通不便的偏远地区建设提供了一条新的途径。

生土砖施工现场

生土饰面
施工现场

高寒地区适宜技术集成

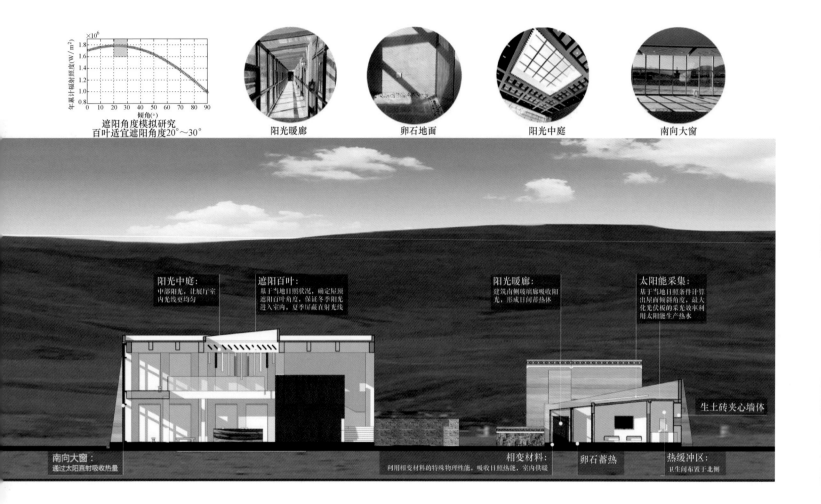

遮阳角度模拟研究
百叶适宜遮阳角度20°~30°

阳光暖廊　卵石地面　阳光中庭　南向大窗

阳光中庭：
中部阳光，让展厅室内光线更均匀

遮阳百叶：
基于当地日照状况，确定屋顶遮阳百叶角度，保证冬季阳光进入室内，夏季屏蔽直射光线

阳光暖廊：
建筑南侧玻璃廊吸收阳光，形成日间蓄热体

太阳能采集：
基于当地日照条件计算出屋面倾斜角度，最大化光伏板的采光效率利用太阳能生产热水

生土砖夹心墙体

南向大窗：
通过太阳直射吸收热量

相变材料：
利用相变材料的特殊物理性能，吸收日照热能，室内供暖

卵石蓄热

热缓冲区：
卫生间布置于北侧

舒适环境的经济性营造

- 项目所在地海拔 3800m，年平均气温 -10℃，降雨量 800mm，有丰富的太阳能资源。面对严峻的环境条件，为充分利用太阳能资源，在设计上根据不同功能需求，有针对性地考虑了适宜技术在高寒地区的应用。

- 在游客中心的设计上，采用南向幕墙加阳光中庭的方式，争取有效采光。屋顶遮阳百叶角度根据当地太阳轨迹，通过模拟计算确定，屏蔽夏季正午过多辐射热。

- 酒店客房的平面布置上，将南侧设置为阳光暖廊，形成日间蓄热体。将卫生间放在北侧，作为客房良好的热缓冲区。建筑外墙采用双层生土砖夹心墙体，增强外表面的热工性能。地面采用相变材料，将白天吸收的热量缓慢释放。屋面面层采用覆土做法，提高自身蓄热能力。

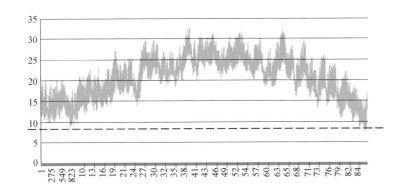

全年度室内温度模拟研究

- 针对酒店客房，我们做了全年室内温度模拟研究。通过图示可以看出，在最冷月室外最低温 -18℃时，室内温度保证不低于 8℃。在项目竣工后的使用阶段，我们通过使用测试评价，测试数据很好地验证了最初的设计意图。

全年室内温度图表

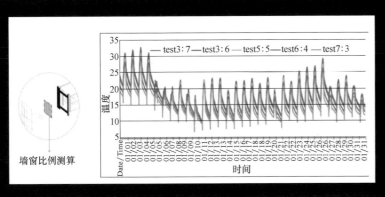

门窗洞口优化研究

- 窗户开启面积与房间内部的温度表现基本成正比关系，即窗面积越大，建筑白天得热越多，因此南立面在结构允许的范围内最大限度的开窗是合理的选择（结果为 0.6）；其他朝向以满足基本的使用要求为准，尽量开小窗。

不同门窗开口比例室内温度模拟结果

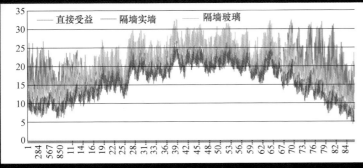

集热方式选择

- 直接受益的方式对于室内最低温度的提升效果最明显，而隔墙是实墙的方式，对温度提升不利。在综合考虑客房的隐私和安全性的影响后，考虑建筑采用隔墙玻璃的方式。

不同集热方式室内温度情况

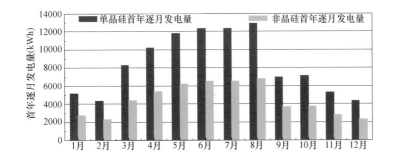

太阳能光伏发电比较

- 目前，应用最为广泛的太阳能发电板分为非晶硅和单晶硅两种类型。根据发电性能的比较，单晶硅的发电量大约是非晶硅的 2 倍以上，所以该项目选择了单晶硅光伏板。

非晶硅和单晶硅光伏板发电量比较

援瓦努阿图国家会议中心
China-Aided Vanuatu National Convention Center

　　援瓦努阿图国家会议中心是我国在亚太地区拓展影响的重点工程，一个与海港城市契合的地标。主要用于满足瓦方举办南太平洋地区重大国际会议的需要。总建筑面积 6573.72m²，屋面高度 19m。设计特点包括现代建筑的地域性表达、绿色节能设计和基于 BIM 的参数化设计等方面。

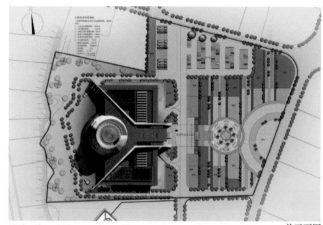

设计 / 竣工时间：2010 年 10 月 ~ 2012 年 /2015 年 12 月 20 号　　**总平面图**
项目地点：瓦努阿图共和国首都维拉港
建筑面积：6573.72m²
建筑高度 / 层数：19m，最高点 26.20m/2F
设计单位：中国建筑西南设计研究院有限公司
设计团队：郑勇、刘平、周元、高庆龙、罗乾跃、赵国刚
王韵斌、杜毅、张家富、王宁、李肇华、张庆、董彪、蒋伟

鸟瞰效果图

实景照片

透视效果图

项目区位

- 瓦努阿图共和国位于太平洋西南部，由 80 多个岛屿组成，属于热带海洋性气候。瓦努阿图国家会议中心是瓦努阿图共和国举办重大国际、地区及国内会议的综合性项目，承担举行各种重要会议的功能。项目位于瓦努阿图首都维拉港滨海地段。基地南侧为瓦努阿图共和国议会大厦，北面临街，东面主入口面对市政公园草坪和广场，西北角与澳大利亚大使馆相邻，西侧面对大海，视野开阔、风光秀丽。地块东、北两侧临市政道路，出入方便，交通便利，环境优越，是作为会议中心的绝佳用地。

周边环境

因地制宜的总体规划

- 用地西侧临海，南邻议会大厦，东、北侧为城市干道，交通便利，景色宜人。
- 总平面由外侧道路向内分为入口庆典广场、主体建筑、休息区三部分，位于一条轴线上，形成动静有序的空间组合，符合政府建筑稳重的性格。停车场位于北侧边缘。人流由东向西通过庆典广场进入会议中心，建筑南北侧分设各功能区次入口。交通系统简洁高效。主体建筑长边向海面展开，平面构成与近邻议会大厦协调，共同形成海港城市的风景线。

总平分析

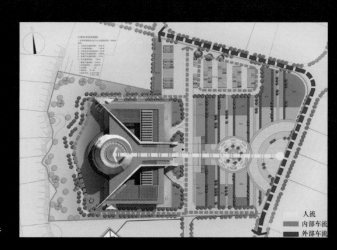

功能合理性设置

- Y字形墙体抽象出该国岛屿的分布形状，将建筑划分为三个功能区：主会议区、辅助会议区和宴会区。主门厅将三部分联系起来，并向大海开敞，形态舒展，表现出瓦国人民对外国友人的欢迎姿态。
- 考虑气候的湿热特点，进行了合理的自然通风设计，将外廊、院落、敞厅等结合使用，在调节建筑小气候的同时形成丰富的室内外空间效果。内外廊深挑檐配合院落在通风的同时有效控制眩光，减少昼间人工照明。

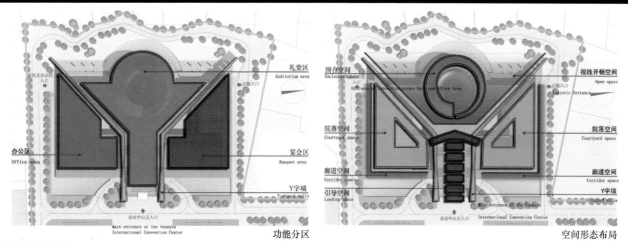

功能分区　　　　　　　　　　　　　　空间形态布局

地域符号的现代转译

- 大礼堂锥形体量取自当地著名的"火山"造型。而螺旋上升的虚实划分与财富图腾"猪牙"相契合，寓意岛国经济的飞速发展。屋面细节划分则由本土文化中代表和平的纳米丽叶抽象而来。
- 中央部分以实为主，框架填充墙采用当地的珊瑚石，现场制作珊瑚石水泥空心砖，力求地域性兼具经济性。

透视效果图

地域符号的现代转译

- 主体建筑柱廊横向展开，与木质遮阳格栅相结合，通过序列感强调公共建筑的庄重性。采用了从瓦方传统装饰艺术中提取和抽象出来的元素应用于遮阳构件设计中，并在建筑材料的考虑上优先选择当地的石材与木材，在降低造价的同时也更好地体现了本土文化的内涵。
- 坡屋面现代感十足，特别是正反坡的外廊兼有本地杆栏草屋和中国亭榭的意味，隐喻了中瓦友谊，同时起到良好的通风和遮阳作用。
- 红顶白墙主色调和近邻议会大厦协调。

当地建筑

坡屋面与议会大厦协调

当地材料的运用

- 对当地珊瑚石材料的利用。框架填充墙采用当地的珊瑚石加水泥现场制作的空心砖。珊瑚石材料是一种可就地取材，热工性能良好，施工过程简易的绿色环保材料，特别是在远离大陆的岛国，对珊瑚石的研究具有更强的示范推广意义。
- 室内设计充分延续了建筑的整体空间特征，并结合本地地域的热带风情，营造出国际会议中心应有的稳重、大气、现代和地域化的文化内涵。

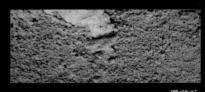

珊瑚石

主会议厅室内实景

度分布，其最热月 3 月份平均气温为 26.4℃，最冷月 8 月份平均气温为 21.6℃，年平均气温 24.1℃。由图可以看出，6 月 ~9 月气温较低。下图给出了各个朝向的太阳辐射分布曲线。全年均处于夏季，无供暖需求。最有效的被动式设计策略为自然通风和遮阳。

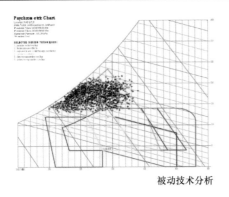

被动技术分析

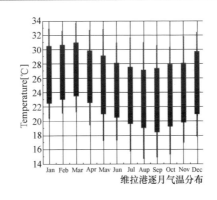

维拉港逐月气温分布

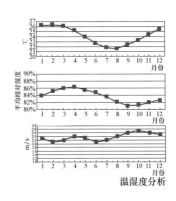

温湿度分析

太阳能利用

- 结合光伏板的屋面隔热措施，光伏板遮阳作用使屋顶传热量减少 37.5%。按照维拉港典型年气象数据进行逐时测算，面积为 500m² 光伏板年产电量达 11.3 万 kWh，逐月发电量柱状图见下图，难得的是，光伏发电量曲线与项目用电量曲线较为吻合。

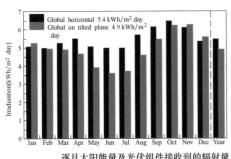

逐月太阳能量及光伏组件接收到的辐射量

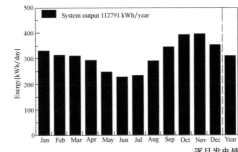

逐月发电量

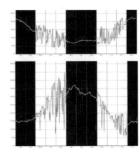

南北向太阳辐射分布曲线

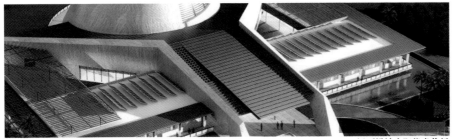

屋面设计太阳能光伏板

单晶硅太阳能光伏板

通风遮阳

- 瓦努阿图属于典型的低纬度海洋性气候。年平均气温24.1℃，太阳高度角大，气候温和湿润。需要考虑海陆风昼夜变化和受地形影响的背景风场特点。工程采用主动被动相结合的节能方式。充分利用风向昼夜变化规律的海陆风，实现增强自然通风，风道上所有的门窗均可实现180°全开启，实现风速可控，通风量可调。
- 内外廊深挑檐超过2m，配合院落在通风的同时有效遮阳，并控制眩光，减少昼间人工照明。
- 大面积的旋转推拉门窗与墙体的对景开窗设计进一步加强通风效果。
- 考虑气候的湿热特点，将外廊、院落、敞厅等结合使用，在调节建筑小气候的同时形成丰富的室内外空间效果。

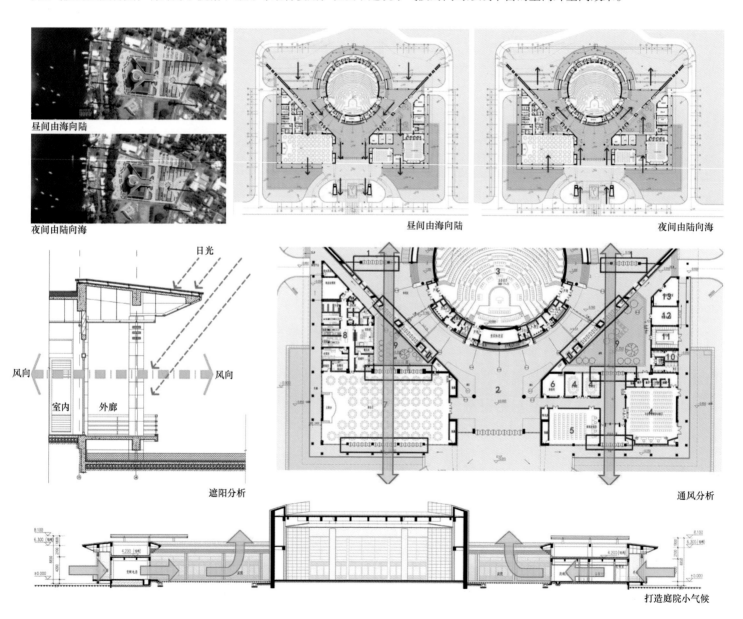

昼间由海向陆

夜间由陆向海

昼间由海向陆

夜间由陆向海

遮阳分析

通风分析

打造庭院小气候

254

分区节能

空调主要节能区域采用半集中式分体空调加新风系统。高标准主会议区采用集中式空调系统。

雨水收集

考虑岛国用水的实际状况，采用和景观相结合的雨水收集系统。

BIM 辅助设计

项目作为建筑信息化建设的示范工程，深化设计在 BIM 模型的基础上展开。

各专业设计说明

结构　主礼堂是该项目的核心体，为拥有 1000 座的圆锥体大空间建筑，底部设置内外两层柱网，外层柱网最大直径 48m，根据建筑立面及使用功能的要求，以 63° 斜向布置（局部柱底部为折形），向内收进，与内圈柱在大屋面处交于一体。内圈柱跨度直径 37m，柱顶标高 15.5m。螺旋形圆锥体外立面最高点 26.0m。

本工程结构设计重点在于 8.5 度抗震设防以及核心主礼堂大跨度空间结构。考虑自然环境、当地材料和施工技术等因素，采用全现浇钢筋混凝土框架—剪力墙结构，大跨度屋面为网架结构（檩条上部为压型钢板加 80mm 厚现浇混凝土板，更好地满足隔热节能及绿色建筑的要求）。网架支承于内圈柱顶上，在柱顶处设置封闭环梁，解决网架推力，螺旋圆锥体外墙出屋面以上尽可能高的位置，做成钢筋混凝土全现浇封闭环形整体构件，支撑于柱顶环形大梁上，并在顶部设置钢筋混凝土水平支撑梁以加强整体性。

给水排水　本工程地处南太平洋，建设方面相对落后。考虑到当地地处海边，强日照，多盐雾，空气腐蚀性较强。本工程尽可能选用新型管材，室内给水采用不锈钢，给水支管采用三型聚丙烯塑料管，埋地给水管采用聚乙烯管道，排水管采用 UPVC 管道，确保管材的安全性。本工程地处热带，雨水丰沛，本项目设置了雨水回用系统，从屋面收集的雨水经过过滤加药处理，回用作为室外大景观水池的补水，减少了水的消耗。

强弱电　结合建筑使用情况及天然采光状况，对照明进行分区、分组控制，在满足眩光限制和配光要求的条件下，选用效率或效能高的照明灯具。在设计中充分考虑节能环保，利用当地太阳能丰富的条件，庭院照明采用了太阳能发电的路灯。

暖通　瓦努阿图全年气温较高，所以本工程所用的空调设备均选取单冷型设备，不但节约了一次性投资，而且提高了设备能效比。该建筑有较好的自然通风条件，暖通空调专业与建筑专业进行了密切的配合，设计进行了合理的自然通风，在满足舒适性的前提条件下节约了能源。

根据功能、空间、人员的活动方式等不同，采用不同的空调形式。如宴会厅采取了分体空调 + 新风系统的空调形式，会议中心大厅仅设置了分体空调。大会议室、主会议厅采用全空气系统。在自然通风不能满足舒适度要求时，关闭隔断，开启空调。根据本工程的使用特点，采用了分散式的空调方式，各功能区域自成系统，如新闻发布厅、大会议室、主会议厅、宴会厅等，可根据不同的使用时间，灵活开启。

设计创新点

- 建筑设计很好地将地域性和现代性相结合，中式和瓦式相结合。
- 就地取材，节能经济。将地方特色融入材料的表达中去。
- 8.5 度抗震设防的大跨度结构设计。
- 在充分考虑经济性的基础上，采用主动节能和被动节能相结合的方式。
- 不同标准区域分区设计节能措施。
- 重点利用太阳能、海陆风等地方特色节能方式。
- 各专业综合的绿色建筑细部设计。
- BIM 模型辅助节能设计。

天津滨海新区南部新城绿色低碳社区活动中心
Green and Low Carbon Community Activity Center of Tianjin Binhai New Area South New Town

本建筑是位于天津塘沽湾的一座绿色技术展示中心，通过绿色技术集成和创新节能表皮，实现运营总能耗小于 50kWh/m² · a 的超低能耗水平，同时独特的被动式超级节能表皮已经申请国家专利。

天津滨海新区南部新城绿色低碳社区活动中心作为天津南部新城这座生态城的第一座建筑，主要是展示生态城市的规划和绿色建筑技术，因此建筑本身就作为绿色技术的一个展品。在设计中，将区域的标志性和绿色的示范性转化为"形式的技术化"和"技术的可视化"。

项目位于天津塘沽湾，建筑面积 9908m²，于 2015 年竣工投用。为应对环境与气候的不同立面，建筑体量生成从环境风、光、生态要素出发，并进一步应对不同朝向选择不同的立面处理：南侧是简洁带形窗和玻璃幕墙，东侧深凹的灰空间提供了室外空间并引导了夏季风，北侧大面实墙上开设了不规则的窗洞，而西侧 45° 的实墙环抱着倾斜草坡将西侧公园引向建筑二层平台。

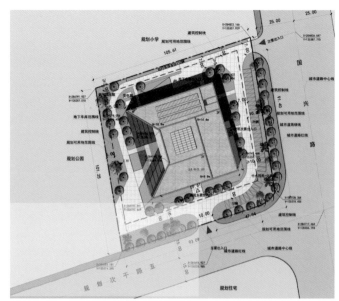

项目名称：天津滨海新区南部新城绿色低碳社区活动中心
建设单位：中建新塘（天津）投资发展有限公司
建设地点：滨海新区塘沽新城镇南开村
设计 / 竣工时间：2015 年
使用功能：绿色技术展示中心
用地面积：10590.1m²
建筑面积：9908m²
建筑高度 / 层数：20.4m/ 地上 4 层，地下 1 层
主要绿色建筑技术设计人员：薛峰、李婷、满孝新、丁研、凌苏扬、吕峰

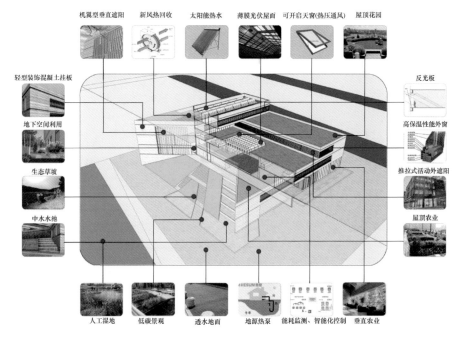

机翼型垂直遮阳　新风热回收　太阳能热水　薄膜光伏屋面　可开启天窗(热压通风)　屋顶花园

轻型装饰混凝土挂板

地下空间利用

生态草坡

中水水池

反光板

高保温性能外窗

推拉式活动外遮阳

屋顶农业

人工湿地　低碳景观　透水地面　地源热泵　能耗监测、智能化控制　垂直农业

绿建九大技术亮点

一、创新型节能表皮构造
二、超高热性能围护结构
三、地源热泵空调系统
四、薄膜光伏发电建筑一体化系统
五、屋顶农业＋屋顶绿化
六、自然采光通风优化
七、综合遮阳系统
八、中水综合利用
九、能耗监测控制系统

拟实现节能目标

本项目通过绿色节能技术集成，定位能耗目标小于45kWh/（m² · a），是常规办公建筑能耗的三分之一，低于超低能耗绿色办公建筑的能耗水平。

通过污水处理和垃圾分类回收利用实现"零污水"、"零垃圾"，使建筑达到低能耗、零排放目标。

荣获奖项

• 工信部示范工程
• 建筑表皮已申请国家专利
• 绿色建筑三星级设计和运营标识

外围护节能设计——装饰混凝土轻型挂板

本项目中选用了轻型混凝土挂板作为建筑的外檐材料。

利用该墙体可塑性强的特点，将其表面设计为30°倾角的齿条状肌理。利用不同季节的太阳高度角形成冬季蓄热和夏季遮阳的模式，从而实现建筑围护结构的热性能与季节相匹配，成为一种可以随季节变化自身温度的外衣。

在安装方式上设计了倾斜板层鱼鳞状干挂模式，其最佳倾角为10°~20°。针对东西南三面墙体，该设计使得冷空气可以从板间缝隙进入，经层间设置的深色金属吸热后，形成通风腔，通过热压通风带走表面的热量，夏季降低建筑表面温度，从而降低空调能耗。将北侧墙体的板间缝隙用镀锌铁板密封，成封闭的空腔，大幅降低北侧建筑围护结构的传热系数，提高隔热性能，降低采暖能耗。

超高热性能围护结构

在外墙设计上，根据寒冷地区被动式保温原理，我们采用了增强不利朝向墙体保温性能的方法。北侧采用更节能的同等厚度的砂加气砌块，结合节能表皮的封闭空气间层，形成北向能耗的有针对性的解决方案。东西南主体墙体传热系数达到0.37，北侧则能达到0.2左右。

黑色金属吸热

墙体

保温

宝贵石

薄膜光伏发电建筑一体化系统

本项目在展厅采光顶设置光伏发电系统。选用技术成熟、效率较高且适合建筑一体化的 CIS 透光薄膜电池组件。天窗安装 BIPV 光伏构件 231 块，合计安装功率 12.705kW。经过 PVSYST 软件模拟，项目建成后，预计年均发电量 16102kWh。所提供的能源将达到总能耗3%，可有效提高项目可再生能源数量。

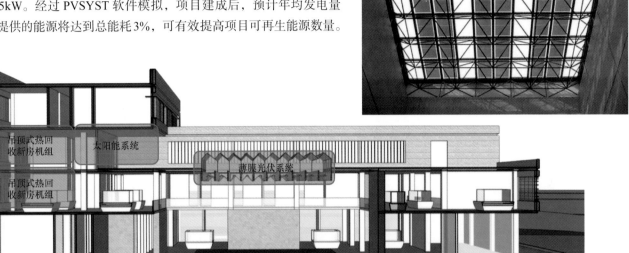

地源热泵 + 自然冷源供冷 + 新风系统 + 太阳能热水

本项目采用地源热泵作为能源系统，提高项目可再生能源的利用率。

春末夏初利用地源侧的冷水直接供给室内末端提供免费自然的冷源。夏季地缘侧水温低于 24℃时直接将其送入地暖盘管实现地板供冷。同时采用了新风热回收系统，根据室内 CO_2 浓度控制新风机组风量，在保证室内空气品质的前提下降低空调能耗。

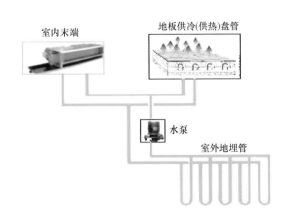

屋顶花园 + 屋顶农业 + 垂直农业

本项目在二层及三层屋面上设计了大面积的屋顶绿化，进一步提高了屋顶的热性能，从而降低夏季的空调能耗及冬季的采暖能耗。

采用无土栽培的方法在室内种植农作物，更强调互动性和可视性，既为室内增添清新自然的元素，又吻合展示中心绿色低碳的主题。

模拟计算优化通风采光

本工程建筑设计按照被动措施优先原则，总平面布局合理，避开冬季主导风向，有利于夏季自然通风；内部空间布局设计合理，建筑单体设计和门窗设置有利于自然通风，中庭设有天窗可电动开启形成热压通风、充分采光。

通过室内通风模拟计算分析，在建筑南侧入口处左侧增加一扇窗分别改善一层和中庭部位的通风效果，使建筑室内获得良好的自然通风条件。

通过对建筑各层进行天然光采光模拟计算，优化设计在东侧南侧增加反光板，采光系数达到《建筑采光设计标准》（GB 50033—2013）相关功能空间采光系数要求的面积比例从 88.14% 上升到 93.57%。

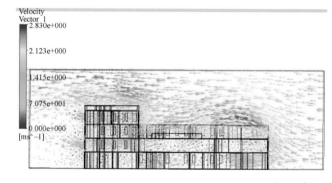

剖面示意图

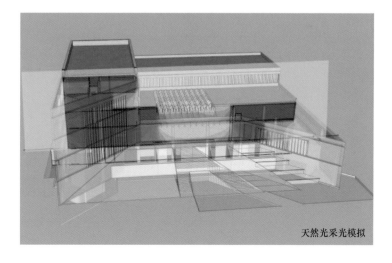

天然光采光模拟

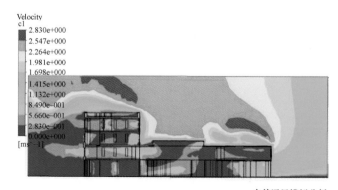

自然通风模拟分析

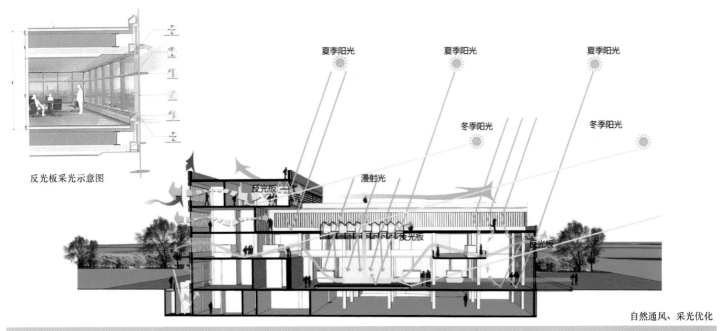

反光板采光示意图

夏季阳光　　夏季阳光　　夏季阳光

冬季阳光　　冬季阳光

反光板　二

漫射光

反光板

反光板

自然通风、采光优化

综合遮阳系统

1. 电动折叠式活动外遮阳

在建筑的东、南及西侧的办公空间均应用折叠式活动外遮阳。这是一种由金属穿孔板为遮阳材料，利用轨道可将遮阳扇折叠集中至一侧，进而形成完全开闭的外遮阳方式。

2. 垂直式机翼型电动外遮阳

为观赏建筑西侧景观，我们将建筑的西侧做了45°倾角向公园打开，并设置了玻璃幕。考虑到西晒、景观视线和外檐效果等多方面因素，在玻璃幕外侧选用了垂直式机翼型电动遮阳百叶。叶片采用金属穿孔板构成的单片半梭形叶片，叶片呈弧形，在0～120°之间可调，通过机械联动的方式变换角度进行遮阳和光线调节。

3. 屋顶天窗轨道式内遮阳

项目首层、二层设有一共享中庭，并设

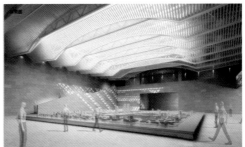

计了自然采光的屋顶天窗，用于大型沙盘的展示。为此在屋顶天窗处设置了轨道式内遮阳帘，使用者可以自由调节控制光线，以达到最好的效果。

自建中水处理系统

生活排水经化粪池处理后，再经地埋一体化中水处理装置处理后，用于冲厕、绿化、景观等生活杂用，减少自来水消耗。景观水池设置循环水泵及杀菌除藻过滤水处理设备，满足叠水的景观效果，同时保持池水循环，加强池水净化，延缓池水换水周期。

非传统水源来源为市政中水，主要用途为冲厕及灌溉用水。本项目自建再生水回用设施，采用地埋一体化中水处理装置，利用生活污水作为水源制备再生水。其特点为：

1. 能高效地进行固液分离，分离工艺简单，出水水质稳定。

2. 全地埋结构，处理高效，占地面积少。操作方便，可以实现全自动运行管理。

3. 本工程再生水处理量约 1t/h。

能源监测控制系统

本系统在变配电室值班室设置一套变配电智能仪表监控系统及能源监控系统，对变配电室内进线柜、母联柜、出线柜、直流屏等设备进行监控和能耗计量，主要功能有：

- 建筑各类主要能耗数据采集和整理；
- 分项能耗数据分析、统计与汇总、分类分项能耗对比；
- 能耗数据公示与远传。

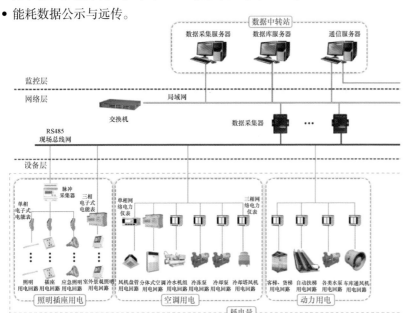

景观水池循环水处理系统

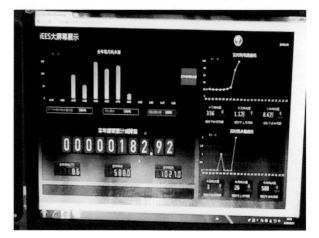

能耗分析报告

1. 外围护结构

外墙和外窗的传热系数分别为 0.367W/（m²·K）和 1.606 W/（m²·K），较《公共建筑节能设计标准》（GB 50189—2015）中相关规定分别提高 26.6% 和 19.7%，远超《绿色建筑评价标准》（GB/T 50378—2014）中条款 5.2.3 中要求的 5%。

2. 可再生能源利用

本建筑光伏发电量占总耗电量的 1.14%，《绿色建筑评价标准》（GB/T 50378—2014）中条款 5.2.16。

3. 非传统水资源利用

非传统水资源利用率达到 68%，符合《绿色建筑评价标准》（GB/T 50378—2014）中条款 6.2.10。

4. 用能指标

定位能耗目标小于 45kWh/（m²·a），目前水平为 36kWh/（m²·a），实现预期目标，同时低于国内超低能耗绿色办公建筑的能耗水平 40～60kWh/（m²·a）。

天津滨海新区中新生态城绿色低碳体验中心
Green and Low Carbon Experience Center of China-Singapore Eco-city, Binhain New Area, Tianjin

　　该项目位于天津滨海新区生态城起步区生态科技园内，建筑面积 1.29 万 m²，设计为地下一层，地上五层。项目将为用户及参观者带来具有体验、互动及教育性的绿色旅程，并鼓励低碳生活。

　　本项目在南向外墙最大化采用了玻璃与窗户，建筑的北向墙体则采用最小化窗体设计。这样既可以通过南向窗户充分利用自然采光，又可在季节变化时，让南风进入建筑内，减少冬季寒冷的西北风吹入。此外，建筑中还采用遮阳设备，并通过外立面遮阳板、导光板，将自然光线更深地反射到办公空间。整栋建筑还通过对屋顶及垂直墙体进行绿化，防止夏季的热量集聚以及冬季热量流失。通过这些设计，低碳体验中心的室内温度在自然状态下将保持在 22℃左右。

　　低碳体验中心 28% 的能源利用来自于可再生能源，为了提高水的利用率，体验中心采用节水配件和设备以及用水监控系统。这里一半的用水来自于包括雨水收集等非传统水源。低碳体验中心的 80% 的雨水不会排入公共管网，以减轻公共基础设施的压力，为城市可持续发展及推广低碳生活方式提供了典范。

　　据统计，生态城低碳体验中心相比于类似传统建筑，可节省 30% 的能源，相当于每年节省 171t 煤和减少 427t 二氧化碳排放，在低碳生态城市建设上起到引领示范作用。

设计时间：2012.5 ～ 2013.12

项目地点：天津市滨海新区中新生态城
建筑面积：1.29 万 m²
容积率：2.07
建筑高度：22.1m
建筑密度：50%
设计单位：中国中建设计集团有限公司直营总部
主要设计人员：乔俊卿、李赛、屈雪梅、武相超、杨志、苏娟、何军军、王超、孙学辉、刘俊涛

荣获奖项

- 中国及温带地区的首座新加坡建设局绿色标志白金建筑
- 中国绿色建筑三星级设计标识
- 中新天津生态城绿色建筑评价标准白金奖
- 2015 年度全国绿色建筑创新奖一等奖

实现技术指标

- **可再生能源高利用率**：约 28% 的能源利用来自于可再生能源，60.6% 的生活用热水、14.6% 的空调用冷量、4% 的用电量。
- **高效节能**：至少比天津同类建筑少消耗 30% 的能源，每年节省 171t 煤和减少 427t 二氧化碳排放，建筑节能率为 68%。
- **高度利用环保材料**：使用约 30% 的可循环利用材料，是生态城绿色建筑标准最高要求的 3 倍，工业化预制构件比例 50.00%。
- **高效节水特色**：非传统水源利用率达 50%，雨水不外排率达 80%。

剖面图

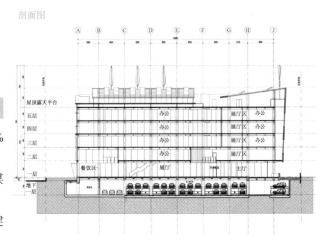

十大技术亮点

- **呼应气候设计**
  - 最优化体型转向　最小化北向开窗
  - 最大化南向玻璃　自然通风

- **自然采光**
  - 阳光中庭
  - 大面积南向玻璃及导光筒
  - 遮阳反光板

- **高性能建筑围护结构**
  - 双层/三层中空氯气并双核低辐射膜玻璃
  - 的幕墙/天窗
  - 双层外表皮

- **综合的节能与可再生能源利用**
  - 持风热回收机组　微型风力发电系统
  - 太阳能热水系统　太阳能光伏系统
  - 地源热泵系统

- **智能楼宇控制系统**
  - 建筑智能化系统
  - 能源管理系统和能源墙

- **洁净空气**
  - 高效空气过滤器
  - 二氧化碳监控系统

- **立体绿化**
  - 屋顶花园
  - 室内常绿花园
  - 垂直绿墙

- **高效节水**
  - 高节水等级卫生器具　雨水收集利用
  - 非传统水源利用　　　水量屋顶监测

- **环境友好化材料利用**
  - 钢结构体系
  - 废弃材料广泛使用

- **绿色运营**
  - 绿色设施管理团队
  - 绿色建筑运营手册

呼应气候设计——建筑的体态

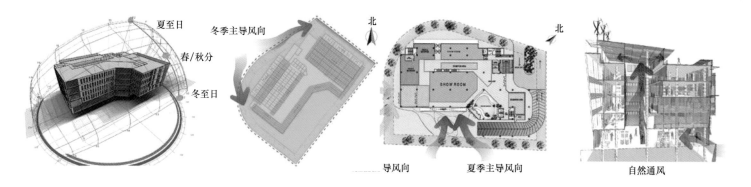

建筑设计上采用最优的体型朝向，为建筑营造一个良好的外部微气候环境，自然通风的设计使建筑全年能耗降低 2%。北面墙的开口尽量小，从而阻挡冬季盛行风，减少热损耗。

自然采光

建筑 50% 的玻璃位于南侧，20% 的玻璃位于屋顶天窗，同时在室外设置导光筒将光线导入地下，能够最大化获得自然采光，扩大视野范围。

遮阳反光板的设置，使自然光更深延入室内的同时阻隔太阳辐射热。

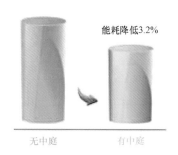

能耗降低3.2%

无中庭　　　　有中庭

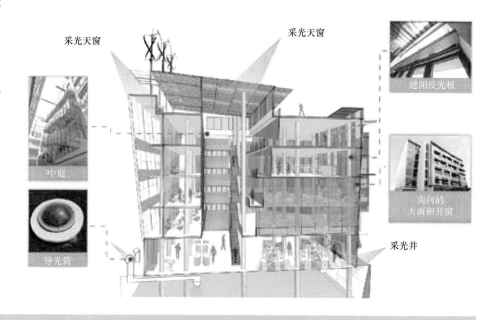

采光天窗　　　　　　采光天窗

遮阳反光板

中庭

导光筒

南向的大面积开窗

采光井

高性能建筑围护结构——建筑的自调节肌肤

双表皮绿色共享空间

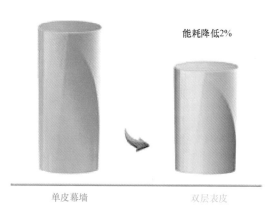

能耗降低2%

单皮幕墙　　　　双层表皮

双层 / 三层中空充氩气 + 双银低辐射膜玻璃应用在天窗和幕墙中，在夏季反射室外太阳热，冬季阻隔室内热量流失。

北向双层外表皮的设计使得北向住户能开窗享受自然通风及自然采光而不会感觉到寒冷。

综合结合与可再生能源利用——建筑的脉动

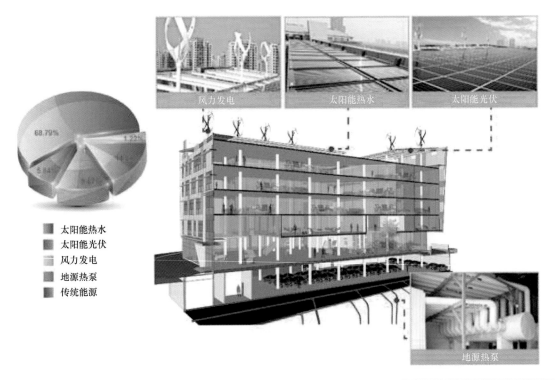

通过排风热回收机组的使用，回收的能量相当于节约4%的建筑用电，可满足30户普通居民年用电需求。

建筑采用的可再生能源系统，提供建筑全年60%的冷热及生活热水需求，发电满足建筑全年12%的用电需求。

空气净化——建筑的呼吸系统

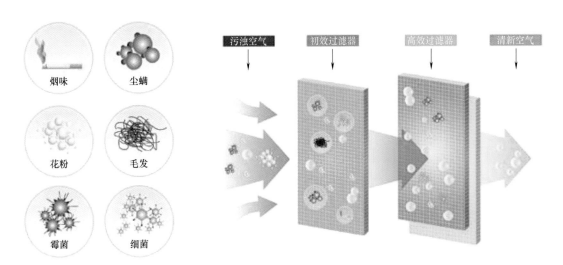

新风系统设置高效空气过滤器，有效过滤PM2.5达90%以上，让我们的生活不再"十面霾伏"，回风系统设置二氧化碳浓度探测器，用于监测室内空气质量，保证良好的空气流通。

环境友好材料利用——建筑的骨架

废弃材料广泛使用——屋顶汀步均由废弃物材料制成，实现"变废为宝"。

施工废弃地砖　　　　风管废弃法兰　　　　屋顶汀步　　　　屋顶花园

智能楼宇控制系统

能源管理系统能够计量水和能源使用及可再生能源的产生量，并进行分析以指导建筑实现其设计能效目标甚至是提高能效。能源管理系统能够实时追踪建筑的能耗、水耗以及可再生能源的产能情况，逐时、逐项进行分析、监测、控制，结合屋顶气象站，实现不同季节的优化运行，不断提升建筑能效。

立体绿化——建筑绿肺

建筑中建造室内常绿花园和绿墙以及屋顶花园，过滤室内空气，形成绿色气候核，营造四季常绿的活力空间，允许租户和用户全年享受室内的生机绿意，并促进人们之间的互动交流。

1. 围护结构热工性能

本项目建筑体形系数为 0.15，外墙体有两种构造做法，其中外墙体 1 平均传热系数为 $0.36W/(m^2 \cdot K)$；外墙 2 平均传热系数为 $0.33W/(m^2 \cdot K)$；屋面采用 150 厚钢筋混凝土，铺设 120 厚岩棉板保温，外加 40 厚的 C20 细石混凝土，在做好防水卷材和排水板的基础上，敷设保湿过滤毡，再铺设 $300 \sim 500mm$ 厚种植土，其传热系数为 $0.38W/(m^2 \cdot K)$，屋顶透明部分与屋顶总面积之比为 0.1，小于 0.2。外窗采用断桥铝合金 Low-E 中空玻璃 6+12+6（在线），辐射率 $\leqslant 0.25$。

2. 无障碍设计

本项目地上部分配置无障碍设计，如在建筑北侧入口采用无障碍坡道，面层为烧毛花岗岩，在展厅的西侧布置了无障碍卫生间；在冬季花园东侧设置无障碍电梯；并在地下室距离无障碍电梯最近的地方设置两个无障碍停车位，方便障碍人士的通行。

3. 建筑采光

通过对本项目一层到五层的室内自然采光进行模拟分析，其办公室满足采光系数 2% 的房间面积比例能够达到 75%，展示区满足采光系数大于 1% 的房间面积比例能够达到 95%，因此主要功能房间共有不低于 80% 的房间面积能够满足采光系数的要求。

4. 建筑围护结构防结露

本项目内办公室、展厅、会议室等主要功能房间的冬季采暖设计温度为 20℃，相对湿度 60%。热桥包括热桥柱、外窗。根据冬季设计温度，本项目外墙热桥的最高露点温度为办公室 18.39℃，外窗的最高露点温度为 15.21℃，均高于 11.79℃。

5. 透水地面

本项目用地面积共 $4678.84m^2$，建筑占地面积为 $2235.21m^2$，室外场地面积为 $2443.63m^2$，其中绿地面积共有 $1443.37m^2$，结合建筑周边的道路绿地等部分，场地内的透水地面面积为 $1861m^2$，则本项目室外透水地面面积比为 76.2%。满足透水地面面积比不小于 40% 的要求。

6. 景观绿化、屋顶绿化和垂直绿化

本项目用地面积为 $4678.84m^2$，绿地率为 30.84%，绿地面积为 $1443.37m^2$，本项目应采用适宜生态城气候和土壤条件的乡土耐盐碱植物，并合理配置乔灌藤草比例，形成多层次植物群落的复层绿化体系，并为低碳体验中心的员工和前来参观的游客提供一个绿色、舒适的环境。

本项目屋顶面积为 $2100m^2$，在屋顶部分铺设了太阳能光热板、光伏发电板，剩下屋顶可绿化面积 $465.5m^2$，屋顶绿化面积约为 $411.5m^2$，以改善环境，屋顶绿化的比例为 88.4%。不仅有助于室内空气品质的提升，也给建筑使用者带来低碳体验。

7. 可再循环材料

外墙主墙体采用砂加气砌块、干挂铝板幕墙等，内墙采用砂加气砌块、玻璃隔断等，门窗均采用断桥铝合金门窗，另外，本项目用到大量的铝合金骨架、玻璃隔墙，且结构体系为钢结构，因此，本项目大量使用可再循环材料，经预算统计，可再循环材料的重量占工程总重量的 29%，大于 10%，能够满足要求。

8. 废弃物建筑材料

本项目中使用的以废弃物为原料的建筑材料有：防水石膏板，用于所有公共空间的天花板，如中庭、展厅走廊和餐饮区等；矿棉纤维板，用于研发办公室、消防指挥中心、控制室等；砂加气混凝土砌块，用于洗手间、楼梯间和机电用房的内墙；石膏板用于所有办公室沿走廊的隔墙。

9. 建筑外遮阳

本项目在东南面与西南面设置反光板，起到固定外遮阳的效果，同时将日光反射进入主要的办公空间，将外遮阳与采光有效结合起来。

10. 地下空间利用

本项目地下室主要用于设备用房、变配电室、空调泵房、进风机房、换热站、复式停车位等功能，其建筑面积为 $3070.35m^2$，地上建筑占地面积为 $2235.21m^2$，因此地下建筑面积与建筑占地面积之比为 1.37:1，合理开发利用。

深圳市坪山高新区综合服务中心
Pingshan Convention and Exhibition Center,Shenzhen

本项目位于坪山燕子湖片区核心地区，商务活动与生态休闲带的交汇处，它将成为承担国际高端精品展览、全方位智能会议、特色配套餐饮的综合功能载体，立足于坪山、辐射粤东的新地标。建筑设计将"精品多功能商务会展"与"生态绿色休闲"区域相融合，使用者在公共通道和广场等分区融合处感受其独特之处；同时注意到坪山区作为客家文化的发源处，空间布局及外立面形象上尊重历史文化的传承。

保护历史的记忆与痕迹，又将历史地段的风貌融入现代城市的总体结构和未来发展之中，使项目满足新时代智能建造的发展需要、创造符合综合功能使用、尊重地域文化、强调中华民族伟大复兴的文化自信心，呼应新时代的伟大梦想，将项目打造成为具有特点的现代化智能建筑。

设计时间：2017 年 11 月～ 2018 年 9 月
项目地点：深圳市
建筑面积：11.7 万 m²
容积率：0.91
建筑高度：24m
建筑密度：39%
设计单位：中建装配式建筑设计研究院有限公司
主要设计人员：樊则森、徐牧野、吴江、罗传伟、曹杰、方园、李勇、王春、岳禹峰、贺水林、苏颖、王连滨、李丹、浦华勇、李新伟

因地制宜

文化自信

本土装配

开放建筑

智慧建造

因地制宜

　　在坪山高新区综合服务中心项目中，我们充分研究了用地周边环境，从而确定一个基于环境、技术的基本规划策略。

　　用地北边是坪山河，今后还会有一片湿地和湖面，往西北望，对岸不远就是一座小山燕子岭公园，此处日后即成为坪山燕

　　建筑的高程设计也是结合用地的现状条件而来。现状用地比周边道路略低，这样我们只要将建筑的正负零标高稍稍往上抬两米就能实现场地几乎不用挖土，清理表层土后直接建房，极大节省工程资源和工期。另外，抬高的两米对于项目宽阔的场地而言

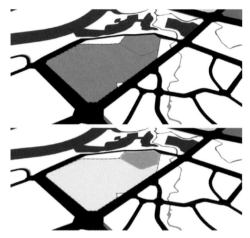

建设基地分为东西两块，设计要求，设计内容
分别为综合会展、配套酒店。

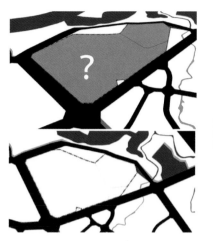

基地平坦，濒临燕子湖核心景观区，
遥望燕子岭。

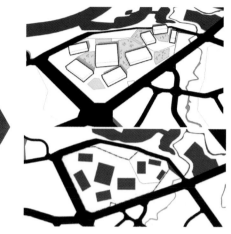

呼应水景，建筑功能依次沿河岸展开，
与山、水、城形成良好对话关系，同时
形成聚落群体。

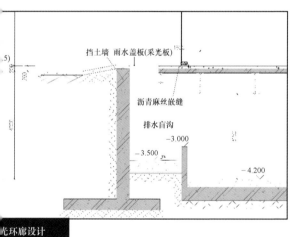

挡土墙 雨水盖板(采光板)

沥青麻丝嵌缝

排水盲沟

−3.000
−3.500
−4.200

光环廊设计

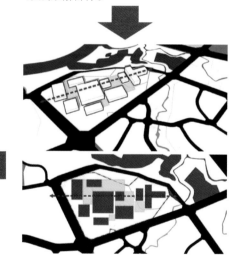

一横，三纵；一中心、多院落的群落
关系，带来步移景异的空间渗透感。

规整功能群落，沿基地东西方向排列成
良好的空间对话关系，进一步塑造院落
的秩序感。

主入口效果图

文化自信

中国本土建筑思想与当今建筑发展方向有着内在的强烈联系。

第一，天人合一的哲学思想符合生态、绿色、可持续的人类社会发展方向。

第二，中国本土木构建筑从建造方式上带有装配式建筑的特征。

第三，中国建筑标准化空间多样化组合的设计思想与当代建筑装配化的方案相契合，当今的建造技术及互联网技术又反过来为标准化灵活空间发挥其使用优势提供条件。

这些深层次的联系昭示着中国本土建筑实践的光明未来

酒店沿河效果

酒店鸟瞰效果

酒店大堂效果

西入口效果

沿街效果

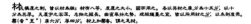

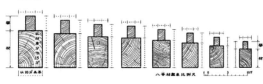

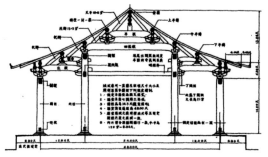

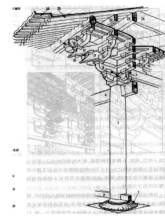

本土装配

在坪山高新区综合服务中心项目中，探索装配式建筑与中国本土木构建筑深刻的内在联系。

中国传统建筑是木构的，而服务中心是钢构的。钢材与木材，受力特点相似，建造逻辑相通。都是干式连接的，预制装配的主体结构。《营造法式》"才分八斗"，服务中心取 300 为基本模数，12.6m 的标准柱跨，6m 基本层高，立面一切均按此划分，实现模数统一。更进一步，服务中心项目内部装修完全采用装配式装修，大量采用标准构件、板材拼装，是一个从内到外，彻头彻尾的装配式建筑。

由于有着与中国本土建筑高度统一的建造思维，服务中心建筑就能以完全质朴的方式表达自己的中国建筑形制。首先，结合现状场地情况，适当抬高建筑标高，减少土方量，结果带来了建筑周围的景观台地。我们要让建筑开放、内外交融，所以在立面上实体部分仅仅保留的柱子，形式上却呼应了中华建筑的梁柱形式。我们想让深远的挑檐不要压抑，就让其层层退进，结果带来了有着斗拱意味的叠涩檐口。大面积的金属屋面需要排水，找完坡后便成为了"举折"一般的坡屋面。形制，是自然的形制。

模数外墙

中式吊顶

装配式内装

酒店客房

主展厅

开放建筑

项目中首先提供标准空间。建筑中主要展厅都是无柱大空间，为建筑的多功能使用创造了条件，随着使用需求的发展和变化，建筑空间也可以不断变化。在这里可以举行展览、会议、文化表演、体育活动等多种活动。

更重要的是，建筑的交通流线设计也要充分满足这种变化的需求。在展览部分，我们设置了南面、西面两个入口，分别可以作为南面、西面两个登录厅。参展流线可以根据不同的展览需求进行变化，展品流线也可以随之而变。当南入口作为参观入口的时候，西、北、东三个方向就可以作为货运布展入口；当西入口作为参观入口的时候，北、东、南三个方向也可以作为货运方向；当西入口、南入口同时为参观服务的时候，东面、北面的货运入口也能满足布展要求，这样就适应了未来各种展览的需要。

建筑内部空间分隔大量采用灵活隔断，展厅可以由大分小，也可以由小合大。多功能厅做到灵活分隔，会议厅也可以做到大小灵活分隔。会议部分南向的七间会议室一字排开，可以任意组合，全打通时甚至可以进行室内 60m 短跑比赛。建筑也在不停的变换使用中一次次实现重生。

最后，建筑首层外墙均为玻璃幕墙，稍加改造即可将其换成门，未来建筑功能如果发生变化，可以轻松适应，甚至外墙全部打开，在建筑内重新建设，赋予建筑新的功能。

多种展厅

流线方式

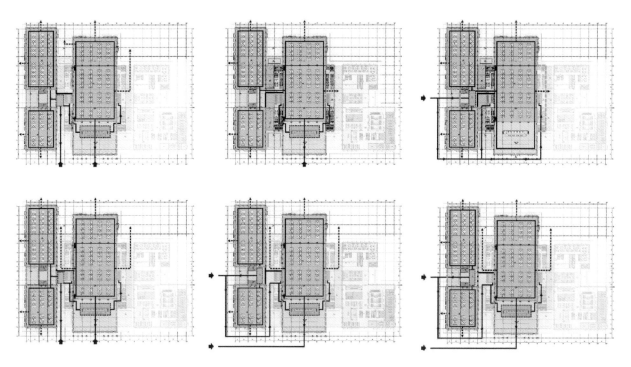

会议门厅

主登录厅

酒店大堂

坪山高新区综合服务中心

智慧建造

项目采用"中建科技装配式智能建造平台"进行全过程数字管理。

基于正向 BIM 模型，完成轻量化上传平台。BIM 构件入库，生成二维码。工厂生产构件带此二维码出厂，交付工地。工地施工信息继续通过二维码录入系统。形成完整的建造数字信息。

平台上可同时完成现场实名制管理、安全管理、隐患排查、实施监控、无人机巡航、点云扫描等功能。做到现场数据信息集成。

在项目中同时使用机器人进行建造。探索未来无人工地。

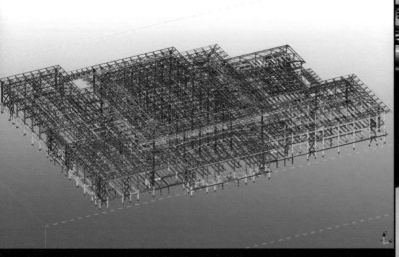

BIM 轻量化模型

机器人建造

预制梦想・装配未来

中建科技装配式建筑智能建造平台

模块化设计　云筑网购　智能工厂　智慧工地　幸福空间

中建科技集团有限公司
CHINA CONSTRUCTION SCIENCE & TECHNOLOGY LTD.

智慧建造平台

线上实名制管理

商洛万达广场
Shangluo Wanda Plazat

　　商洛万达广场坐落于陕西省商洛市商州区，是一个集购物、休闲、文化、娱乐为一体的大型商业综合体。依托城市总体发展规划，借势城市中心效应，项目建成后将成为整个商州区乃至商洛市的全新商业地标。城市综合体中各种功能相互补充、相互借用，形成有机的联系，集约高效地利用土地资源，充分体现城市的核心价值。

　　项目创新地采用了 BIM 全专业正向协同设计模式，并以此为基础开展绿色性能优化，实现目标和效果导向的绿色建筑设计。

设计时间：2017 年～2018 年

项目地点：陕西省商洛市

土地面积：5.16 万 m²

建筑面积：11.69 万 m²

建筑层数：地上 4 层，地下 1 层

设计单位：中国建筑上海设计研究院有限公司

施工单位：中国建筑第八工程局有限公司

主要设计人员：郭松林、李志烈、齐旭东、何锋、
赵建国、高梨、周祥、李莉莹、程鹏、李玉洲、
于伟超、刘振伟、曾小兰、舒坦、朱贺振

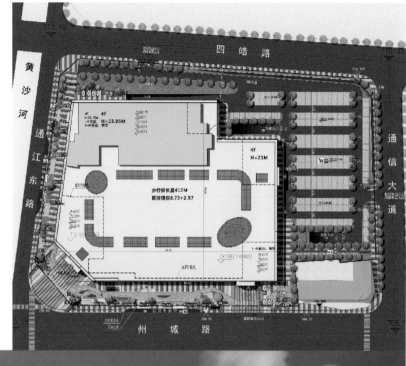

1. 绿色性能化设计

参数化设计平台 Rhino+Grasshopper，对项目体量方案进行早期的绿色性t能分析，优化建筑的日照、辐射、采光、风环境、热舒适等。

设计团队自主开发的能耗快速分析软件，能够自动提取方案体量模型的关键参量，并通过 BP 人工神经网络估算建筑方案的相对节能率、总能耗等指标，从而实现方案早期的建筑能耗实时分析和优化。

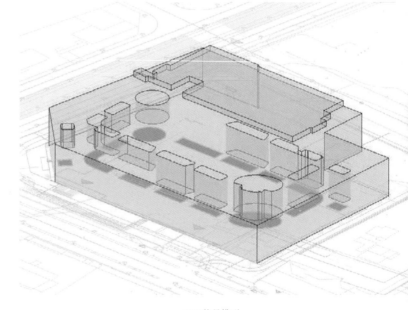

BIM体量模型

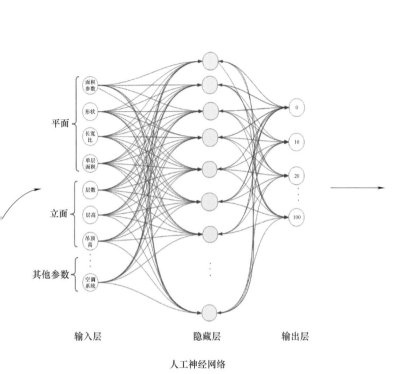

人工神经网络

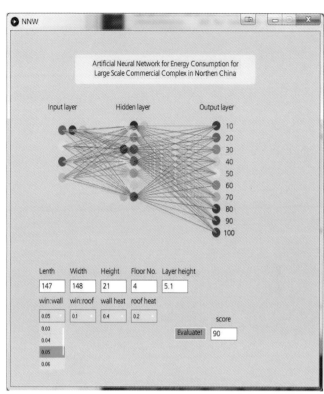

能耗模拟

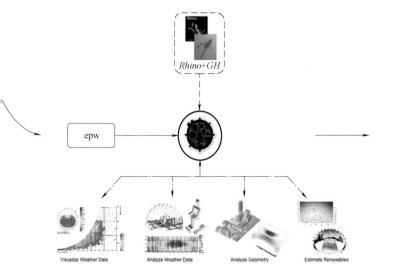

参数化设计平台

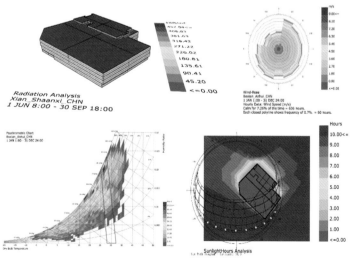

绿色性能模拟

2. BIM 全专业 正向协同设计

正向协同设计，以 BIM 协同设计平台为依托，摒弃传统的 CAD 二维设计，各专业直接依托 Revit 平台和计算机网络进行三维协同设计，并且实现从三维模型到二维图纸的实时输出，从而实现设计—施工的一体化、设计—成本的一体化。

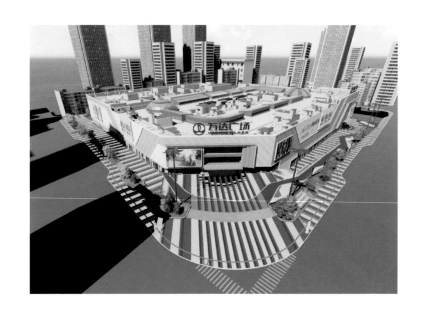

BIM 正向出图

通过创建通用的视图样板和标准化的族，建立了一套从三维模型到二维图纸的统一的表达标准。借助设计团队自行研发的"BIM 自动出图"软件，实现 Revit 环境下的快速自动化出图。

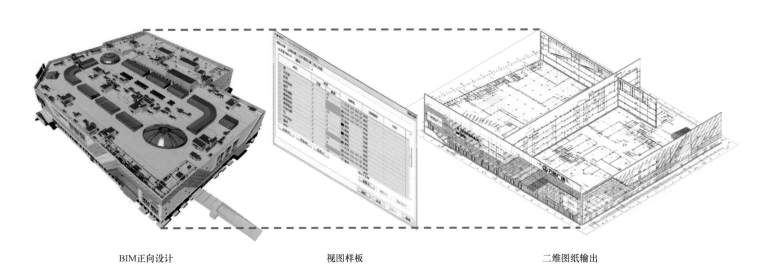

BIM正向设计   视图样板   二维图纸输出

机电管综前置

　　在设计初期，各专业就将机电主干管和干线落位，对机电路由进行结构性的优化，同时也根据已有的土建条件按施工方提出的安装标准进行空间排布，并结合净高要求充分考虑施工及安装情况，先水平管综再纵向管综。管线综合工作单独成为一项独立的工作贯穿整个设计过程中，设计、管综同步进行，提前避免了施工现场的大量调改。

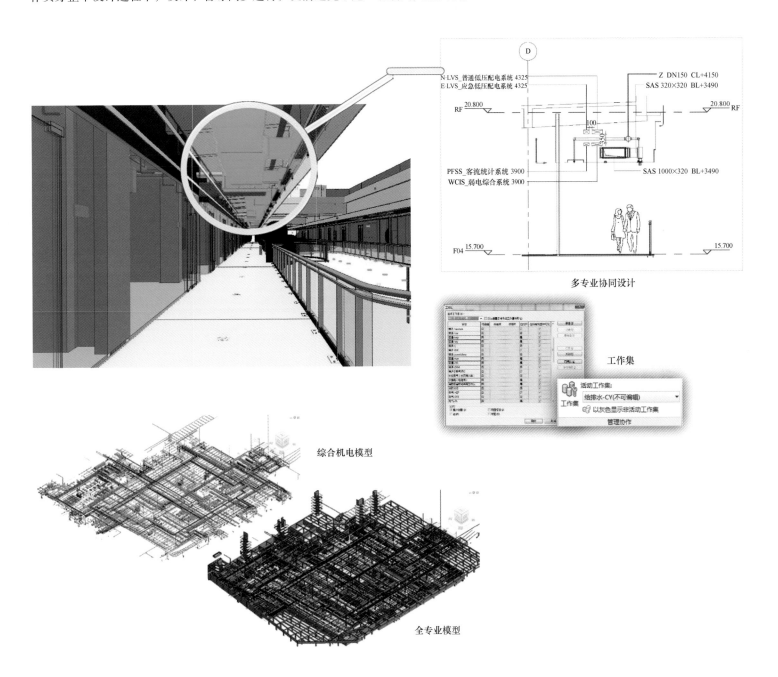

多专业协同设计

工作集

综合机电模型

全专业模型

钢筋平法出图及钢筋算量

　　结构专业通过插件，将结构计算模型直接导入 Revit 模型中，自动生成梁、板、柱等结构模型，并自动在构件的配筋属性项中赋予配筋信息。设计人员只需对钢筋信息进行微调和优化即可实现快速的钢筋平法出图。作为属性项的配筋信息，不需经过处理，直接就可以被算量软件提取，从而实现钢筋的自动算量。

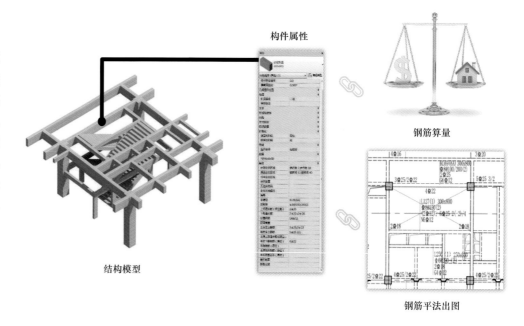

构件属性

钢筋算量

结构模型

钢筋平法出图

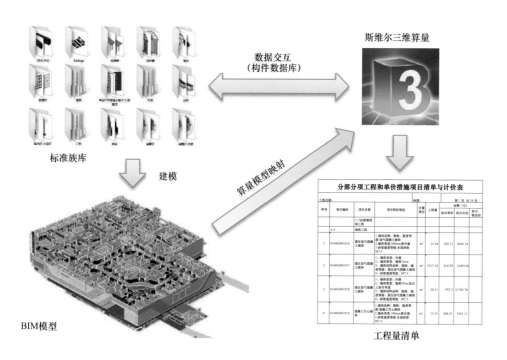

数据交互
（构件数据库）

斯维尔三维算量

标准族库

建模

算量模型映射

BIM模型

工程量清单

BIM "一键算量"

　　通过建立标准的族库，确保 BIM 模型的每一个构件都包含算量软件所需的全部属性项。再通过定义一套列数据交互标准（万达是以构件数据库的形式），确保 BIM 模型所包含的所有算量信息能够被算量软件所识别，从而将 BIM 模型映射为算量模型。最后，由算量软件直接读取 BIM 模型，输出工程量清单，实现"BIM 一键算量"。

3. 设计—施工一体化

施工团队与设计院进行深度协作，进行全过程、全专业的 BIM 集成应用，从设计阶段设计管控、施工阶段全专业深化设计、施工全过程 BIM 总承包管理，到运维阶段竣工模型的维护、对接万达慧云运维平台，实现建筑全生命周期内的 BIM 集成应用。

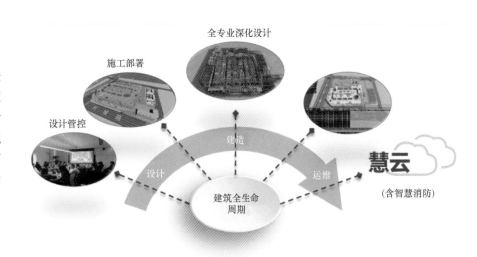

设计管控　施工部署　全专业深化设计　运维　慧云（含智慧消防）

设计　建造　运维

建筑全生命周期

张家口学院新校区
New Campus of Zhangjiakou University

　　张家口学院新校区建设项目是河北省 2022 年冬奥会保障项目，位于张家口市经济技术开发区未来之城内，南临中央景观大道，东临京张高铁，西临清水河，北临主城区。该处地势平坦，地理位置优越，交通条件十分便利 。项目一期工程规划用地规模 936 亩，建设规模 33.45 万 m²，总投资 19 亿元，建成后可容纳学生 14000 人。

　　该项目由中国中建设计集团有限公司设计，基于模数化、人性化、现代化、网络化、园林化、生态化的目标，科学地将校园划分为教学区、行政区、运动区及生活服务区，整体布局合理，形成交融共享的现代化校园环境。

设计时间：2016 年 8 月
项目地点：张家口
土地面积：62ha
建筑面积：约 33.45 万 m²
设计团队：中国中建设计集团有限公司
中建设计集团主要绿色建筑设计人员：
徐宗武、万家栋、徐雅静、顾工、钟岱容、唐悦兴

1.绿色设计策略 校园微气候层面

宏观尺度

通过对校园建筑体量和室外活动场地的合理布局，从宏观尺度控制校园整体风环境与热环境，避免产生校园风道。

中观尺度

通过不同尺度和比例的院落式布局，从中观尺度控制建筑内部及周边场地的风环境和热环境，产生舒适的建筑周边场所。

微观尺度

通过片墙、连廊及植被等手法，从微观尺度控制局部重点空间的风环境和热环境，在人员密集的区域形成舒适的室外空间。

2.绿色设计策略 景观规划层面

树木设计

提出"森林校园"的设计理念，通过控制行道树的种类、空间布局和排列方式，控制校园主街道空间的热环境与风环境。

绿化设计

经济可能的情况下，进行屋顶绿化以及垂直绿化，以降低建筑能耗，提升校园街道的热舒适。在校园非机动车道和地面停车场采用透水性铺装，增加雨水自然渗透空间。

可持续技术

太阳能利用：在校园建筑单体屋顶布置太阳能板，利用当地丰富的太阳能资源。

地热能利用：分析当地地热能情况，合理使用地源热泵。

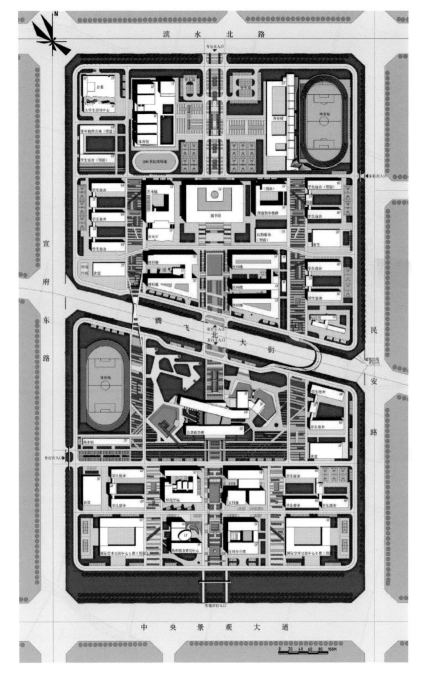

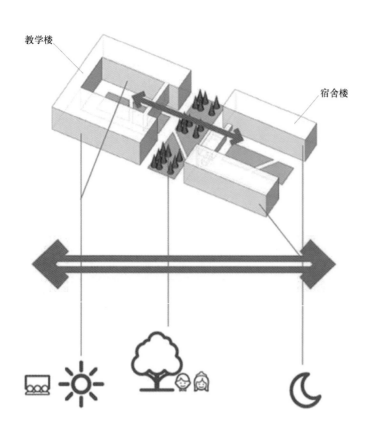
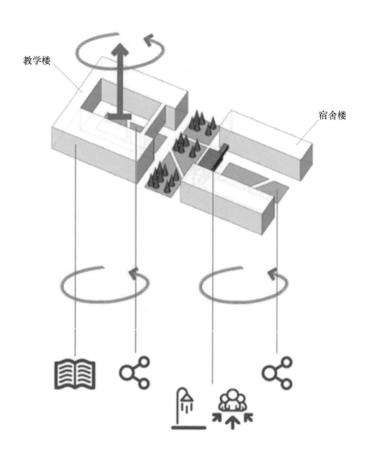

3. 绿色设计策略 建筑单体层面

建筑形体设计

　　合理控制体形系数及建筑朝向，自遮阳形体设计，控制建筑能耗与采光性能。

建筑表皮设计

　　对于部分大体量建筑的大面积重复性表皮，如教学楼和图书馆，进行专项研究，控制建筑能耗与采光性能。

建筑空间组织设计

　　合理设计气候缓冲空间，提高局部空间热阻尼。对中庭空间进行气候设计。

装配式应用

　　由于学生宿舍平面形式规则，功能分区类似，因此采用装配式设计建造能够取得更大的经济效益。因此本次张家口学院新校区的学生宿舍部分将采用装配式的设计施工手段。

应用1：公共教学楼

风、热环境

1. 主教学楼过渡空间屋顶东侧升高形成双层通风屋面，利用文丘里效应使风速变大，降低夏季屋面传热。

2. 主教学楼过渡空间双层屋面下方设有通风口，保证热压通风。

3. 在过渡空间西侧垂直交通空间内侧加设一道幕墙将其二层以上封闭并设置可开启通风口，使交通空间作为缓冲空间改善东侧区域使用者的热舒适，同时加强气流循环。

4. 为预防南侧教学楼北向出挑研讨空间西晒和改善其温度，已建议立面选用蓄热系数较大的材质做成实墙封闭或加遮阳格栅。

平面优化及布局调整

1. 北向主入口面对张家口冬季主导风向，教学楼上下课人流量较大，双层正向门斗冬季会灌入过多冷风，方案已改为在保留原有入口的前提下，加设正向入侧向出的门斗并重新布置入口功能布局（冬季门斗内侧正门封闭）。

2. 北向报告厅入口外部空间为 U 型且仅设置单层门，冬季室外风速较大且冷风渗透严重。已建议取消门厅入口，改为报告厅侧向单独开门进入并设置双层门斗。

3. 北侧教学楼标注红圈位置教室仅依靠过渡空间间接对教室进行天然采光，且开窗后过渡空间上升热空气会升高室内温度。已建议取消该教室布置。

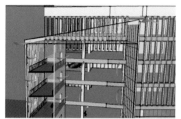

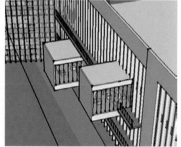

立面遮阳

1. 现有遮阳形式为竖条格栅，建议在北侧教学楼西半部分南向加设活动遮阳。建议设置为可转轴为平行、垂直外窗两种形式的活动遮阳。

2. 针对各个立面遮阳的设置角度进行计算，得到能耗最低的设置形式。

天然采光

对可能出现采光问题区域进行采光模拟进行检验：

1. 玻璃过渡空间室内照度过高，双层屋面内侧玻璃已建议设置为漫透射材料或屋面内侧加设遮阳格栅，可有效避免空间内的眩光。

2. 北侧教学楼东南侧三层教室天然采光不足，已讨论方案修改问题，现有修改策略为北侧教学楼三层局部立面不设置遮阳格栅。

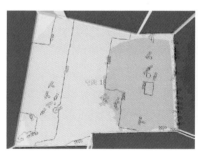

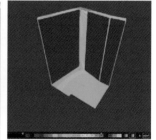

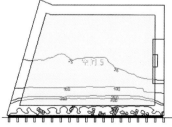

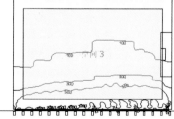

应用 2：图书馆

热压通风

  室外气象条件如室外空气温度、室外风速风向均会对建筑内部的气流组织产生影响。本次模拟依据 GB 50736—2016，选择张家口夏季室外通风计算温度和三种不同的风速场景进行模拟，为验证室内热压通风在最不利条件下的通风能力，风速选择较低的数值进行建模，即楼宇外窗进风风速 0.1m/s（微速）、0.3m/s（低速）和 0.5m/s（正常）。

  在微速条件下，$30m^2$、$50m^2$ 和 $100m^2$ 两种工况虽都能满足需求，但 $50m^2$ 和 $100m^2$ 的通风量增幅并不明显，鉴于投资经济性，推荐采用 30 平方米窗洞面积。在 $30m^2$ 窗洞面积的工况下，比较了窗口按正方形排布和长方形排布两种工况的建筑总通风量。可见屋顶通风窗按正方形布置的效果更佳。

  在图书馆中庭设置导风板，增强文丘里效应。

窗洞总面积	微速			低速			正常		
	位置	风速（m/s）	风量（m³）	位置	风速（m/s）	风量（m³）	位置	风速（m/s）	风量（m³）
30m²	圆形中庭	2.3	49680						
	U型中庭	2.32	200448						
	总体		250128						
50m²	圆形中庭	0.88	31680	圆形中庭	3.9	140400	圆形中庭	6.13	220680
	U型中庭	1.52	218880	U型中庭	3.76	541440	U型中庭	6.3	907200
	总体		250560	总体		681840	总体		1127880
100m²	圆形中庭	0.56	40320	圆形中庭	2.33	167760	圆形中庭	—	—
	U型中庭	0.83	239040	U型中庭	2.3	662400	U型中庭	—	
	总体		279360	总体		830160	总体		—

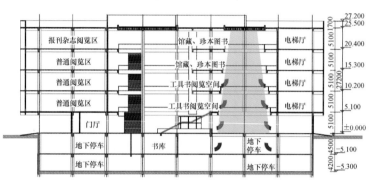

应用3：艺术楼

室外环境优化分析

从0.5m、1.1m、1.5m三种不同高度（以庭院平台作为零点）上的温度云图和速度云图对比可见：

由于夏季地面、墙面吸收太阳辐射导致高温壁面的存在，以及较低处的空气流动速度相对较慢，因此在两处庭院内我们可以观察到，越低处的空气温度越高。

从0.5m温度云图可见，在方形庭院中，靠近东南侧的空气温度较高，原因是该处的风速较低；当地夏季主导风向东南，艺术楼东西两侧均有高度相仿的建筑，由0.5m速度云图和整体流线图，艺术楼方形庭院东西两通道的进风在庭院内形成对冲，最终在庭院东南方位形成较低的风速。

推荐在0.5m温度云图红色区域、1.1m温度云图绿色区域进行植物种植，为避免对采光中庭的光线产生影响，可种植低矮灌木，可通过降低平台表面温度实现室外空气温度的降低以及负一层内部温度的降低。

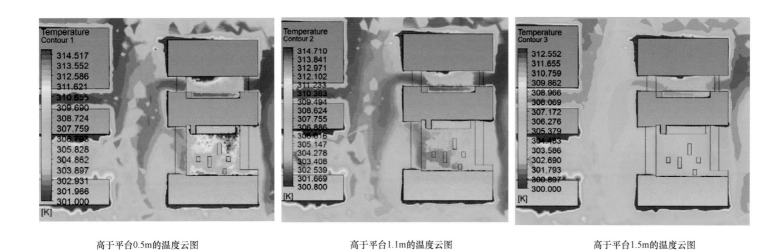

高于平台0.5m的温度云图　　　　　　高于平台1.1m的温度云图　　　　　　高于平台1.5m的温度云图

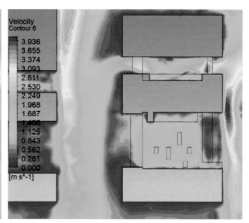

高于平台0.5m的速度云图　　　　　　高于平台1.1m的速度云图　　　　　　高于平台1.5m的速度云图

居住建筑

RESIDENTIAL BUILDINGS

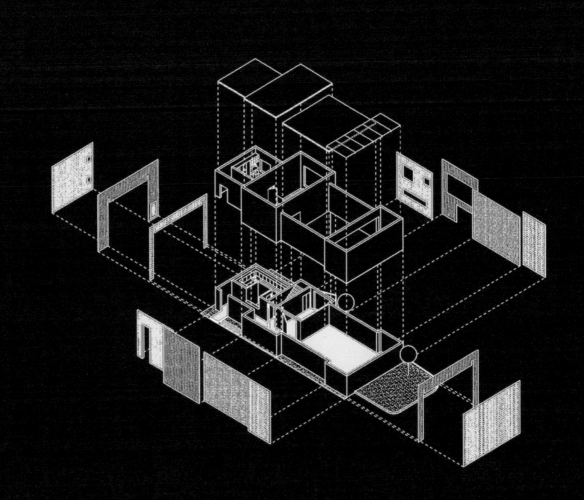

北京北安河安置房项目
Beian River Resettlement Housing Project

本项目位于北京市海淀区苏家坨镇，北清路与西六环交汇处西北角，紧邻地铁16号线北安河站。项目占地308100m²，总建筑面积1215296m²（其中西区505384m²，东区709912m²），共九个地块，总计8095户，是目前北京市海淀区最大的保障型住房工程。

项目自2015年6月开工建设，至2017年3月全面竣工验收并交付使用。该项目已通过绿色二星评定公示，同时获得北京市结构长城杯、北京市绿色施工示范工程等重要奖项。

设计时间：2015年～2017年
项目地点：北京
建筑面积：1215296m²
容积率：2.5
建筑高度：45m
建筑密度：35%
设计单位：中国中建设计集团有限公司
主要绿色建筑设计人员：薛峰、黄文龙、刘悦民、李治、张东莲、张鑫、辛鑫

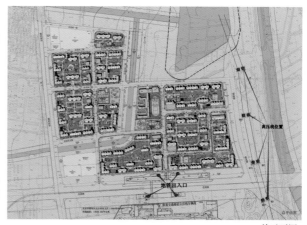

总平面图

鸟瞰图

绿建技术亮点：

☐ 高性能窗墙围护结构；

☐ 阳台蓄热、太阳能热水和分体空调一体化系统；

☐ 孪生数字社区智慧运维管理平台。

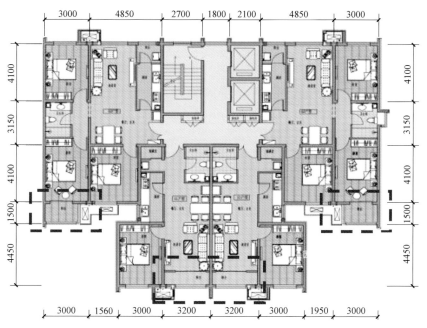

阳台蓄热、太阳能和分体空调一体化系统设计

绿建技术亮点：

□ 阳台高性能窗墙围护结构

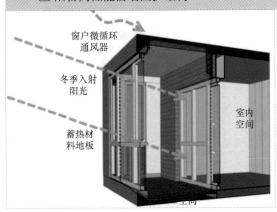

窗户微循环通风器

冬季入射阳光

蓄热材料地板

室内空间

● 阳台外围护结构性能

回迁安置住区的采暖费对于回迁居民来说也是一笔不小的开销。而在住宅使用过程中，有近50%的采暖能耗是由围护结构间接造成的。因此，对于外围护结构节能优化技术的集成至关重要。

围护结构传热系数指标［传热系数 K（W/m²·K）］：屋顶：K=0.4、外墙：K=0.45、户门：K=2.0、单元外门：K=3.0、窗：K=2.0。建筑体形系数：本项目建筑层数大于等于14层的体形系数不大于0.26，9至13层的建筑体形系数不应大于0.3，4至8层的建筑体形系数不大于0.33。控制窗墙面积比，规划布局住宅的南北朝向比率85%，见右表。

● 阳台蓄热技术

利用南向封闭阳台，在阳台外围护做外保温，适当减少阳台进深，阳台内墙不设置保温，采用重质墙体，当冬季白天阳光照射进入阳台时，经过太阳高度角计算，有约6h的照射时间，形成蓄热墙体，并打开阳台门体，结合南北串通的户型设计，使北侧冷空气与南侧热空气形成气流流动，让热空气流动进入室内。通过住宅室内容量和热量对比分析，白天基本不用开启暖气，实测温度为19℃。

当晚间时，关闭阳台门，形成双层阳台空腔结构，使蓄热墙体持续发热，保证冬季晚间蓄热得热。夏季采用外挑活动遮阳设施和内遮阳窗帘，遮挡太阳辐射，并关闭阳台门使室内空气隔绝，减少空气流动，增大北侧空气的冷辐射作用。过渡季主要是通过南北通透的户型设计开窗通风。

本项目主要能耗指标			
序号	项目分类	指标值	备注
1	外窗气密性	7级	
2	外窗综合导热系数	K=2.0	K（W/m²·K）
3	外墙综合导热系数	K=0.45	K（W/m²·K）
4	采暖能耗指标	32kW·h/m²·a	供暖耗热量指标不应高于14.65W/m²
5	南北朝向比率	85%	

● 阳台窗墙高性能节点及防渗水构造措施

外门窗安装就位过程中，应将粘贴固定在门窗框侧边的防水隔汽膜拉至门窗洞口内侧，并铺放平整。在门窗洞口周边粘贴部位的面层上均匀地涂刷一道专用粘结胶，然后将防水隔汽膜粘贴，并用刮板将防水隔汽膜刮平，排出隔汽膜与砂浆面层的空气，使粘结胶充分均匀地将防水隔汽膜与水泥砂浆面层粘接严密。

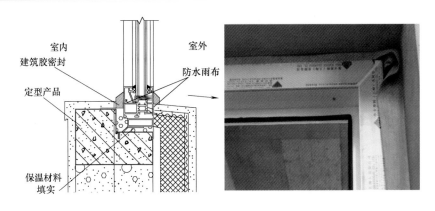

室内
建筑胶密封
定型产品
室外
防水雨布
保温材料填实

● 空调、装饰挡板、雨水管和太阳能集热管（水箱）一体化技术

采用全玻璃真空集热管无"有形水箱"太阳能热水系统，将空调室外机、空调装饰挡板、雨水管和全玻璃真空集热管一体化设计，不占用室内空间，与建筑融为一体。其直热技术可直接晒水热效率高。太阳能热水建筑一体化技术和太阳能路灯100%使用，见下图。

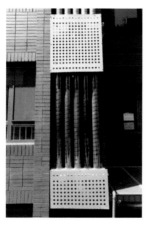

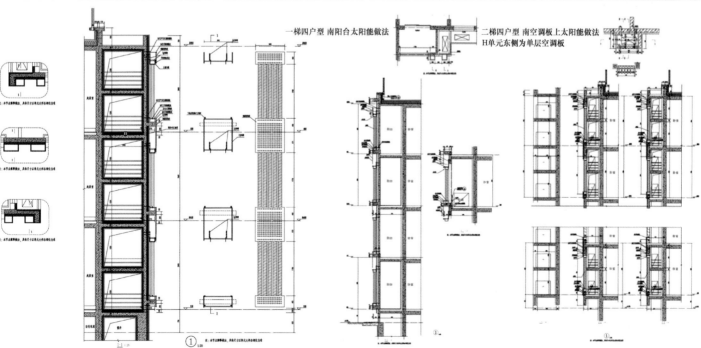

一梯四户型 南阳台太阳能做法

二梯四户型 南空调板上太阳能做法
H单元东侧为单层空调板

绿建技术亮点：
□ 孪生数字社区智慧运维管理平台

● 孪生数字社区智慧运维管理平台

通过智能化手段实现公共照明的管控，提高工作效率，降低能源消耗，节约人力成本；小区公共电力能耗数据实时监测；能耗运行数据趋势分析与预测，及时整合小区的用电情况，以可持续的方式降低能耗；图形化能耗地图，直观地掌握能耗分布状况，及时发现问题，解决问题，辅助决策。

对物业值班管理的模式进行了创新，打破传统的值班监控的模式，在建设完成的现代化中心机房充分利用现有的3×5监控大屏设备和条件，改变工作方式，使运营管理的效率得到了极大地提升。系统自动将运行数据进行归档管理，全部存储在数据库中，实现运维数据记录的无纸化，方便进行事后分析与追溯。

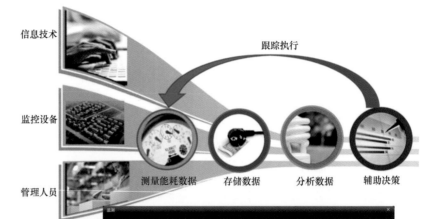

综合运维系统：

● 通过一个中心、一个 BIM 数据库、一个网络的"三个一"工程，将众多的独立的硬件管理子系统全部集成到综合运维系统上进行统一的协调管理，打破了系统间的"孤岛"模式，实现了系统间的相互协调与数据共享，在提高运行管理和物业服务效率的同时，提升了小区人民的生活水平。

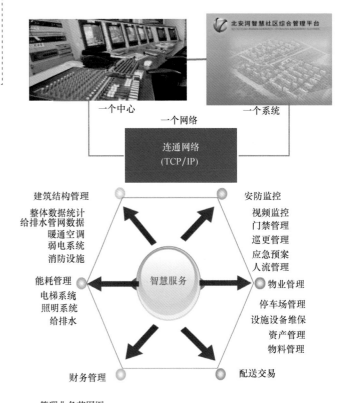

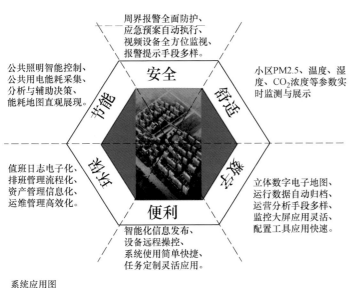

系统应用图

管理业务范围图

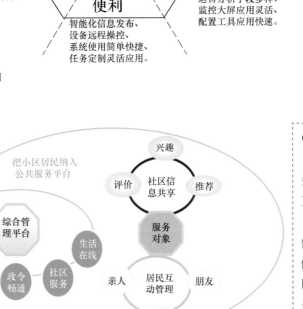

● **公共服务平台建设——借助物联网，形成智慧社区体系：**

以"服务"理念为基准，为小区居民打造了专业的公共服务支撑系统，将居民的日常生活进行了互联互通，使居民能够互助互信、信息合作共享。

为了更好地为小区居民提供服务，提高居民的生活质量，借助物联网技术，在整个社区内建设完成了包括集安防监控、停车管理、环境监测、智能 WIFI、信息发布等为一体的智能化服务网络，配备了智慧化的综合运维系统和公共服务平台，通过先进、高效、稳定的传输网络，把整个社区构建成一体化、智慧化的社区，为这个承载苏家坨镇几万户家庭幸福的定向安置房提供了保障。

● 社区管理系统

　　依托知识库，建立全局联动策略库，自动执行告警预案，实现系统"自愈"，在提高事件处置效率的同时，保障小区的安全。

　　通过技术手段实现整个社区的全面可视化监控，当出现报警事件时，在电子地图上进行醒目的提示，值班管理人员"足不出户"能够掌控全局，提高工作效率与管理水平。

　　移动客户端使用方便、操作灵活，值班管理人员通过移动客户端可以快速地实现小区设备运行状态的整体监控，方便地进行整体状态的预览与分析，降低了工作难度，提高工作效率。

WIFI 作为日常生活的一部分，已经完全进入到了每个人的生活中，整个社区都能够智能互联的 WIFI 网络的建成，也真真正正地影响了居民的生活，服务了居民的生活。

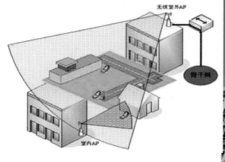

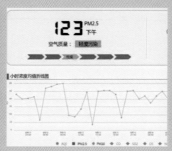

　　通过技术手段将小区 PM2.5、温度、湿度、CO_2 浓度等环境参数进行集中展示，物业管理人员根据小区环境的监测数据，及时采取措施保障提升服务的能力，提高管理水平。

　　为了更好地保证居民熟悉且了解生活环境的好坏，及时感知小区环境的变化，在整个社区内建立了一套功能完备的空气监测环境。

为使地下停车库可在白天具有良好的天然采光，地下车库设置了光导管，白天大部分区域不采用人工照明。

深圳市长圳公共住房及其附属工程总承包（EPC）
Shenzhen Public Rental Housing and Appurtenant Planning General Contracting(EPC)

长圳公共住房及其附属工程项目（以下简称"长圳项目"）位于深圳市光明新区光侨路与科裕路交汇处，基地西南角将建成地铁 6 号线及 18 号线长圳站，交通便利；场地内有鹅颈水穿越，景观优势明显。总用地 20.7hm²，总建筑面积约 115 万 m²，提供约 9672 套人才住房和保障性住房，是深圳市目前规模最大的公共住房建设项目，预计于 2021 年 5 月 28 日建成。

项目以孟建民院士"本原设计"思想为指引，以"河谷绿舟"为规划理念，以"健康、高效、人文"服务人的幸福生活为"初心"，力求将项目打造为"三大示范、八大标杆"，通过"二十项科技专题研究"，彻底改变以往公共住房品质低端的印象，开启深圳广纳人才、持续创新、改革发展的新篇章！

设计时间：2012 年 9 月 ～ 2014 年 8 月
项目地点：深圳市
建筑面积：1145688.56m²
容积率：5.41
建筑高度：150m
建筑密度：38.43% /11.27%（一 / 二级）
设计单位：中建科技有限公司深圳分公司、
　　　　　深圳市建筑设计研究总院有限公司
设计团队：孟建民、樊则森、唐大为、孙占琦、
　　　　　齐贺、徐牧野、陈明涛、秦超、张玥、
　　　　　廖敏清、张超、王洪欣、邱勇、苏颖、
　　　　　王健、岳禹峰、贺水林、马惠芳、
　　　　　李丹

绿色
Green
Building

智慧
Intelligent
Building

科技
Science and
Technology
Building

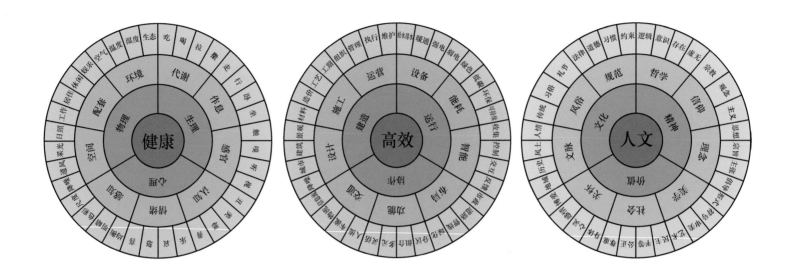

1. "本原设计"

"**本**原设计"不仅是一种设计方法，更是一种设计理念，其以倡导"健康、高效、人文"三大要素为基石，延承维特鲁威以"人"为基点的人本思想，更为直接地表述设计的目标指向，强调"建筑服务于人"的终极理念。

2. 总体目标

以"本原设计"思想为指引，实实在在地从环境、功能、造价、交通、质量、性能、运营、使用等方面全方位解决问题。以"健康、高效、人文"服务人的幸福生活为"初心"，打造国家级绿色、智慧、科技型公共住房标杆。

环境　功能　造价　交通　质量　性能　运营　使用

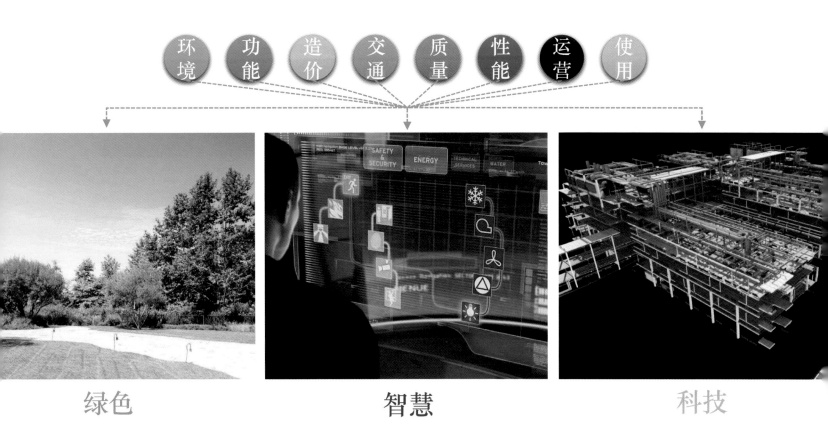

绿色　　　　　　　　　智慧　　　　　　　　　科技

3. 设计先导，技术引领

围绕总体目标，以"智慧尚城"为建筑理念，利用"深圳市公共住房户型设计竞赛"获得唯一特等奖的方案成果，结合任务要求，系统实施科技引领、智慧协同、模块生长的建筑设计策略。

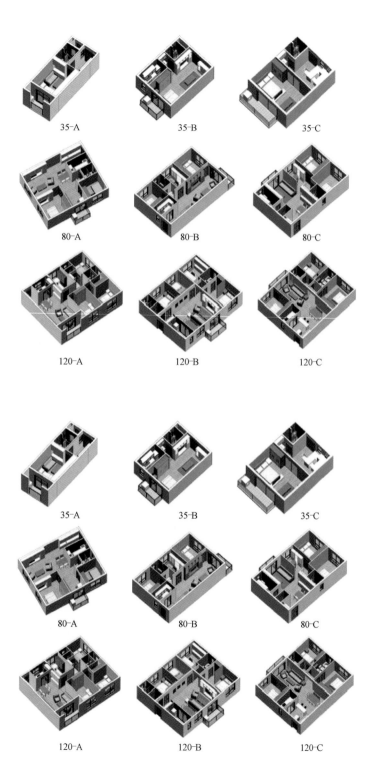

35-A 35-B 35-C

80-A 80-B 80-C

120-A 120-B 120-C

35-A 35-B 35-C

80-A 80-B 80-C

120-A 120-B 120-C

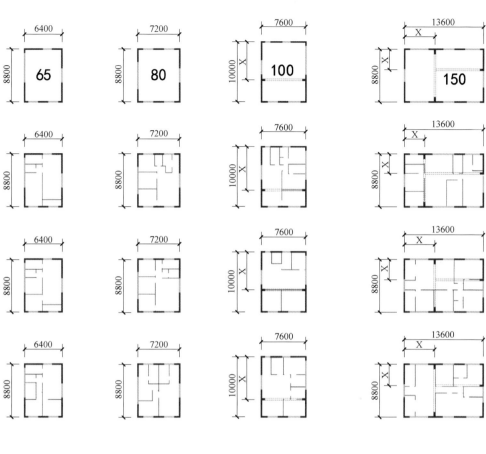

有限模块无限生长

　　基于任务要求的面积标准，提供最优化的标准模块，实现户内无柱大空间。再由建筑＋结构＋工厂＋施工，深入研究模块的变化规则，实现从每一个"标准模块"到更为丰富的结构空间"无限生长"。

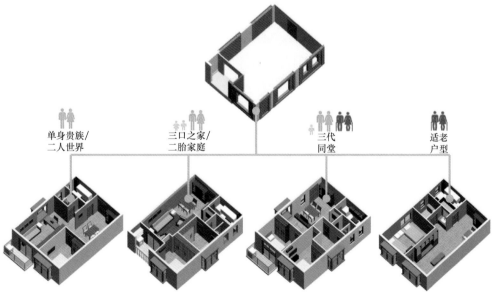

单身贵族/
二人世界

三口之家/
二胎家庭

三代
同堂

适老
户型

全生命周期

　　不是面积、功能的僵化拼凑，而是有限空间中的无限变化；内部空间设计考虑全生命周期。

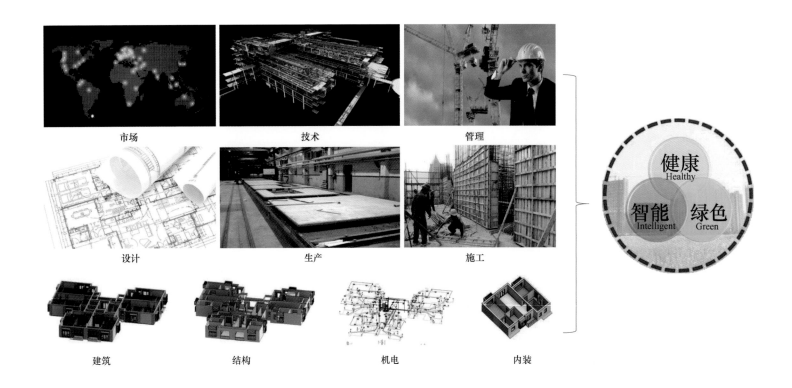

市场　　　　　　　　　技术　　　　　　　　　管理

设计　　　　　　　　　生产　　　　　　　　　施工

建筑　　　　　　　结构　　　　　　　机电　　　　　　内装

健康
Healthy

智能　　绿色
Intelligent　Green

4. 三个"一体化"
装配式智能建造平台

回归技术理性的本原设计方法，凸显"建筑科技服务于人"的先导作用。通过"技术、管理和市场一体化；设计、生产、施工的一体化和建筑、结构、机电、内装一体化"的装配式建筑智能建造平台，将绿色建筑、健康建筑、智能建造等创新科技集成，实现建筑质量、效益、性能最优。

公司研发了基于"企业云"的 BIM 协同平台，设计在平台上"全员、全专业、全过程"协同完成。建造过程在我们自主知识产权的"装配式建筑智能建造平台"上开展。由模块化设计、云筑网购、智能工厂、智慧工地和幸福空间五大模块组成，能实现所有参建各方共同参与，协同管理。具有网上互动审批、可视化互动下单、智能化监管、人脸考勤、实名制管理、质量安全责任可追溯等功能，此外还提供新居交付时的全景建筑使用说明书、全景物业管理导航、全景建筑体检等。全面满足本任务的"项目管理平台"要求。

5. 绿色建筑设计

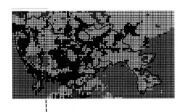

长圳项目位置对应风玫瑰

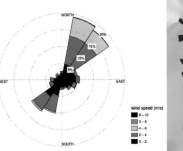

将深圳的风气候条件划分为1km×1km的区域，统计每个区域每年的最高风频率，确保边界条件的准确性。

——气象数据来源深圳市气象台

室外风环境模拟

规划方案一

规划方案三

初期的四个规划方案进行风环境模拟，结合其他的物理环境因素再进行进一步的筛选

规划方案二

规划方案四

筛选 优化

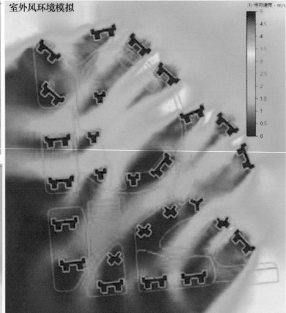

室外风环境模拟

在初期筛选的方案基础上进行优化，满足经济技术指标和设计规范

透水地面能增加地表与地下水的交换和相互调节，补给地下水。减少自然灾害。缓解城市热岛效应，增加空气中的湿度，减少扬尘降低噪声。增强土壤净化能力

人工湿地是人工建造的、可控制的和工程化的湿地系统，其设计和建造是通过对湿地自然生态系统中的物理、化学和生物作用的优化组合来进行污水处理。

屋顶绿化对增加城市绿地面积，改善日趋恶化的人类生存环境空间；屋顶绿化对于夏季屋顶隔热有显著的效果，对于提升室内环境品质也有一定的作用。

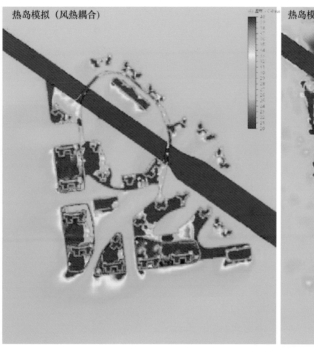

热岛模拟（风热耦合）

所有的下垫面均为硬质的，可以看出过热区域比较集中

原始 ⊏⊐⇒ 绿植

热岛模拟（风热耦合）

采用了透水地面、人工湿地和屋顶绿化后的模拟结果，比较大地改善了热岛强度

319

利用乔木类较为高大的树木形成降噪带

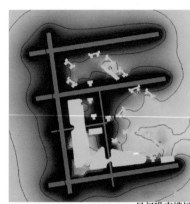

昼间噪声模拟

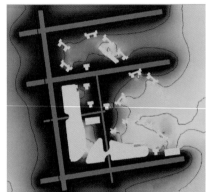

昼间噪声模拟

利用隔声屏障来反射噪声，从而达到降噪

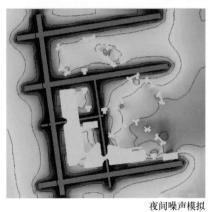

夜间噪声模拟

在无任何措施前，区域西侧的噪声较大不满足规范要求

改善前 ⌐⌐⌐> 改善后

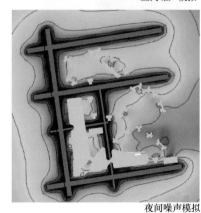

夜间噪声模拟

采用了绿化带等其他措施降噪后满足规范要求

80dB(A)
75dB(A)
70dB(A)
65dB(A)
60dB(A)
55dB(A)
50dB(A)
45dB(A)
40dB(A)
35dB(A)
30dB(A)

节地与室外环境—海绵城市

响应"海绵城市"建设的要求，充分利用场地空间合理设置绿色雨水基础设施，并对场地进行雨水专项规划：

① 设计满足《深圳市海绵城市规划要点及审查细则》中的径流控制量及污染物控制要求。

② 鉴于周边存在制药、光电等工业厂区，考虑可能存在的项目场地水质污染和土壤污染等情况，勘察阶段进行相应污染物检测和治理，确保足够安全标准。

综合用地各方面优缺点因素，本方案主要从屋面（包括地铁车辆段上盖面积）、绿地、道路与广场、排水系统四大方面出发，可采用的措施有下沉式绿地、雨水花园、生态草沟、绿色屋顶、透水铺装等。

雨水花园　　　　　　雨水花园　　　　　　屋顶绿化　　　　　　屋顶绿化

生态草沟　　　　　　生态草沟　　　　　　透水铺装　　　　　　透水铺装

低冲击开发　　　　　　　　　　　　绿色基础设施

6. 项目
亮点

"三大示范"即：国家可持续议程示范城市的示范小区（发改委示范）、国家重点研发计划专项的综合示范工程（科技部示范）、装配式建筑科技示范工程（住房城乡建设部示范）。

"八大标杆"即：公共住房项目优质精品标杆、高效推进标杆、装配式建造标杆、全生命周期 BIM 技术应用标杆、人文社区标杆、智慧社区标杆、科技住区标杆、城市建设领域标准化管理标杆。

深圳罗湖"二线插花地"棚户区改造项目
Shenzhen Luohu "Second Line" Shantytown Renovation Project

本项目位于深圳市罗湖区。罗湖"二线插花地"棚户区改造项目包含木棉岭片区和布心片区。木棉岭片区规划总用地面积约 26hm²，建设用地面积约 16hm²，规划总建筑面积约 140 万 m²；布心片区规划总用地面积约 19hm²，建设用地面积约 16hm²，规划总建筑面积约 88 万 m²。主要功能为居住建筑及配套公建。

木棉岭片区规划设计以安置房、人才房及保障房为主，其他配套用房为辅。配套服务设施包括中小学、幼儿园、门诊、社区老年人日间照料中心、社区文化活动室等。

布心片区规划设计以安置房为主，其他配套用房为辅。配套服务设施包括九年制一贯学校、幼儿园、社康中心、社区文化活动室、文化展示中心等。

罗湖"二线插花地"棚户区改造项目按照绿色建筑二星以上标准设计。其中文化展示中心、文化展示中心为绿色建筑三星，其他建筑为绿色建筑二星。

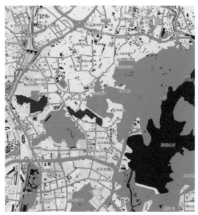

总平面图

设计时间：2017 年 5 月
项目地点：广东省深圳市
建设用地：约 32 万 m²
建筑面积：约 228 万 m²
其　　中：地上约 150 万 m²
　　　　　地下约 78 万 m²
容 积 率：4.71
建筑高度：150m
建设单位：
　深圳市罗湖区住房和建设局
设计单位：
　中国中建设计集团有限公司
主要设计人员：
　赵中宇、满孝新、阎福斌、周飞、
　周亮、吕亮、舒振兴、裴婵婵、
　徐骁、张建忠、王铭帅、周旭辉、
　郭斌、张楠、王瑜、吴越、翟雪

木棉岭片区鸟瞰图

布心片区鸟瞰图

规划概览

规划理念:

- **科学性**:符合规划、建筑设计的规范要求,符合居民居住的客观规律。
- **识别性**:具有个性特征、易识别、有较强的社会影响。
- **实用性**:功能合理,能充分满足居民居住需求;又能满足社区活动场地的要求;合理控制建设成本。
- **愉悦性**:有趣味、富于人情味、自然、优美、卫生、有序。
- **多样性**:功能与形式灵活多样、丰富、充实。
- **教育性**:充分考虑博物馆的特点,最大限度发挥建筑和环境提供休闲娱乐和辅助教育的功能。
- **文化性**:具有现代与时尚的氛围和浓郁的历史气息。
- **生态性**:尊重自然、尊重历史、保护生态。充分利用现有的地形地貌,体现南方建筑的独特个性。
- **规划整体性**:以整体化的设计思想贯穿规划、建筑及景观设计,集中设置建筑,最大限度为居民留出室外活动空间,同时与外部空间组团的典型节点空间相呼应,形成城市空间的起承转合。
- **文化地域性**:建筑布局和造型中,借鉴了岭南传统建筑中"骑楼、庭院、遮阳、冷巷"等建筑的特点,将其用现代的设计手法表现在设计方案中,空间内涵传统,表达手法现代,也是对岭南传统文化的继承和发展。

总图与规划布局:

- 综合场地的各个方面的优缺点,本案力图通过合理的规划设计,在总体布局上体现以人文本,将建筑的复合化的功能和空间生态化,合理化,个性化,以及整体利益的最大化。

交通组织:

- 以互不干扰的人车分流为原则,注重居住者的心理感受,创造有趣的空间序列。

布心片区

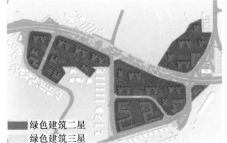

■ 绿色建筑二星
■ 绿色建筑三星

木棉岭片区

绿色建筑星级:文化展示中心、文化展示中心为绿色建筑三星,其他建筑为绿色建筑二星。

开放街区与共享生活：

- 城市修补与生态修复。通过分析现状，发现问题，整治脏乱差，打造绿色、现代、开放住区，引领新的规划潮流与设计理念，充分展现国际大都市城市面貌；在高速发展人口密集的深圳，高度集约的用地模式势必是未来住区的发展方向，我们采用了集约的点式布局，减少住宅用地，将居住空间向空中发展，设计一个纯超高层的高尚住区，尽可能释放土地与园林空间，缓解城市压力。
- 开放街区与共享生活。商业及配套建筑布局紧凑、尺度宜人，利用地形设置下沉广场，与住宅区完美契合又互不干扰，高层住宅底层架空，视线及流线畅通无阻；用地的高度集约性带来生活方式的改变，在传统的超高层住宅中融入立体共享空间，提高生活品质的同时促进了邻里之间的交流，共创和谐社会。

节材与材料资源利用技术措施

- 预拌混凝土及预拌砂浆。本项目全部采用商品混凝土及商品砂浆；高强高性能材料本项目 70% 以上受力钢筋采用 HRB400 级（或以上）钢筋。
- 简约化设计。项目采用简约化的设计，通过造价核算能确保其造价低于总造价的 0.5%。项目拟采用土建与装修一体化设计，且采用结构优化设计，节约材料。

深圳市罗湖"二线插花地"棚户区改造项目——木棉岭片区总平面图

设计愿景：

- 秀山溪谷，生态罗湖。借势用地周边的自然山水环境，引入"城市修复、自然修补"的规划原则，依山就势利用场地自然高差，以"秀山溪谷"为主题，营造出"虽由人作，宛若天成"的园区环境，体现出现代居住社区的生态理念。
- 乐业康居，魅力罗湖。规划不仅仅以空间营建为目标，更强调以人为本的建设理想，通过室内外丰富的空间组织、老人与儿童多样化的活动场地以及完善的社区配套与商业服务实施，精心打造一个业态完善、空间灵活的绿色生态型社区。
- 岭南风韵，文化罗湖。规划中借鉴岭南传统建筑的空间手法，结合岭南气候特征，巧妙地将"骑楼、冷巷、庭院、遮阳、架空"等传统建筑语汇与现代建筑风格相结合，有机地将地域文化融入现代生活之中。
- 典雅现代，时尚罗湖。设计采用现代建筑的风格，规划、环境与单体建筑三位一体的设计思想，实现了整体空间感受的连续性体验，以浅灰色为基调，穿插以跳跃的暖黄与蓝灰色彩，结合木格栅的细部处理，营造出典雅现代的社区气质。

设计理念：

- 罗湖"二线插花地"棚户区改造项目位于深圳市罗湖区北部，规划范围包括木棉岭和布心两个片区，木棉岭片区北接蚊帐顶自然山体，布心片区北邻九尾顶自然山体，自然景观丰富。
- 木棉岭片区占地约 25.8 万 m^2，规划设计以安置房、人才房及保障房为主，其他配套用房为辅。配套服务设施包括中小学、幼儿园、门诊、社区老年人日间照料中心、社区文化活动室等。
- 布心片区占地约 19.4 万 m^2，规划设计　以安置房为主。其他配套用房为辅。配套服务设施包括九年制一贯学校、幼儿园、门诊、社区文化活动室、文化展示中心等。

设计策略：

- "一山、两带、多庭院"——木棉岭片区用地较为不规则，规划中着眼于区域的整体性思考，采用一体化的设计手法，住宅集中布置在用地北侧，社区配套用房分布在用地南侧，建筑群体依山就势，南低北高，气势恢宏。住宅布局为两排相对，错位组合，可以最大限度地增加住宅的间距，减少相互之间对自然景观的遮挡，且结合地块划分，形成相对独立的组团庭院，并通过景观台地、水系、空中慢行廊道将组团庭院打造成空间层次独特、功能设施齐备的立体景观系统。木棉岭片区以用地北侧的蚊帐顶自然山体为依托，着力营造两条贯通园区的"十字型"景观带，结合多处景观节点
- "两山、双园、四中心、多通廊"，布心片区设计结合上位规划的要求，采用组团式布局的手法，将住宅错落地分布在公园与自然景观之间，学校、幼儿园、社区文化中心等配套设施尽量布置在布心片区的中部，缩短服务距离，实现了社区生活的均好性。通过精心组织的视觉通廊将景观资源有效地渗透到各个地块之中，自然景观与社区环境高效融合。

绿色建筑技术措施

地理气候条件

- 深圳市位于广东省东南部珠江口的东岸，北连惠州市、东莞市，南隔深圳河与香港九龙新界相邻，东依大鹏湾、大亚湾，西濒伶仃洋与珠海市相望。深圳市海岸线全长 230km，海洋资源丰富，有优良的海湾港口。
- 深圳的地面风向存在非常明显的季节变化，秋、冬季偏北风为主，春、过渡季则以偏东风为主；根据深圳市多年风向观测记录，深圳市全年的风向频率以东北风最高，秋季与冬季盛行东北风，春季与过渡季盛行东南风。根据深圳市多年的气象资料，统计出全年的风向玫瑰图及全年的风向频率。
- 从规划设计入手，结合深圳市夏热冬暖的气候特点，考虑建筑布局对建筑室外风、光、热、声、水环境和场地内外动植物等环境因素的影响，考虑建筑周围及建筑与建筑之间的自然环境、人工环境的综合设计布局，考虑场地开发活动对生态系统的影响。

节地与室外环境技术措施

- 建筑外立面
  通过优化设计，采用低反射的普通铝合金玻璃外窗，不对周边建筑和人群造成光污染，满足绿色建筑标准要求。
- 区域优化布局
  本项目设置架空层，通过计算机模拟优化调整建筑布局，避免产生涡流区及风速过大区域，为生活、休闲等提供一个优良的活动空间。
- 低冲击开发（LID）
  本项目通过设置绿地、透水地面、雨水调蓄池等方式，有效降低场地外排雨水量，减小城市雨水排水压力。

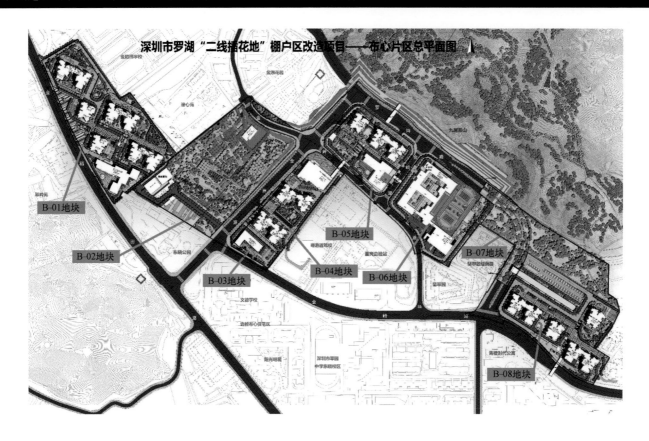

深圳市罗湖"二线插花地"棚户区改造项目——布心片区总平面图

日照模拟分析

- 日照的分析和评价是一个综合性的问题，它需要用多系统化的思想解决从小区规划、单体设计到环境控制系统等诸多环节的问题。对于现有建筑的日照进行客观评价，其目的在于更合理地利用现有建筑。

- 日照分析采用定性和定量相结合的分析思路，首先分析整个项目的总体日照情况，寻找建筑之间的相互遮挡关系。然后定量分析建筑零平面的日照小时数分布，给出多点区域分析图，定量评价日照质量。图上轮廓内建筑即为本次模拟的对象。整体模拟效果显示，本项目日照满足要求，且不对周边居住建筑产生日照影响。

节能与能源利用技术措施

- 围护结构节能措施

  本项目采用倒置式保温平屋面，采用挤塑聚苯乙烯泡沫塑料板隔热，整体传热系数小于 $0.9W/m^2 \cdot K$。

- 暖通系统节能措施

  分体空调选用《房间空气调节器能效限定值及能源效率等级》（GB 12021.3—2010）的节能型产品（即第 2 级），（即满足 CC ≤ 4500W，EER ≥ 3.40W/W；4500W<CC ≤ 7100W,EER ≥ 3.30W/W；7100W<CC ≤ 14000W，EER ≥ 3.20W/W 的要求）。多联机 IPLV 值在《公共节能设计标准》（GB 50189—2015）的基础上提高 8%。

- 电气系统节能措施

  所有区域的照明功率密度值均不高于现行国家标准《建筑照明设计标准》（GB 50034）规定的现行值。光源采用三基色节能荧光灯及 LED 光源为主；提高照明效率及采取措施减少频闪效应；选用节能电梯，并采用变频控制方式。

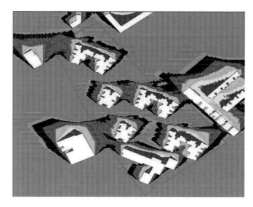

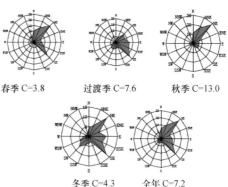

春季 C=3.8　　过渡季 C=7.6　　秋季 C=13.0

冬季 C=4.3　　全年 C=7.2

提高与创新

- 装配式建筑

  采用装配式建筑设计、标准化设计、工业化生产、装配化施工、一体化装修和信息化管理。

- BIM 技术应用

  采用 BIM 技术，提升建筑工程信息化整体水平，工程建设各阶段、各专业之间的协作配合可以在更高层次上充分利用各自资源，有效地避免由于数据不通畅带来的重复性劳动，大大提高整个工程的质量和效率。

- 碳排放计算

  进行建筑碳排放计算分析，采取措施降低单位建筑面积碳排放强度。

室外通风模拟

- 根据《绿色建筑评价标准》（GB/T 50378—2014），第 4.2.6 条：建筑周围人行区距地 1.5m 高处，风速 $V > 5m/s$；且室外风速放大系数 < 2；除迎风第一排建筑外，建筑迎风面与背风面表面风压差不大于 5Pa；场地内人活动区不出现漩涡或无风区；50% 以上可开启外窗外表面的风压差 > 0.5Pa。

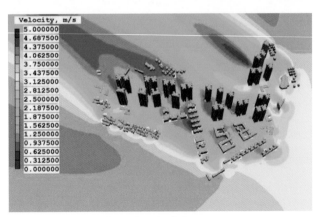

室外1.5m高处风速色阶图

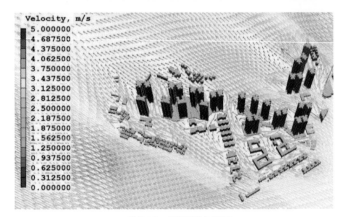

室外1.5m高处风速矢量图

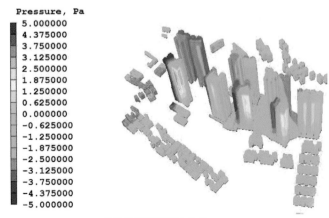

整体表面迎风侧压力分布

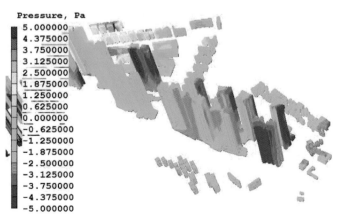

整体表面背风侧压力分布

污染源处理措施

- 废水。本项目施工期间废水主要为生活污水和施工废水。建筑内卫生间的污、废水共用立管，同时设有专用通气立管，室内污水经汇合后排至室外污水检查井内。室外污、废水汇合后，进入化粪池，经处理后排至市政污水管网。对周边地表水环境影响很小。

- 废气。项目废气主要是停车场进出汽车尾气。地面停车场合理布置通道、车位，以及加强管理等来减少塞车、汽车急速等情况，以降低尾气的排放，不危及人体健康，对环境无明显影响。

- 噪声。本项目建成后，项目将设备布置于独立设备房内，采取隔声降噪措施，并做建筑物吸声处理，给水水泵出口采用消声式止回阀，震动水泵基础设置减震器。项目发电机房噪声委托有资质的环保技术公司进行治理，主要采取发电机房设置消声减震墙、发电机底座安装减振垫、发电机房设置双层隔声门等降噪措施，有效地降低了设备噪声对周边环境的影响。

- 固体废物。各类固体废物分类收集、存放和处置，能满足相关规定的要求。项目设置多处垃圾分类收集桶，建有生活垃圾收集站，固体废弃物可做到日产日清，集中收集并采取避雨措施堆放，统一由环境卫生部门运往垃圾处理场进行无害化处理。

西安 · 幸福林带
Bliss Forest Avenue Xi'an

中部门户
the central hub
链接东西部门户城市

区域聚合
the regional center
链接东西部门户城市

黄金纽带
the central hub
链接东西部门户城市

332

幸福林带位于西安市东部军工产业区，浐河以西，陇海铁路以南，是城市东西主轴线的延伸，多个板块的交汇。南邻曲江，北接浐灞，是城东核心生态区。

1953年由中苏专家共同规划设计西安市第一轮总体规划，此林带位于规划设计之中，定义为幸福林带。林带全长5.88km，宽140m，是西安生态绿地系统的重要组成部分。

工程地点位于西安市主城区东部，西到万寿路、东至幸福路、南至西影路，北至华清路。场地靠万寿路及幸福路两侧同时建设市政综合管廊及地铁八号线靠万寿路侧，地铁七号线在华清路至长缨路段穿过，地铁一号线从长乐路地下穿过，地铁六号线从咸宁路地下穿过。

林带地下空间为地下两层，局部地面一层。地下二层为停车库、地下一层为综合商业、冰球馆、游泳馆、篮球馆、电影院、健身馆、非物质文化遗产展示中心、应急避难教育中心、图书馆、市民活动中心、超市、餐饮等公共建筑。

建设地点：西安市新城区
建设总面积：85.1万 m²，绿化率：72%
设计单位：中国建筑西北设计研究院有限公司
主要设计人员：赵元超、刘斌等
绿色建筑等级：全段绿建二星级；E2段绿建三星、德国 DGNB 认证

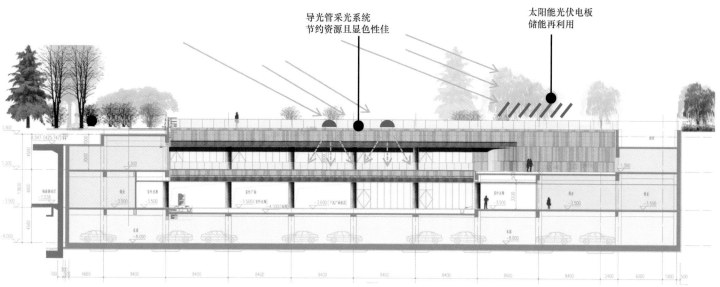

导光管采光系统
节约资源且显色性佳

太阳能光伏电板
储能再利用

采光系统设计

以林为主的低影响开发策略

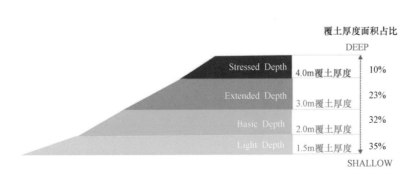

覆土厚度面积占比

DEEP

Stressed Depth	4.0m覆土厚度	10%
Extended Depth	3.0m覆土厚度	23%
Basic Depth	2.0m覆土厚度	32%
Light Depth	1.5m覆土厚度	35%

SHALLOW

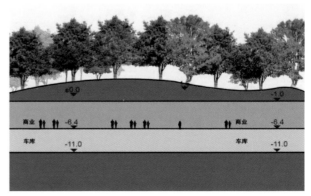

绿色技术实践

　　竖向设计保证覆土厚度可种植高大乔木，增加林带层次感和立体化，采用灵活的覆土方式按土层深浅划分植栽种类，整个林带采用了节水喷灌系统，雨水回收系统，中水系统，太阳能系统，光导采光系统，中水循环雨水花园等绿建策略与技术。

　　下沉阳光庭院设计利于地下空间的自然采光与通风同时增加垂直绿化面而达到节能措施。微地形保证了覆土厚度同时种植面积增加 3.5%。

绿色建筑设计分析数据

本项目整体设计策略遵循"被动设计优先，兼顾主动设计"的原则。也即以建筑物室内人员所需的物理环境舒适为前提，优先选用被动式设计策略，当被动式设计策略不能满足人员使用需求时，采用主动设计策略。从而降低传统能源的消耗，特别是不可再生能源的消耗。

室外通风

本项目位于西安市东郊，西安常年的风向为东北偏东，与项目地裂缝走向基本一致，通过对建筑布局的优化设计，将地裂缝范围设计成下沉广场，不仅从结构安全上满足设计要求，而且可以借用室外风的走向促进建筑的自然通风，减少了人员活动区域的漩涡和无风区。

采取"风道＋景区"的建设模式，把城市无形系统中的风和有形系统中的景区结合起来，既为城市风道体系建设寻找到有效突破口，也可以促进宜居城市建设。

缓解热岛效应

景观绿化是本项目的一大特色，地面下为商业及轨道交通，地面上为人员可到达的景观公园，全区域采用屋顶绿化，绿化率达 70% 以上。利用植被的蒸腾作用、土壤的蓄热作用可在夏季给屋顶进行有效的降温，冬季进行保温，改善微气候，缓解城市热岛效应和温室效应，降低城市排水系统负荷。

通过对项目进行热岛效应模拟分析，可知绿地区域的表面温度明显低于硬质铺装的表面温度。

15m高人行区风速云

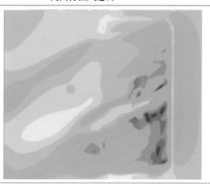

1.5m高人行区风速云

1.5m高人行区风速云

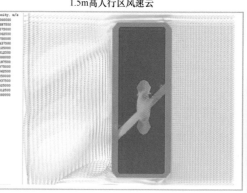

自然光的充分利用

自然光源具有光线品质好，显色性佳，利于保护眼睛和促进人们的身心健康的优点；本项目大部分空间位于地下，不能像地上建筑一样获得很好的采光，因此通过结合下沉广场、绿化景观设置导光管采光系统和采光井，将自然光均匀导入地下空间，有效的改善采光效果。

主要用能设备及系统的能效分析

1. 为降低空调系统冷源的输送能耗，减小水管道占用空间尺寸。冷水机组采用大温差（7℃）技术。冷冻水流量比常规冷源系统（5℃）大幅减少。同时满足绿色建筑二星要求的"空调冷热水循环水泵耗电输热比比国家《公建节能设计标准》（GB 50189—2015）的规定值低20%"

2. 根据绿色建筑二星评星要求，本项目的所有冷水机组的能效指标均比国家《公建节能设计标准》（GB 50189—2015）的规定值提高6%～8%。

3. 超市、影院等部分特殊业态功能段采用蒸发冷却热泵式冷热源机组，机组采用板管蒸发式冷凝器设计。比一般的风冷机组节能约30%，比传统冷水机组节能约10%，同时本次设计的风冷热泵机组，采用部分地道风换热方式，可有效解决冬季制热量衰减问题。

4. E段图书阅览特殊业态功能段采用冰蓄冷冷源形式，双工况冷水机夜间电价低谷时制冰系统将冰蓄满，白天电价高峰时冷水机组停止运行融冰供冷。利用峰谷电价差可有效地降低空调系统的运行成本。

5. 本项目的所有空调、新风机组内均设置高效节能的全热回收换热器。实现室内通风系统的能量交换回收。65%以上的回收效率，大大降低了空调系统的新风负荷。

6. 空调机组均可实现全新风运行，人员密集场所设置CO_2浓度监测，并与空调或通风系统联动。提高人员密集场所空气质量品质，同时实现空调通风系统的节能运行。

7. 为实现房间空调系统的独立运行、灵活使用功能，空调方式采用与商业业态更吻合的各类空调系统形式，做到空调系统部分负荷时能效比高、运行成本低、管理方便。

天津市梁锦东苑、梁锦西苑及其配建项目
Tianjin Liang Jin Dong Yuan , Liang Jin Xi Yuan and its Construction Projects

设计 / 竣工时间：
2016 年 9 月 / 2018 年 8 月；使用功能：
住宅、商业、公共配建。梁锦东苑建筑
面积：101137.53m^2，梁锦西苑建筑面
积：91684.33m^2

建设单位：
中建方程投资发展集团有限公司、中建
新塘（天津）投资发展有限公司

设计团队：
中建一局集团建设发展有限公司

项目位于天津市滨海新区塘沽湾，
随着京津冀一体化，北方首个自贸区等
多个国家战略布局的行程，天津滨海新
区必将成为这个繁茂时代的核心中枢。

设计策略： 因地制宜，被动技术优
先、主动技术做补充，体现"绿色、环
保"原则。打造高层居住建筑和商业建
筑为一体的社区。

　　布局：完整的整体概念，鲜明的个性特点。不同的型式和体量组合。

　　生态与环保：组团绿化、宅间庭院，改善小区微气候，闹市中的世外桃源。园区中心景观、公共活动场地，实现户户见绿、入户见绿。

1. 应用建筑信息模型 （BIM）技术

工程开工前（招投标期间），委托第三方建立 BIM 三维模型，配合地下车库内管线综合。

BIM 模型建立分为结构、建筑、给水排水、消防、暖通、电气各专业的模型搭建，通过各个管道添加相应色彩，便于识别 BIM 模型管线的排列与冲突，透过组件冲突的检查与排查，来发现碰撞点，检查图纸缺陷，进一度完善图纸，以达到节约成本、缩短工期的目的。

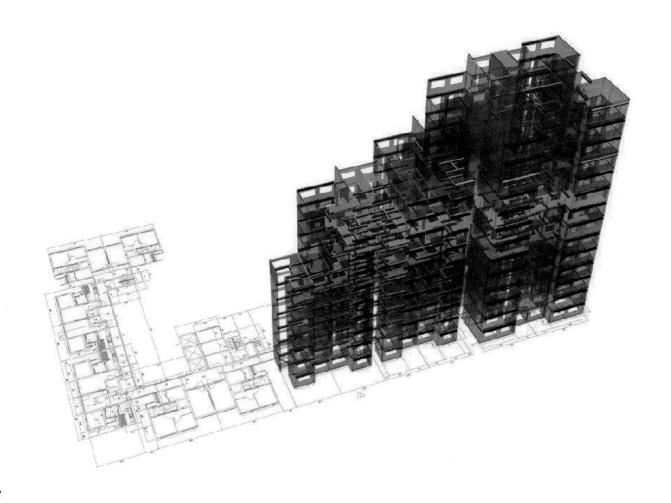

管线之间碰撞的检查

碰撞检查则是利用 BIM 技术消除变更与返工的一项主要工作。通过 BIM 技术减少硬碰撞和间隙碰撞。

硬碰撞：实体在空间上存在交集。这种碰撞类型在设计阶段极为常见，发生在结构梁、空调管道和给水排水管道三者之间。

间隙碰撞：实体与实体在空间上并不存在交集，但两者之间的距离 d 比设定的公差 T 小时即被认定为碰撞。该类型碰撞检测主要出于安全、施工便利等方面的考虑，相同专业间有最小间距要求，不同专业之间也需设定的最小间距要求，同时还需检查管道设备是否遮挡墙上安装的插座、开关等。

2. 践行海绵城市设计

绿地范围内设有下凹式绿地，地面设置植草砖，透水地砖等透水铺装面积比例为 76.71%，降低了地表径流，调节室外微气候。

3. 引导节水理念

项目采用市政中水作为非传统水源，用于室外绿化、道路浇洒及室内冲厕。

室外绿化灌溉，采用微喷灌的节水灌溉形式，节约灌溉用水量。

室内卫生器具，采用三级用水效率等级的节水器具。

4. 室内外舒适的 光、风环境

本 项目建筑近南北朝向，建筑平面布置紧凑，标准层呈规则矩形，有利于室内的自然通风。夏季、过渡季窗口内外表面压差大于0.5Pa 的面积达到97.32%。室外视线无遮挡、室内控制眩光。卧室、起居室窗地面积比达到 1/6，商场营业区采光系数不小于 3% 的面积达到 96.5%。

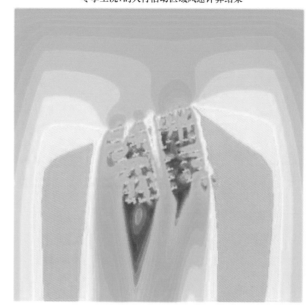

冬季工况l的人行活动区域风速计算结果

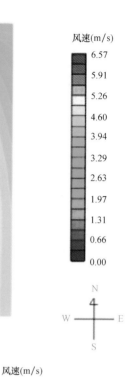

风速(m/s)

随着绿色建筑理念的践行，越来越多的绿色公共建筑在设计中进行了室内外风环境的模拟和分析。通过模拟和分析得知，本项目的室外风环境良好，建筑的迎风面和背风面的风压差能够为建筑的自然通风提供较好的风压驱动。室内自然通风通风量上均能满足人员需求，人员舒适性较好，有利于节约能源，体现了节能、生态、绿色的建筑理念。

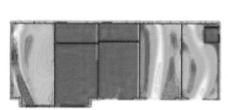

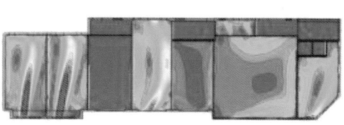

风速(m/s)

1.2m高度平面风速云图

秦皇岛市"在水一方"居住区
"Zaishuiyifang" Village，Qinhuangdao City

项目简介

建设单位：秦皇岛五兴房地产有限公司

建设地点：秦皇岛市海港区

规划要求：

　用地情况：汤河以东，和平大街以南，西港路以西，滨河路以北

　使用性质：居住用地

　用地强度：容积率：1.5 ～ 3.0，建筑密度：25%

　停车要求：居住部分：机动车：0.5 车位 / 户；商业部分：机动车：0.3 车位 /100m² 建筑面积，非机动车：7.5 车位 /100m²

　绿化：绿化率：>30%，人均公共绿地面积大于 1.5m²

　设计 / 竣工时间：A 区 2005 年设计～ 2007 年竣工，C 区 2010 年设计～ 2014 年竣工，B 区 2018 年完成施工图设计

用地面积：约为 840 亩

规划总建筑面积：152 万 m²

设计单位：北京中建建筑设计院有限公司［中国建筑一局（集团）有限公司下属设计院］

设计人员：梁智勇、杨晓慧、刘春雁、王泽芳、杨京虎、杨宗云、陆浩明、吴军、王宝霞、侯宏伟、杨丽丽

　　秦皇岛"在水一方"项目总占地约为840亩，规划总建筑面积为152万 m²。分为四个住宅区和两个公建区。其中已建成的 A 区被列为住房城乡建设部建筑节能试点示范工程、可再生能源建筑应用示范工程、绿色建筑和低能耗建筑十佳设计项目、运营阶段二星级项目、人居环境范例奖和河北省城镇水土保持雨水利用试点工程。C 区在 A 区成熟技术的基础上，采用了更加完备的绿色建筑设计标准，获得了三星级绿色建筑设计标识证书。更为突出的是"在水一方"项目 C 区引进德国被动式技术建设了被动式超低能耗绿色建筑（简称"被动房屋"）。一期 4 栋被动房屋住宅楼 C12 ～ C15，总建筑面积 28050m²，于 2012 年 3 月开工，2013 年 10 月通过德国能源署住房和城乡建设部的质量认证，标志着我国第一个被动式超低能耗建筑在秦皇岛诞生。2014 年 9 月底被动房屋已交付使用，得到了广大业主的充分肯定与好评。

　　"在水一方"被动房屋示范工程产生的节能效果相当于执行国内 92% 节能标准。在节能减排的同时，住户还可完全不受室外环境影响，享受恒定的舒适度和清新的空气，居住环境更加舒适健康。对国家而言，被动房技术将在我国建筑行业掀起一场革命，它能极大地促进建筑节能新技术、新材料的广泛应用，转变行业发展模式，提升建筑内涵，改善群众居住条件，推广建设被动房必将成为我国建筑节能工作的重要组成部分。

　　"在水一方"被动房实际取消了传统的采暖系统，减少了化石能源的使用，同时房屋节约了能源，CO_2 排放的减少大大缓解了城市雾霾危机。发展被动式超低能耗绿色建筑既具有现实意义，又会产生深远影响。被动式超低能耗绿色建筑必将引领中国建筑节能发展新的方向。

　　"在水一方"A区是河北省首家 65% 建筑节能示范工程，并按照住房城乡建设部及河北省有关标准及规范进行建设，在屋顶保温、门窗节能等方面较早的采用了高效节能措施，使保温隔热性能大大提高，无论冬季还是夏季耗能量会明显低于普通住宅。

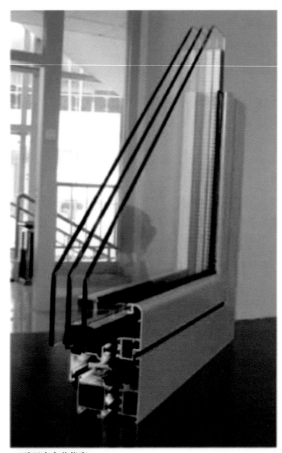

三玻双中空节能窗
$[k \leqslant 2.2W/(m^2 \cdot K)]$

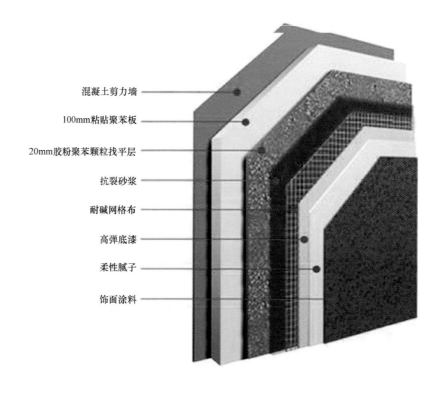

混凝土剪力墙
100mm粘贴聚苯板
20mm胶粉聚苯颗粒找平层
抗裂砂浆
耐碱网格布
高弹底漆
柔性腻子
饰面涂料

外墙保温做法

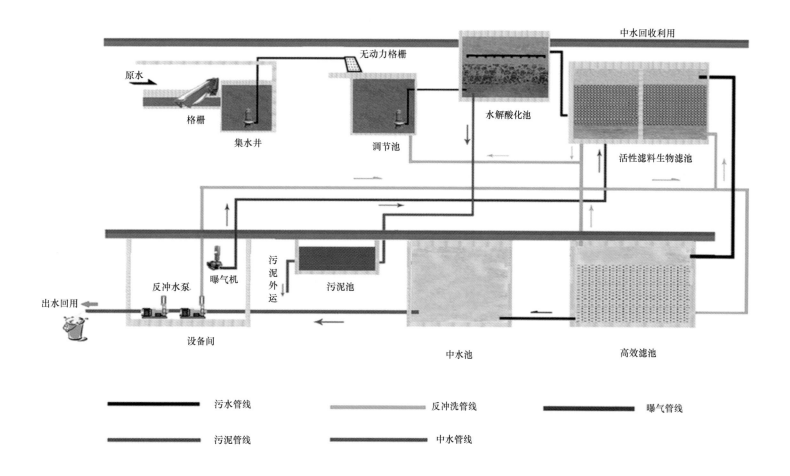

原水

格栅

集水井

无动力格栅

调节池

水解酸化池

中水回收利用

活性滤料生物滤池

反冲水泵

曝气机

污泥外运

污泥池

出水回用

设备间

中水池

高效滤池

	污水管线		反冲洗管线		曝气管线
	污泥管线		中水管线		

工艺流程图

中水处理站

社区内建有日处理水量 2000m³ 中水处理站（生化处理），污水回收经处理后，达到《城市污水再生利用城市杂用水水质》标准。

中水水质稳定、水价低、系统运行可靠。其应用于住宅及公共厕所、区内道路冲洗等，A 区（4800 户）每年节约自来水 28.8 万 t。

■ 太阳能应用

"在水一方"社区将太阳能热水器与高层建筑同步设计、同步施工，使建筑与太阳能热水系统完美结合，拥有全天候供应热水、自动运行、环保节能等诸多优点。每户居民都免费享有太阳能热水器提供的全天热水服务。

太阳能水箱容积80L，每年每户节约用电1126kWh，已建A区（4800户）每年共节约用电540万kWh（合节约标准煤1994t）。

▼太阳能光导照明、太阳能路灯

感应器

▲高层建筑太阳能热水一体化

社区地下车库采用光导照明，部分路灯采用太阳能路灯；公共照明采用感应和声光控开关及节能灯具，每年可节电50万kWh。

地下车库采用光导照明

太阳能路灯

"在水一方"是河北省首家采用雨水收集利用系统的居住社区。通过人工湖、渗水砖、渗透式下凹绿地、渗水植草砖进行雨水收集，保持水土平衡。

小区建有500m³地下雨水收集池，收集路面、屋顶雨水，用于景观、绿化及湖水补充水源。

渗水砖

渗水式下凹绿地

■ 被动房屋示范项目采取的节能措施

围护结构保温隔热措施

外墙保温：270mm 厚聚苯板

屋面、地面保温：260mm 厚聚苯板

外窗玻璃：钢化 Low-E 中空、真空玻璃（5+15A+5+0.15v+5）

入户门：被动房专用保温门

防热桥措施：易产生热桥部位均采取隔热保温措施

被动房围护结构气密性

整个围护结构采用钢筋混凝土剪力墙结构，据有良好的气密性

窗口、门口、填充墙交接处采用专用密封胶带封堵

穿墙各种管线均采用密封胶封堵，电线管通线后，将入户管内采用密封胶封堵

德国专家进行气密性测试

窗框内外四周用防水密封带封堵

房间楼板保温隔声

5mm 隔声板、60mm 厚挤塑保温板

外门、窗隔声密封

（1）三玻双中空玻璃隔声保温窗

（2）复合真空玻璃隔声保温窗

分户保温墙

30mm 厚改性酚醛保温板

户内下水管道隔声保温

双层排水管外包隔声毡，并作保温处理

其他隔声处理

墙体内开关插座错位安装，电线套管密封处理

车的噪声和人噪声

维修噪声

■ 被动房屋新风换气系统

室内环境健康与舒适性指标	室内温度（℃）	20～24（冬季） 24～26（夏季）
	室内温度	40%～60%
	CO_2 浓度	≤1000ppm（0.1%）
	最大噪声	≤35dB（A）
	出口风速	1～1.5m/s
	生活区风速	≤0.3m/s
	过滤等级	G4
能源利用指标	系统运行总能效（COP）	2.8
	热回收效率	≥75%
	制冷＋制热水综合能效（COP）	5.5

供热、制冷

高效热回收

新风、排风

按需提供生活热水

全智能运行

可再生能源(空气能)利用

■ 被动房仪器设备

1. 二氧化碳监测仪：当室内二氧化碳超过 1000ppm，监测仪将信号传输到环境机，环境机自动启动向室内输送新风。

2. 温度监测仪：当室内温度低于或超过设定温度时，监测仪将信号传输到被动房专用环境机，环境机自动启动向室内输送热（或冷）风。

3. 环境机：是集供热、供冷、新风系统、新风热回收、新风过滤系统为一体的被动房专用环境系统，是被动房的核心设备。环境机自动补充室内热（冷）空气，过滤粉尘和霉菌，杜绝雾霾 PM2.5，减少过敏与病菌。

4. 无传统采暖：室内环境系统自动控制室内温度，冬暖夏凉，不干燥，只花很少的采暖费用，舒适健康。

5. 高效隔声：每户楼板间、上下水管道均安装减震隔声垫，隔绝邻居及室外噪声，保护私密空间，有益于睡眠质量。

6. 高性能门窗：采用三玻双 Low-E 充氩气（或双 Low-E 复合真空）玻璃，隔声保温，传热系数 $K ≤ 0.8W/（m^2 \cdot K）$；入户门安装被动房专用门，传热系数 $K ≤ 0.8W/（m^2 \cdot K）$，保温隔热、隔声、良好的气密性。

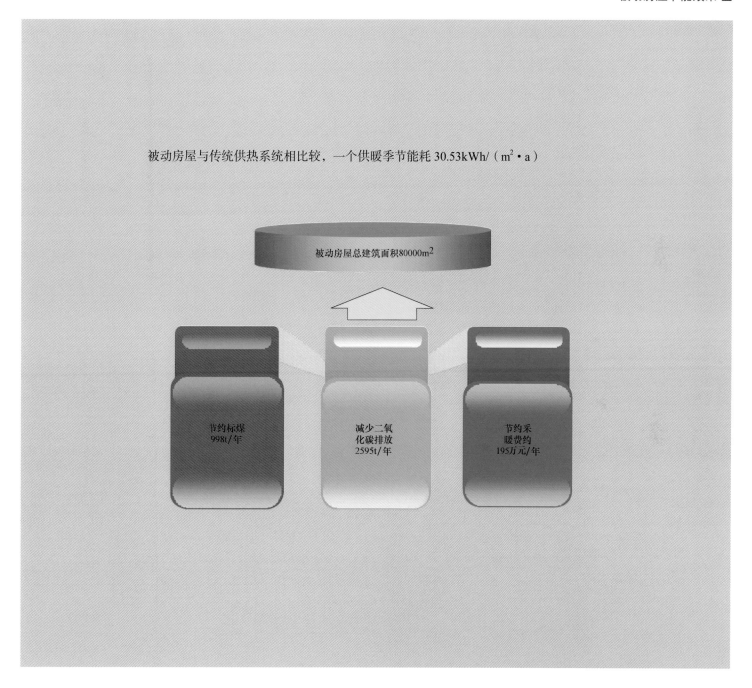

被动房屋与传统供热系统相比较，一个供暖季节能耗 30.53kWh/（m² · a）

被动房屋总建筑面积80000m²

节约标煤
998t/年

减少二氧
化碳排放
2595t/年

节约采
暖费约
195万元/年

苏州中海双湾花园项目
Suzhou Zhonghai Shuangwan Garden Project

苏州中海双湾花园项目位于吴中经济开发区，由多栋小高层及高层住宅建筑构成，于2015年建成使用。本项目在设计过程中，以"城市观、社会观、文化观、技术观、邻里观"为设计观念，合理运用绿色生态技术，改善小区环境、提升住宅舒适度，为绿色建筑技术的推广和实践起到了积极的示范作用，并取得了建筑设计绿色三星和绿色运营二星认证。

1 项目概况

1.1 建设名称
苏州双湾花园二期。

1.2 项目地点
项目位于苏州吴中经济开发区尹山湖路东、依湖路北，东方大道西。

1.3 项目概况
苏州双湾花园二期位于苏州吴中经济开发区青禾路与赏湖路交汇处，尹山湖东侧，自然环境优美，由隶属于中海地产苏州公司的苏州依湖置业有限公司建设开发。基地地势平坦，微向东南倾斜，建设前为平整空地，无工业企业，地块内浅层地下水、土壤环境状况良好，未受污染。距离该项目500m范围内有3个公交站点，交通便利，出行便捷。

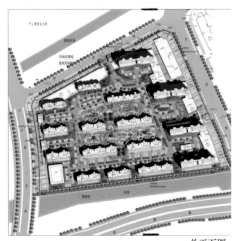

总平面图

项目地点：苏州市
用地面积：23889m²
建筑面积：80739m²
容 积 率：2.0
绿 地 率：34.3%
设计单位：中国建筑科学研究院上海分院
设计完成人：戴超、陈晓鹤、郭思韬

2 设计构思

2.1 设计策略

    小区于 2015 年建成使用，容积率 2.0，绿地率 34.3%，共 757 户，由多栋小高层及高层住宅建筑构成。其中 30、34、41、45 号楼为高层住宅，用地面积 23888.85m²，总建筑面积 80739.18m²。秉承全生命周期绿色理念，以 30、34、41、45 号高层住宅组团为基础，从项目设计和规划阶段起，贯穿项目开发全过程，开展了绿色建筑实践。通过使用低成本、高效益的节能技术，降低能源和资源消耗等前瞻性的技术手段，更新了使用者对绿色建筑的认知。该项目成果优秀，先后获得绿色建筑设计三星标识，绿色建筑设计运营二星标识。

2.2 技术应用

本项目设计时，充分采用了适用于住宅的绿色生态和建筑节能技术，从节地、节能、节水、节材、室内环境质量、运营管理六方面力争达到绿色建筑三星级指标要求。屋顶采用太阳能热水器，根据当地气候条件，充分利用可再生能源；地块内通过回收屋面、道路、绿化雨水，减少对市政水源的利用；通过建筑围护结构、南向外窗增加活动外遮阳、设备选型等达到采暖和（或）空调能耗不高于国家和地方建筑节能标准规定值的 80%。

3 设计说明及技术经济指标

3.1 设计说明

双湾花园创造了"亲近自然、邻里守望、走向户外、生活空间庭院化"的生活新方式，在赋予小区以人文情怀的同时，依旧保证了绿色环保、节能低碳方面的考量，从太阳能热水器的大面积使用到雨水收集处理利用，从改善建筑热工性能的围护结构到使用节能灯具及高效设备，无不体现了中海地产在绿色建筑上的精心设计和坚持开发绿色建筑积极响应国家号召的坚定决心和信念。"双湾花园"系列的建筑以"邻里空间、住区文化"的视角，诠释了小区从"宜居"到"怡居"的理念，为今后的绿色住宅模式提供借鉴意义。

3.2 技术经济指标

项目	指标	单位
总建筑面积	204477.1	m²
用地面积	82011	m²
地上建筑面积	160523.1	m²
地下建筑面积	43954	m²
绿地率	34.4	%
容积率	2.0	

4 绿色建筑设计说明

4.1 节地与室外环境

- 节能

节地主要表现在前期的规划设计阶段，通过建筑设计和地下空间使用提高土地利用率。地面高层楼栋使用模块化的手法，排布紧凑且经济，保证居民良好的日照、采光和通风要求；地下空间作为车库、强弱电间、排风机房、泵房、自行车库等居住配套空间使用，地下建筑面积与建筑占地面积之比达到 26.87%。

- 室外环境

室外环境主要体现在景观植物选择，本项目多选择适应苏州当地气候和土壤条件的乡土植物，选用少维护、耐候性强、病虫害少、对人体无害的品种，根据植物自然分布特点栽种，乔、灌、草等构成层次丰富的绿植群落，住区绿地率达到 34.4%，人均公共绿地面积为 2.75m²，每 100m² 绿地上有 4 株乔木。

现场景观

362

4.2 节能与能源利用

• 节能

利用场地自然条件，合理设计建筑体形、朝向、楼距和窗墙面积比，南向外窗设置了活动外遮阳设施，使每栋住宅均能获得良好的日照、通风和采光。

照明是建筑能源消耗中的重要部分，本项目公共区域照明采用高效光源、高效灯具和低损耗镇流器等配件，同时采取其它节能控制措施，门厅、走廊、楼梯间采用节能灯，住宅的公共部位设置人工照明，除高层住宅的电梯厅和应急照明外，均采用节能自熄开关。

• 可再生能源利用

可再生能源利用主要体现在太阳能热水系统的使用。

苏州水平面年总辐照量为 4529.59MJ/（m^2·a），平均日太阳辐照量为 12620kJ/m^2，年平均日照时间 1829h 左右，年日照率 42%。因此本项目采用了集中集热 - 分户储热 - 分户加热太阳能热水系统，通过屋顶集中放置的太阳能集热系统收集热量，热媒管道将热量输送至户内储热水箱进行换热并储存。当太阳能光照不足时，用户可以通过户内储热水箱内置电辅助加热装置进行辅助加热，保证用户热水供应。

双湾花园二期 30 号楼的 20 层到 24 层共 40 户由屋顶集中式太阳能热水系统供应热水，13 层到 19 层共 56 户由阳台分体式太阳能热水系统供应热水；34 号楼的 21 层到 25 层共 40 户由屋顶集中式太阳能热水系统供应热水，13 层到 20 层共 56 户由阳台分体式太阳能热水系统供应热水；41 号和 45 号楼的 21 至 25 层共 40 户由屋顶集中式太阳能热水系统供应热水，14 层到 20 层共 56 户由阳台分体式太阳能热水系统供应热水。

本项目太阳能热水使用总户数为 384 户，占总户数的比例为 50.8%，采用太阳能提供热水的用户中太阳能产生的热水量可占建筑生活热水消耗量的 39.3%。

4.3 节水与水资源利用

• 节水措施

给水管道、卫生洁具等配件均采用节水型，各入户管表前压力调整为不大于 0.2MPa，且选用密闭性能好的阀门、设备，使用耐腐蚀、耐久性能好的管材、管件等避免管网漏水。

• 水资源利用

通过技术经济比较，确定了雨水集蓄及利用方案。雨水直接利用小区雨水管道收集雨水，屋面雨水由雨水斗收集经雨水管道排至室外建筑散水或雨水明沟，室外场地及道路雨水由雨水口或明沟收集，后排至室外雨水处理系统进行处理回用。收集的雨水经净化处理后被用于绿化浇灌、道路冲洗、商铺冲厕、车库冲洗。

项目室外透水地面室外透水地面面积比大于 45%，由地库顶板以及外绿化面积、地库顶板以上绿化面积、植草砖三部分组成。

经统计，本项目非传统水源利用率达到 13.56%，取得了良好的节水效果。

节能指标

指标	单位	数据
建筑总能耗	MJ/a	4851555.08
单位面积能耗	kWh/m^2	18.96
节能率	%	65.42

节水指标

指标	单位	数据
非传统水量	m^3/a	12269.03
用水总量	m^3/a	90508.78
非传统水源利用率	%	13.56

太阳能设备

透水铺装

雨水机房

4.4 节材

30、34、41、45号楼为高层住宅，采用了剪力墙结构。建筑造型要素简约，装饰性构件占建筑总造价比例为1.06%，低于绿建评价要点2%。

同时对结构体系进行了优化，所有木质构件均购买成品运至施工现场，柱等竖向构件截面逐层递减，达到节约环保要求。建筑全部采用预拌混凝土，结构材料采用高强度钢，HRB400级钢筋的重量为11319.967t，总受力钢筋用量为591.164t,其作为主筋的比例达95.04%，可再循环材料占建筑总材料总重量比例为19%，达到绿色三星标准。

住宅均为精装修产品，实现了土建装修一体化设计与施工，避免了后期装修产生的浪费与污染。

4.5 室内环境质量

日照、采光、通风均满足国际及地区设计标准，为业主创造舒适的室内环境。

墙体保温材料包在嵌入墙体的混凝土梁、柱、墙角、勒脚、楼板与外墙及内墙与外墙联接处的外侧，可很好地缓解热桥结露问题。保证屋面、地面、外墙和外窗的内表面在室内温、湿度设计条件下无结露现象。

在自然通风条件下，房间的屋顶和东、西外墙内表面的最高温度均小于夏季室外计算温度最高值，满足现行国家标准《民用建筑热工设计规范》（GB 50176）的要求。

节材指标

指标	单位	数据
建筑材料总重量	t	250303.62
可再循环材料重量	t	47731.867
可再循环材料利用率	%	19

4.6 施工管理

本项目在施工过程中充分考虑施工的安全性、节能降耗以及环境保护，分别制定了施工用能方案，施工节水方案，施工环境保护方案以及施工职业健康和安全管理方案。对施工现场的电耗、水耗分别进行计量，杜绝不合理用能和用水现象。建立施工围挡，对噪音进行定时监控；通过淋水、加盖篷布以及临时固化等方式来抑制扬尘；施工现场产生的废物均集中到处置站进行分类、标识、存放和处理，并指定专人管理；建立独立的污水管网，设立沉淀池，经沉淀后排入污水网；确保对周边居民不产生影响。另外对于施工人员均发放了劳防用品，对于施工现场的安全进行了全面的培训和排查工作。

4.7 运营管理

作为绿色建筑全生命周期的最后一环，后期的运营管理也不能松懈。在为住户提供舒适的室内环境和室外环境时，也考虑运营时最大限度的节能，节水，节材以及绿化管理。

物业管理部门组织实施节能技术管理措施，努力降低各类能耗，对主要用水部门如保洁等加强监控，减少流失量。加强宣传节水意识，使业主/租户自觉投入节约用水。

针对小区内的建筑垃圾、生活垃圾以及可回收垃圾制定了相对应的管理制度，详细规定了清运时间、清运方式等，尽量降低对环境的影响。

为了保证本项目所有绿色技术设施能正常运行，管理部门制定了大面积停水、停电等突发事件的应急预案，并对相关人员进行定期培训，做到出现问题及时响应解决。

5 设计创新

苏州双湾花园二期 30、34、41、45 号楼项目以"城市观、社会观、文化观、技术观、邻里观"为设计观念，合理运用了绿色生态技术追求居住舒适度和品质，在太阳能热水系统、雨水回收利用、保温隔热设计等方面均有创新及示范意义，主要体现在：

- 本项目围护结构保温隔热设计充分，南向外窗设置可调节外遮阳，主要功能房间舒适度高，符合绿色建筑的设计要求；
- 高层 50% 以上住户采用太阳能热水系统，充分利用太阳能作为清洁的可再生能源，节能环保；
- 小区绿地率 34.4%，室外透水地面面积比大于 45%，植物配置丰富，小区环境良好，符合人对于自然环境的心理向往；
- 住区内雨水进行综合收集利用，雨水经净化处理后结合节水灌溉方式，用于绿化浇灌用水、道路冲洗、商铺冲厕、车库冲洗。非传统水源利用率达 10% 以上。运行成本低，投入运行后可减轻住区公共用水费用，节约资源，效益显著；
- 土建与装修设计施工一体化，保证结构安全，减少材料消耗，降低装修成本，同时也减少了装修时产生的建筑垃圾。

采用太阳能热水系统、节水节能产品、雨水回收等绿色技术措施产生的增量成本约为 670.08 万元，单位面积增量成本为 82.99 万元/m²。

本项目太阳能热水使用总户数为 384 户，占总户数的比例为 50.8%，采用太阳能提供热水的用户中太阳能产生的热水量可占建筑生活热水消耗量的 39.3%，为业主节省了生活成本。

通过使用绿色技术措施，虽然前期会增加经济投入，但能够改善小区环境，提升住宅舒适度，为绿色建筑技术的推广和实践起到了积极的示范作用。

双湾锦园作为建筑设计绿色三星和绿色运营二星认证项目，其绿色建筑开发模式具有较高的推广价值，用最经济高效的技术措施达到绿色评分要点，能够为同类产品的绿色实践提供参考价值。

节能指标

项目	效益指标
绿化率	34.4%
非传统水源利用	13.56%
装饰性构建占总费比例	1.06%
太阳能热水占消耗总量	39.3%
HRB400 钢筋使用率	95.04
可再循环材料利用率	19%

重庆中海寰宇天下项目
Chongqing Zhonghai Huanyu Project

1 项目概况

重庆中海寰宇天下项目是为重庆市江北区的居住社区，地理位置和景观资源极其优越。本项目充分发掘地块的江景资源和自然景观优势，结合人与自然和谐共融的绿色人文理念，在社区平面设计、立面设计、景观设计、交通组织中充分采用绿色生态设计技术，打造绿色生态花园式滨江住宅区。项目于2015年取得三星级绿色建筑设计标识证书，并于2018年获得铂金级（三星级）绿色建筑竣工标识证书。

寰宇天下项目位于重庆市江北区，江北城CBD商务中心的东侧，遥瞰嘉陵江景，毗邻中央公园、重庆大剧院和重庆科技馆，具有极强的地理优势。

项目地块位于江北城CBD商务中心区的东侧临长江地带，为江北城CBD商务中心区内最核心的住宅用地。地块东侧临江，南面与科技馆公园相连，并遥瞰嘉陵江景，地理位置和景观资源极其优越。为充分发掘地块的江景资源和自然景观优势，本方案定位为"中国西部高级滨江居住区"，目标为以自然舒适的居住环境、优质高尚的生活空间打造高品质、高素质的滨江楼盘。

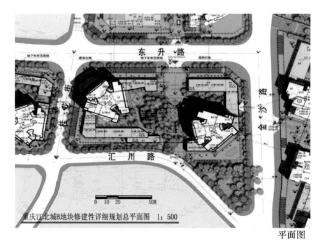

平面图

设计时间：2012年9月～2014年8月
项目地点：重庆市
建筑面积：总建筑面积为10.52万 m²，地上：8.75万 m²，地下：1.77万 m²
容 积 率：6.78
建筑密度：39.90%
设计单位：中国建科院上海分院
设计完成人：黄荣波、聂云茂、张鉴、刘妍炯

重庆中海寰宇天下项目实景图

项目鸟瞰图

2 设计构思

2.1 设计依据

- 重庆市规划局下发的地字第建 500105201000090 号《建设用地规划许可证》及 1：500 红线地形图。
- 重庆市规划委员会办公室关于江北城 B18-1 地块、越洋广场、B02～B05 地块、A09、A18 地块（金融街项目）规划设计方案专家咨询会议纪要。
- 重庆市江北嘴中央商务区开发有限公司关于江北城 B02、B03、B05 地块建设项目有关规划问题的函。
- 重庆市规划委员会办公室关于江北城 B 地块规划方案和江北保利·江上明珠 K11-1 号地块修详规及 D-1 组团方案专家咨询会会议纪要。
- 建设项目规划管理报建审查复函。
- 业主提供的设计任务书、委托书。
- 国家和地方有关的法规条例、设计规范。

2.2 设计理念

充分发掘地块的江景资源和自然景观优势，结合人与自然和谐共融的绿色人文理念，目标为以自然舒适的居住环境、优质高尚的生活空间打造高品质、高素质的滨江生态楼盘。

项目重点采用绿色生态设计理念，在开发过程中体现生态性目标，在统一规划指导下在具体设计中体现独特性目标，在基础设施配套方面注重地区开发与周边发展的结合。立面设计体现了现代绿色，交通组织设计体现了环保绿色，景观设计体现了生态绿色。绿色生态设计理念在该小区规划设计中体现得淋漓尽致。

项目效果图

2.3　设计策略

- 强化公共交通与配套完善：项目位于重庆市江北嘴，毗邻重庆大剧院、科技馆、中央公园等大型公建，公共交通较为便利。设计梳理项目周边的道路交通体系，入口、流线设置充分考虑周边大剧院、江北城地铁站等多个公交站点。项目整体规划最大限度地利用配套设施，以实现学校、医院、商业、运动公园等公共服务设施的最大共享。

- 构建绿色生态"渗透"格局：高标准的绿化配置和以"渗透"为特色的绿化布局是规划设计确定的重要原则，并以此形成本次规划设计的基地特色，促进形成绿化空间向住宅组群内部逐渐"渗透"的格局。本次设计还进一步细化和落实了对于整体空间景观形态、环境保护、公共交通等方面的规划原则。规划的深化过程中，对基地内环境品质的保证给予极大的关注。对基地内水环境品质、自然要素保护、能源利用和废物控制等方面采取切实措施。

- 完善因地制宜山地处理：尽量利用基地内部的土方平衡创造高低错落的地形，利用景观台阶消化场地的高差。在住宅布局和建筑设计方面采取保温节流措施，利用自然因素调节气候，减少使用空调和加热系统；注重自然保护，打造生态花园式住宅区。

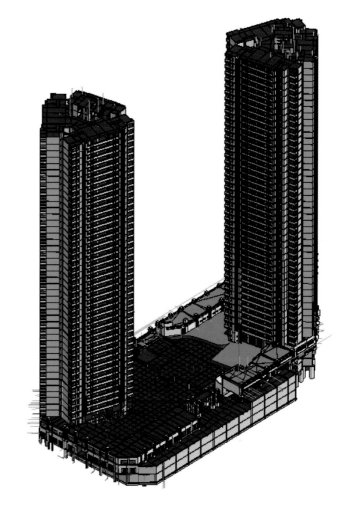

2.4　新技术运用

　　项目运用建筑信息模型（BIM）技术，在规划设计阶段可优化建筑层高、减少管道碰撞、优化设备机房和管道布置等；在施工建造阶段实现业主方、总包及各参建方信息汇总和数据共享，便于现场进度跟踪协调，为现场施工管理提供了更有效的途径。

　　基于建筑信息模型，结合能耗模拟分析，对建筑综合能耗进行对比分析；基于建筑信息模型，依据建筑碳排放计算方法，分析影响建筑碳排放量的主要因素，提出从结构优化分析、绿色建材使用和增加植物碳汇等方面的碳减排措施，在寻找减少建筑设计阶段碳排放的解决方案方面进行有益探索。

新技术运用

3 设计说明与技术经济指标

主要设计说明：

本项目在行政区域上属于重庆市江北区，是重庆江北区江北城 CBD 的唯一住宅用地，与科技馆公园相望，属于重庆市政府着力打造的两江汇合口的"金三角"地区，具有极强的地理优势。为充分发掘地块的江景资源和自然景观优势，本方案定位为"中国西部高级滨江居住区"，目标为以自然舒适的居住环境、优质高尚的生活空间打造高品质、高素质的滨江楼盘。

项目以规划设计要求与相关规范技术文集为设计依据，秉承绿色生态、人地共融的设计理念，以强化公共交通与配套完善、构建绿色生态"渗透"格局、完善因地制宜山地处理为设计策略，并结合建筑信息模型（BIM）等新技术，打造绿色生态花园式滨江住宅区。

寰宇天下 B03-2 地块主要技术经济指标

项目		单位	规划指标	寰宇天下 B03-2 地块
总用地面积		m²	12853	12853
居住户（套）数		（套）	—	516
居住人数（每户按 3.2 人计算）		人	—	1652
人均用地面积		m²	—	46.3
总建筑面积		m²	—	105226.43
计容总建筑面积		m²	—	87200.06
按功能性质划分	住宅建筑面积	—	—	82570.44
	公建面积	—	—	4023.94
	车库及其他用房	—	—	17690.7
按地上地下划分	地上建筑面积	—	—	87535.73
	地下建筑面积	—	—	17690.7
其中物业管理用房面积		m²	—	572.68
其中文娱活动用房面积		m²	—	—
其中地下车库面积		m²	—	10443.51
停车泊位		辆	—	529
其中	地面	—	—	33
	地下	—	—	496
容积率				6.78
建筑密度		%	≤ 40	39.90
绿地率		%	≥ 30	31.23

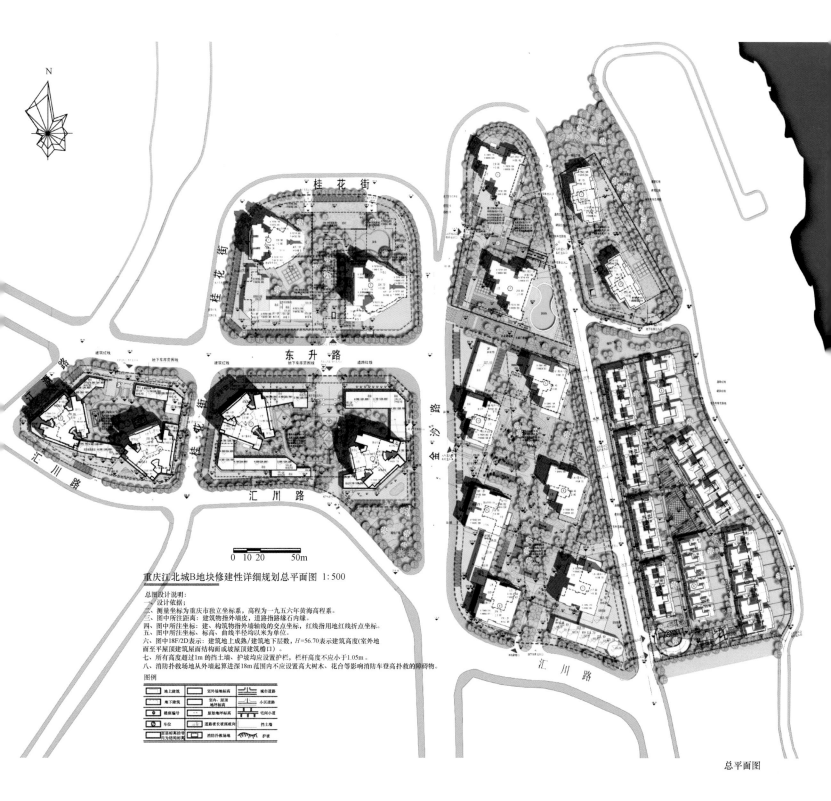

重庆江北城B地块修建性详细规划总平面图 1:500

总图设计说明:
一、设计依据;
二、测量坐标为重庆市独立坐标系,高程为一九五六年黄海高程系。
三、图中所注距离:建筑物指外墙皮,道路指路缘石内缘。
四、图中所注坐标:建、构筑物指外墙轴线的交点坐标,红线指用地红线折点坐标。
五、图中所注坐标、标高、曲线半径均以米为单位。
六、图中18F/2D表示:建筑地上成熟/建筑地下层数,H=56.70表示建筑高度(室外地面至平屋顶建筑屋面结构面或坡屋顶建筑檐口)。
七、所有高度超过1m的挡土墙、护坡均应设置护栏,栏杆高度不应小于1.05m。
八、消防扑救场地从外墙起算进深18m范围内不应设置高大树木、花台等影响消防车登高扑救的障碍物。

图例

地上建筑	室外场地标高	城市道路	
地下建筑	室内、屋面地坪标高	小区道路	
楼座编号	原始地坪标高	宅间小道	
车位	道路坡度坡长坡底坡向	挡土墙	
原算标高括号内为绝对标高	消防扑救场地	护坡	

0 10 20   50m

4 绿色建筑设计说明

4.1 节地与室外环境

• 山地集约化设计：

　　规划布局为两栋超高层住宅，极大减少了占地面积，降低了建筑密度，实现了低密豪宅的目标设想。住宅低层采用架空设计，为业主提供更多开敞空间与活动空间；同时秉承因地制宜的设计理念，最大限度地合理利用地形高差，设置三层地下车库，并利用景观台阶消化场地的高差，避免大开大挖，出现高大挡墙。

山地集约化设计

• 合理减缓热岛效应：

　　小区内合理布置乔木，高大乔木临近步行道、儿童活动场所、休息厅等人行活动区域布置，提供夏季绿化遮荫；建筑屋面面层采用高反射耐久性涂料，减少夏季屋顶蓄热；内部道路采用高反射浅色铺装材料，减少夏季地面蓄热。

小区绿化与铺装

● 科学绿植配比与养护：

绿化植物以适应当地气候和土壤条件的乡土植物为主，乡土植物占总植物数量的比率应≥70%；减少纯草坪面积，乔、灌、草复层配置合理，群落乔木量不少于 3 株 /100m² 绿地；配合土壤湿度感应器，设置自动微喷系统，保证植物生长需求。

科学植物配比与养护

4.2　节能与能源利用

● 建筑节能：

建筑布局错开主导风向超高层风影区，结合外窗开启设计，合理组织过渡季节通风；户型主要功能房间均有较大外窗面积，保证室内采光需求，减少昼间照明能耗；精心进行围护结构保温设计，节能率达 67.4%，优于节能 65% 要求。

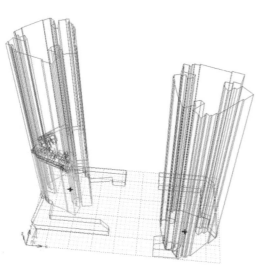
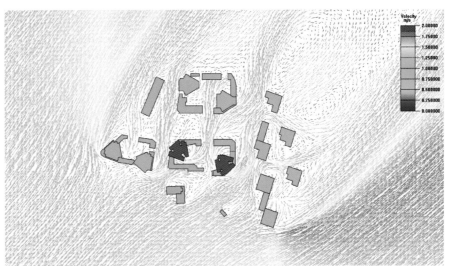

建筑采光通风分析

● 节能电梯：

45F/-3F 的超高层住宅，每层 6 户，每栋楼配置 6 台上海三菱变频调速节能电梯（5 台客梯和 1 台无障碍兼货梯），每台电梯均可停靠每层停靠。采用群控控制方式，电梯采用变频调速节能电梯，平均等待时间为 24.6s，5min 运载力为 5%。

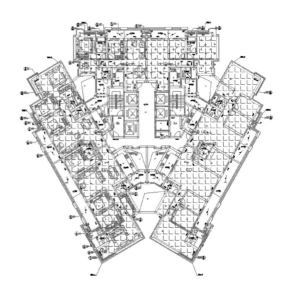

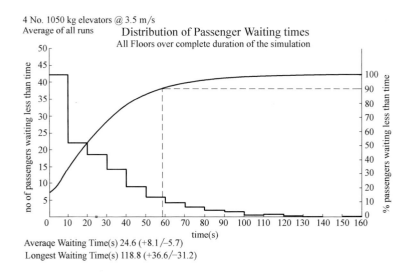

电梯节能分析

● 节能家电：

项目精装修使用（超 1 级能效）大金多联机空调，（2 级史密斯热水器）地板辐射采暖，（2 级节能）樱花灶具，（1 级节能）美的洗衣机。

节能家电

4.3　节水与水资源利用

● 住宅中水系统：

　　本项目包括 1 号和 2 号两栋超高层住宅，且每栋楼均配置一套处理能力 130m³/d 的中水处理系统，通过收集住宅沐浴及洗衣机排水，后经过预处理＋平板 MBR 膜工艺处理后，回用于住宅塔楼冲厕、绿化浇洒、道路冲洗、洗车、地下车库冲洗，预计每年可至少节省约 30% 的市政自来水。

● 节水器具：

　　精住宅精装修的水嘴、淋浴器、洁具等均选用二级及以上的节水器具，并配置节水型洗衣机，同时地下车库和道路冲洗，采用节水型高压水枪

住宅中水系统

4.4　节材与材料利用

● 餐厨垃圾处理系统：

　　本项目对户内垃圾进行分类收集，并对户内餐厨垃圾进行封装后，经小区内配置的餐厨垃圾处理机集中物理压缩和生化处理后运走，从而减轻市政垃圾运输处理压力。

餐厨垃圾处理

4.5 室内环境质量

• 室内精装修：

项目土建和设备系统整体设计施工，并实施"多联机户式集中空调＋地板辐射采暖＋新风系统"空调供暖系统，一方面为业主节省空调电费，并提供舒适的居住空间，另一方面为户（间）内隔墙、楼板隔声提供了良好的解决方案。

项目整体采购节能家电和节水器具，包括超一级空调、二级燃气热水供暖炉、二级冰箱、二级灶具、节能灯、二级节水器具、节水型洗衣机。预计每年可为业主节省约 10%～20% 的水、电、燃气费。

项目整体采购健康环保的装修材料，且经权威部门检测，装修工程竣工后室内游离甲醛、苯、氨、氡和 TVOC 等空气污染物浓度均低于满足现行国家标准《室内空气质量标准》（GB/T 18883）规定限值的 70%。为业主提供安全、健康、可靠的居住空间。

• 绿色照明：

照明功率密度值达到现行《建筑照明设计标准》（GB 50034）规定的目标值。建筑室内照度、统一眩光值、一般显色指数等检测值符合现行《建筑照明设计标准》（GB 50034）的规定。

均配置节能灯具，大堂、走道、楼梯间等地上公区均采用声控节能控制措施，地下车库照明纳入 BA 控制。

4.6 施工管理

• 绿色施工：

全过程贯穿绿色建筑的宗旨，设计过程倡导绿色建筑的设计理念，施工过程中倡导绿色施工，运营过程中倡导绿色物业管理，实现绿色建筑的节能、节水的目的，达到最大限度节省资源利用的目的。

项目居住户数为 516 户，公区和户内均采用整体精装修设计和施工，精装内容包括户内土建、家电、橱柜、卫浴，项目整体交付，相对于毛坯房，减少近 2000t 建筑垃圾，避免了业主自行装修过程中的施工噪声和环境污染。

• 施工质量控制：

项目整体施工质量良好，整个寰宇天下项目获得 2012 年"中国土木工程詹天佑住宅小区优秀建筑奖"、2012 年"詹天佑重庆优秀住宅小区金奖"，且 B03-2 地块获得 2015 年重庆市三峡杯优质结构工程奖，这些荣誉对实现绿色施工与施工质量控制都给予了充分的肯定。

重庆中海寰宇天下实景照

各房间照明分析

房间或场所	参考平面及高度	照明功率密度值（W/m²）	照明功率密度限值（W/m²）		照度标准值	照度检测值
			现行值	目标值		
消防控制室	0.75m 水平面	7.87	≤ 9.0	≤ 8.0	300	—
弱电机房	0.75m 水平面	7.84	≤ 9.0	≤ 8.0	300	—
变配电室	0.75m 水平面	4.74	≤ 7.0	≤ 6.5	200	—
风机房	地面	2.73	≤ 4.0	≤ 3.5	100	—
车道	地面	1.28	≤ 2.5	≤ 2.0	50	—
车位	地面	0.92	≤ 2.0	≤ 1.8	30	33
卧室	0.75m 水平面	1.57	≤ 6.0	≤ 5.0	75	77
起居室	0.75m 水平面	2.06	≤ 6.0	≤ 5.0	200	103
厨房	0.75m 水平面	3.28	≤ 6.0	≤ 5.0	100	102
餐厅	0.75m 水平面	2.52	≤ 6.0	≤ 5.0	150	152
卫生间	0.75m 水平面	2.86	≤ 6.0	≤ 5.0	100	103
楼梯间	地面	1.88	≤ 2.5	≤ 2.0	50	49
大堂	地面	3.24	≤ 4.0	≤ 3.5	100	102

5 设计创新

寰宇天下项目 03-2 地块 2015 年 03 月获得国家级三星级绿色建筑设计标识证书，2016 年 06 月获得竣工备案，2018 年 2 月获得重庆市首个住宅项目铂金级（三星级）绿色建筑竣工标识证书。

该项目极具重庆山地特色，采用山地集约化设计。该场地原始地形复杂、高差较大，设计利用景观台阶消化场地的高差，避免土石方大开挖，出现高大挡墙；住宅均为超高层住宅设计，减少建筑占地面积，降低建筑密度；住宅底层采用架空设计，为住户提供更多室外活动空间。

同时，设计引用最新的建筑信息模型（BIM）技术应用。采用该技术，在规划设计阶段优化建筑层高、减少管道碰撞、优化设备机房和管道布置等；结合能耗模拟分析，对建筑综合能耗进行对比分析；基于建筑信息模型，依据建筑碳排放计算方法，分析影响建筑碳排放量的主要因素，提出从结构优化分析、绿色建材使用和增加植物碳汇等方面的碳减排措施。在施工建造阶段实现业主方、总包及各参建方信息汇总和数据共享，便于现场进度跟踪协调，为现场施工管理提供了更有效的途径。